高职高专土建施工与规划园林系列『十二五』规划教材

花卉生产与应用

主　编　周玉敏　杨治国

副主编　姚恩青　李　芬

参　编　范淑芳　邓　黎　李宏星　徐自警

華中科技大學出版社
http://www.hustp.com
中国·武汉

内容简介

本书是根据高等职业院校园林专业人才培养目标的要求，突出花卉的基础理论知识、花卉生产与应用的实用性及可操作性，注重技能的培养而编写的。全书包括绪论、花卉的分类、环境因素对花卉的影响、花卉的繁殖、花卉栽培设施、花卉的栽培、名花栽培、草坪植物、花卉应用原理、室内花卉装饰、花卉园林景观及应用等内容。每章后附有思考题和实训内容。

本书既可作为园林花卉专业课的教材，又可供园艺专业、农艺专业、种植专业等相关专业及行业人员参考使用。

图书在版编目(CIP)数据

花卉生产与应用/周玉敏，杨治国主编. —武汉：华中科技大学出版社，2011.9
ISBN 978-7-5609-7318-0

Ⅰ.①花… Ⅱ.①周… ②杨… Ⅲ.①花卉-观赏园艺-高等职业教育-教材 Ⅳ.①S68

中国版本图书馆 CIP 数据核字(2011)第 166860 号

花卉生产与应用 周玉敏 杨治国 主编

策划编辑：袁 冲
责任编辑：张 毅
封面设计：刘 卉
责任校对：代晓莺
责任监印：朱 玢
出版发行：华中科技大学出版社(中国·武汉) 电话：(027)81321913
武汉市东湖新技术开发区华工科技园 邮编：430223
录 排：华中科技大学惠友文印中心
印 刷：虎彩印艺股份有限公司
开 本：787mm×1092mm 1/16
印 张：14
字 数：357 千字
版 次：2016 年 12 月第 1 版第 3 次印刷
定 价：28.00 元

前　言

花卉生产与应用是社会文明与进步的标志，随着科技的发展、经济的繁荣，人们对生存环境质量要求不断提高，花卉生产与应用作为一个古老而又新兴的产业也应运而生。花卉产业的发展状况体现了一个国家文化生活的层次，花卉产品正向着专业化、标准化、商品化的方向发展。花卉产业有着巨大的发展空间，所以花卉产业对实用型、应用型技术人才的需求也越来越大。

本书按照高等职业院校园林类专业“花卉生产与应用”课程的要求而编写，从花卉实际生产和应用的角度构建内容和体系，全面、系统地介绍了花卉的基础知识，突出了名花的栽培和花卉的应用，并且增添了草坪植物的内容。

本书编写的具体分工如下：第一章和第四章由范淑芳编写，第二章和第八章由邓黎编写，第三章和第七章由杨治国编写，第五章和第六章由姚恩青编写，第九章由李芬编写，第十章由李宏星编写，绪论由周玉敏编写。各编写者负责相应的实训和复习思考题。徐自警协助做了文字校对和图片整理工作。全书由周玉敏统稿。

本书学时分配建议：总学时 80～90 学时，讲授 40～50 学时，实训 40 学时。相关专业和不同层次的教学可酌情选择内容，内容可有所增减。

本书的编写得到了参编人员所在院校的支持，在此表示衷心感谢。在本书编写中参考了较多资料、教材和书籍，在此谨向这些作者表示由衷的感谢。

由于编者水平有限，编审时间仓促，错误和不足之处在所难免，敬请广大读者批评指正。

编　者

2011 年 5 月

目　　录

绪　论

花卉是美的象征，其广泛应用是社会文明与进步的标志。随着园林事业的发展，花卉成为园林植物中重要的组成部分，是园林绿化、美化、香化的重要材料。花卉不仅能够快速形成绿草如茵、花团锦簇等优美的植物景观，给环境带来勃勃生机，使人心旷神怡、流连忘返；而且，由于覆盖地面，还可以起到固土、防尘、杀菌的作用。所以，在构成园林的工程因素和生物因素中，配植花卉是重要的因素之一。花卉已是人类经济、科学文化的产物，随着21世纪科技、信息、经济的飞速发展，它所应用的范围也越来越广泛。

一、花卉

花是植物的繁殖器官，卉是草的总称。花卉的含义有狭义和广义之分。狭义的花卉是指开花的草本植物，如菊花、芍药、凤仙花、大丽花等。广义的花卉是指株形奇特、枝叶秀丽、花香果硕、色彩艳丽、可供观赏的草本植物和木本植物，还包括有特定功能的草坪植物和地被植物。因此，凡是具有一定观赏价值，达到观花、观果、观叶、观茎和观姿的目的，并能美化环境、丰富人们文化生活的草本、木本、藤本等植物统称为花卉，如梅花、月季、变叶木、木本夜来香、大花君子兰、麦冬、沿阶草、天鹅绒草等。随着花卉生产的发展，花卉的范畴不断扩大。

花卉是指一切具有观赏特点的植物，也就是观赏植物。那么，什么是园林植物？一切适用于园林绿化（从室内花卉装饰到风景名胜区绿化）的植物材料统称为园林植物。因此，园林植物既包含了观赏植物，又超越了观赏植物。观赏植物是指以单纯观赏为栽培目的的植物。园林植物则既包括木本花卉，也包括草本花卉，既有观花植物，也有观叶、观果及观姿植物等，以及适用于园林绿地和风景名胜区的若干防护植物（环境植物）和经济植物，它是园林绿化所用的一切植物材料。其中以发挥卫生防护功能为主的植物称为防护植物或防污植物，以经济生产为主的植物称为经济植物。

以上这种大致的区分并非绝对，而这几类之间的界限也不是不可逾越的。有些既好看又适合园林栽培应用的蔬菜、果树、药用植物或防护树种，也常常包括在园林植物范畴之内。又如红花菜豆、丝瓜和扁豆等，既是蔬菜，又是园林植物。而贝母属、龙胆属和很多桔梗科植物，既是药用植物，也是园林植物。构树和桑树既是经济树种，也是园林树种，前者还是抗污染、耐高温的工厂绿化重要植物材料。侧柏、刺槐等，既是造林树种，同时也是园林树种。至于紫穗槐、椿树、火炬树、悬铃木等防护树种，虽无美花佳果，却因其综合效益高、环境效益尤为突出，便很自然地被列入园林植物的范畴之内了。花卉一词多取其广义的含义，即观赏植物。

二、花卉的欣赏

花是天地灵秀之所钟，是美的化身。人们赏花，除了赏识它那静态的外部形态美之外，还善于观察欣赏它那动态的生命变化之趣。如古人所言：梅标清骨，兰挺幽芳，茶呈雅韵，李谢弄妆，杏娇疏丽，菊傲严霜，水仙冰肌玉肤，牡丹国色天香，玉树亭亭皆砌，金莲冉冉池塘，

丹桂飘香月窟，芙蓉冷艳寒江。花的独特性情便在这清、幽、雅、丽间一览无遗，成为赏花者美好的心灵享受。

另外，中国人还认为花是有情之物，不仅能娱人感官，更能撩人情思，还能寄以心曲，对花产生了更深一层的情感和精神上的寄托。因此，中国人世世代代爱花、赏花，就是认为花能使人赏心悦目，花能畅神达意，花能陶冶情操。花中蕴含着文化，花中凝聚着中华民族的品德和气节。

三、花卉的文化内涵

在漫长的社会历史发展过程中，描绘花、赞美花、歌颂花，伴随着人们生活中的一切喜怒哀乐，成为生活中不可分割的重要部分，并且贯穿中国文化的发展历史，形成了在世界文化殿堂中占有独特一席的中国花文化。

“蒹葭苍苍，白露为霜。所谓伊人，在水一方。”这是我国最早的诗歌总集《诗经》中脍炙人口的篇章。伟大的诗人屈原在他不朽的《离骚》中，用“饮木兰之坠露”和“餐秋菊之落英”来比喻和形容自己纯洁的灵魂和刚直的秉性，将花卉与文学的结合推向了一个空前的高度。许多文人雅士、骚人墨客也纷纷起而效仿，开始借花咏物，赞花抒怀，这种风尚直至秦汉。

唐末时期，花卉全面地登上了文化舞台，在不同的艺术形式中，为人们表达着不同的思想感情。白居易在他缠绵悱恻的《长恨歌》中以“春风桃李花开日，秋雨梧桐叶落时”两句诗，准确地表达了一代风流天子唐明皇对杨贵妃无限的追思。诗圣杜甫以“感时花溅泪，恨别鸟惊心”来表达更深切的忧国忧民的感怀。

诗如此，词也如此。有“无可奈何花落去，似曾相识燕归来”，也有“春花秋月何时了，往事知多少”。无论哪一个“花”，我们不清楚那是梅花、桃花还是别的花，因为那本不是花，而是流动的思想，是飞逝的年华。

“已是悬崖百丈冰，犹有花枝俏。”毛泽东词中以梅花比喻革命家崇高的革命理想和一往无前的革命英雄主义精神。周恩来最喜爱的花是马蹄莲，朱德最喜爱的花是兰花。他们对花的赞美无不渗透着一个革命者的豪情。

在今天，人们在繁育、栽培、推广花卉的同时，还广泛开展了有关花卉的书法、篆刻、绘画、摄影、装饰、饮食等文化活动，将花文化真正推向了属于人民大众的历史性高潮。

四、我国花卉栽培的历史及其资源

（一）我国花卉栽培的历史

据文献记载，我国早在3000多年前就已经开始栽培花草树木。《礼记·月令篇》中有“季秋之月，菊有黄华”的叙述，说明那时已经栽培菊花了。战国时期，吴王夫差在会稽（现今浙江）营建梧桐园，广植花木。秦汉以后，皇室大建宫苑，广罗“奇果佳树、名花异卉”。据《西京杂记》所载，当时搜集的果树、花卉已达2000余种，其中梅花即有候梅、朱梅、紫花梅、同心梅、胭脂梅等很多品种，说明当时人们已开始欣赏、应用花卉了。西晋的《南方草本状》记载了茉莉、睡莲、菖蒲、扶桑、紫荆等的产地、形态、花期，成为我国最早的一部花卉园艺书籍。唐宋以后，花卉专著陆续问世，如刘攽的《芍药谱》、王贵学的《王氏兰谱》、欧阳修的《洛阳牡丹记》、刘蒙的《刘氏菊谱》、王象晋的《二如亭群芳谱》，以及清初陈淏子的《花镜》等，广为流传。清朝时期，我国的花卉资源被掠夺，在花卉栽培方面受到较大的影响。但国外的大批草花及温室花卉借帝国主义的侵略输入我国，使我国的花卉种类不断增加。

随着社会的发展，我国的花卉事业逐步受到重视，各地的花卉产业突飞猛进。各地纷纷成立花卉产业协会，积极组织、引导花卉的生产栽培，由露地栽培逐步转入设施栽培；由传统的保护地栽培转入现代化设施栽培；由小盆花转入高档盆花；由国内市场转入国际市场。在野生资源的开发利用、新品种选育与引进、商品化栽培技术研究、现代温室改进与应用，以及花卉的无土栽培、化学控制、生物技术工厂化育苗技术等方面均已取得可喜的进展。

（二）我国花卉种质资源

我国地跨热带、亚热带、温带等气候带，幅员辽阔，植物多达近 3 万种，为世界上植物种类最丰富的国家，其中很多植物具有观赏价值。所以，我国花卉资源极多，品种纷繁，享有“世界园林之母”的美誉。原产我国的菊花经朝鲜传到日本，1688 年后由荷兰、法国的商人引入欧洲，以后又由英国传到了美国。目前，世界各国栽培菊花十分普遍，品种有 3000 多个。中国翠菊也于 1728 年传入法国。中国月月红于 1792 年传入欧洲，经园艺家与当地蔷薇杂交后，培育成婀娜多姿、色彩斑斓的现代月季，有 1 万多个品种。报春花、杜鹃花、龙胆花被称为我国天然的三大名花。中国兰花以浓郁的芳香而名扬世界。现在，一方面应充分利用现有的花卉资源；另一方面应不断地发掘野生花卉资源，经驯化、定向培育，进而扩大栽培，达到丰富花卉种类的目的。

五、花卉应用

花卉应用是指以花卉为主体材料，根据花卉的特性和美学原则，运用一定的园艺和园林技术原理，经过陪衬、组合、修剪等艺术加工来布置装饰室内外环境，营造美的自然环境。

花卉应用的形式多种多样，常见的花卉应用形式是利用其丰富的色彩、变化的形态等来布置出不同的景观。由平面到立体的应用，如缀花草坪、花丛、花群，以及花台、花柱、花塔、花墙、花廊、花篱、棚架、花球、花喷泉、花钵、植物墙、吊篮、壁挂篮、花槽、草坪格等，体现出平面和空间的美，增加绿化面积和起到改善环境的作用；从室内到室外的应用，小到居室、厅、廊和案几，大到广场、公用绿地、商业空间和写字楼等，让人置身于自然景色，愉悦人的心情。

花卉应用的表现体现在以下几个方面。

(1) 季相表现　随着季节的变化，花卉表现出不同的季相特征，春季繁花似锦，夏季绿树成荫，秋季硕果累累，冬季枝干遒劲。根据花卉的季相变化，把不同花期的花卉搭配种植，使同一地点在不同时期产生某种特有景观，让人感到有时令的变化。

(2) 组织空间　花卉具有构成空间、分隔空间、引起空间变化的功能。如在庭院、建筑物四周，用绿篱四面围合成一个独立空间，增强庭院、建筑的安全性、私密性；又如公路、街道外侧用较高的绿篱分隔空间，降低了车辆产生的噪声，又有利于司机安全行车；花卉还可以通过人们视点、视线、视境的改变而产生“步移景异”的空间景观变化。

(3) 营造景观　不同的花卉形态各异，变化万千，既可孤植以展示个体之美，又能按照一定的构图方式配置，表现花卉的群体美；还可根据各自的生态习性，合理安排，巧妙搭配，营造出乔、灌、草结合的群体景观。色彩缤纷的草本花卉更是创造观赏景观的良好材料。由于花卉种类繁多，既可露地栽植，又能盆栽摆放组成花坛、花带，或采用各种形式的种植钵，

点缀城市环境，创造赏心悦目的自然景观。同时许多花卉具有不同香型的芳香气味，可营造“芳香园”景观，将闻香与观赏结合。

(4) 创造特色　花卉生态习性的不同及各地气候条件的差异，致使花卉的分布呈现地域性。各地在漫长的花卉植物栽培及应用观赏中形成了具有地域特色的花卉植物景观。甚至有些花卉植物材料逐渐演化成为一个国家或地区的象征，成为国花或市花，如日本的樱花、荷兰的郁金香、加拿大的枫叶、哥伦比亚的卡特兰；我国北京的国槐和侧柏、成都的芙蓉花、大理的杜鹃花、深圳的叶子花、广州的木棉、杭州的桂花、洛阳的牡丹、樟州的水仙等，都具有浓郁的地域特色。

(5) 柔化建筑　花卉的枝叶呈现柔和的曲线，不同花卉的质地、色彩在视觉感受上有着很大差别。因此，可用柔质的花卉来软化生硬的几何式建筑形体，如采用墙角种植、墙壁绿化等形式。在配置中，干高枝粗、树冠开展的树种可衬托体型较大、立面庄严、视线开阔的建筑物；姿态轻盈、叶小而致密的树种可衬托玲珑精致的建筑物。现代园林中的雕塑、喷泉等人工建筑物等也常用花卉做装饰。花卉植物与山石相配，能表现出地势起伏、妙趣横生的自然韵味，与水体相配则能形成倒影或遮蔽水源，造成深远的感觉。

(6) 烘托气氛　每逢佳节，人们纷纷出游，在公园、街道、旅店、广场等处出现用花卉装饰的自然景观，大型场合或空旷地方，常以植物按吉祥动物、人物、纪念图案等进行造型，以烘托节日气氛，使人们放松心情。

(7) 表达意境　利用花卉进行意境创作是中国传统园林的典型造景风格和宝贵的文化遗产。如松、竹、梅被称为“岁寒三友”，荷花的“出污泥而不染，濯清涟而不妖，中通外直，不蔓不枝”的品性，牡丹的雍容华贵，菊花的迎霜开放。还有其他如“垂柳依依”表示惜别、桑梓代表故乡、含笑表示深情、红豆寄托相思等都是用植物材料表示意境的形式。

花卉应用的意义主要有以下几个方面。

(1) 美化环境，净化空气，提高环境效益　花卉是园林绿化、美化、香化的重要材料，尤其是草本花卉，繁殖快，装饰效果显著，在园林绿地中常用来布置花坛、花境、园林景点，为人们创造优美的工作和休息环境，还起到防尘、防风固沙、减噪、杀菌、调节温湿度、制造氧气和吸收有害气体等净化空气、降低污染、调节生态平衡的作用。

(2) 丰富人们的精神文化生活，提高社会效益　花卉作为城市园林造景的主体，除用于露地景观布置外，还常用于美化室内及建筑近旁，创造优美舒适的劳动、生活、休息环境；花卉还可用来装饰会场，点缀阳台、道路、居民区、工矿区，花卉以它的姿态、风韵和香味给人美的享受，是自然美和人类艺术美的结合；用花卉装点生活环境，丰富了人们的日常生活。花卉的立体应用可以对人体产生良好的心理效应，产生满足感和舒适感，调节人的心理健康。因此，花卉丰富了人们的精神文化生活，是人们不可缺少的精神食粮之一。在紧张工作之余，欣赏花卉艺术，可以调节精神，消除疲劳，陶冶情操，振奋精神，有益于身心健康。花卉的应用为人们提供了“充满和平、祥和与宁静”的环境。花卉不仅起到装饰美化作用，而且富有科普教育的意义。奇花异卉，变化万千，在欣赏之余，更有助于人们对自然的了解，增长科学知识，丰富教学内容，提供科学研究的条件。

(3) 促进花卉及相关产业发展，提高经济效益　花卉应用需大量花卉材料，由此推动花卉的商品化生产。生产高效的花卉必将促进其产业结构的调整。同时，也带动相关产业的发展，如花卉容器、基质生产、花卉设施、化肥农药、种子种苗、运输、销售、保鲜、包装、机械等，对陶瓷、塑料、玻璃、化学等工业，以及包装、运输业均有较大的促进作用，并提高了整个产业的经济效益。

六、国内外花卉业发展状况

（一）国内花卉产业特点

（1）生产规模、产值效益快速增长　我国的花卉产业自20世纪80年代起步到现在，经过30多年的发展，已成为世界花卉种植面积最大的国家。

（2）区域化布局基本形成　根据全国花卉产业发展规划和建设重点，已形成一批具有区域特色的主导产品。例如，云南的鲜切花，上海的种苗，河南、江苏、浙江、四川的观赏苗木，广东、福建、海南的观叶植物，北京、河北、河南、山东的盆花等。

（3）规模化、专业化水平大幅度提高　至2008年底，我国花卉种植面积达1163万亩，产业规模居世界第一。重点花卉省区以多种形式鼓励企业和个人投资花卉业，形成了多部门、多行业、多元化投资的良好局面。

（4）提高科技含量，优势名牌产品日益增多　依靠科技进步，提质增效是我国发展花卉产业的长期战略，花卉科研取得了一批新成果。在进一步提高优新花卉产品的生产能力的同时，涌现了一批名牌产品。例如，辽宁的君子兰、漳州的水仙、洛阳的牡丹等。

（5）以市场为导向的流通网络基本形成　到2005年，全国有各类花卉产业市场2586个，花店2万多个。近年，国内以批发、拍卖、连锁超市、零售、鲜花速递、网上交易等互联的销售流通网络已初步形成。

（二）国外花卉产业发展状况

近年来，全世界花卉贸易呈增长趋势，花卉产品已成为国际贸易的大宗商品。全球有四大公认的传统花卉批发市场，即荷兰阿姆斯特丹、美国迈阿密、哥伦比亚波哥大和以色列特拉维夫。这些花卉市场决定着国际花卉的价格，引导着花卉消费和生产的潮流。国际花卉生产布局基本形成，世界各国纷纷走上特色道路。荷兰在花卉种苗、球根、鲜切花生产方面占有绝对优势；美国在草花及花坛植物育种及生产方面走在世界前列，同时在盆花、观叶植物方面也处于领先地位；日本凭借“精致农业”的基础，在育种和栽培上占有绝对优势，并对花卉的生产、储运、销售做到标准化管理。

发达国家的花卉消费已趋于稳定，花卉的生产发展重心正在由发达国家向发展中国家转移。发展中国家将会利用气候条件适宜、生产成本低的优势继续扩大花卉生产的规模，以满足本地市场和出口创汇的需要。于是一些发达国家将寻求与花卉生产成本低的国家进行合作经营。目前，荷兰、美国、日本的一些花卉公司已在哥伦比亚、马来西亚及我国等地建立了大型花卉生产基地，以降低成本，扩大其国际市场的销售份额。

复习思考题

1. 何谓花卉？如何区分花卉、观赏植物、园林植物、防护植物、经济植物？
2. 为什么说我国是“世界园林之母”？
3. 根据我国花卉产业特点，谈谈如何与国际花卉市场接轨。

实训一　花卉市场调查报告

一、目的要求

结合当地花卉生产或销售情况，进行花卉市场调查分析。

二、工具与场地

记录本、笔；当地花店或花卉市场。

三、实训内容

1. 将学生分成花卉市场调查小组。
2. 制订花卉市场或花店现状调查方案。
3. 对实地进行调查。

四、实训结果

写一份花卉市场调查报告。

第一章　花卉的分类

第一节　自然分类法

花卉的自然分类法科学性较强，每种花卉的分类地位与名称相对固定，可避免生产应用中的混淆，在生产实践中具有重要的意义，可根据植物的亲缘关系远近，选择亲本进行人工杂交，培育新品种，或是进行嫁接繁殖等。

一、自然分类法的划分

自然分类法是以植物进化过程中亲缘关系的远近作为分类标准，力求客观反映生物界的亲缘关系和进化发展过程的分类方法。自然分类法的理论基础是达尔文的生物进化论和自然选择学说，主要根据植物的形态、结构、习性等特征来判断其亲缘关系的远近，一般相似程度高、相似性状多则亲缘关系近，反之则远。

以自然分类法建立的分类系统称为自然分类系统。但到目前为止人们尚未提出一个能完全反映客观规律的植物系统。很多分类学家根据各自的理论，提出了许多不同的被子植物分类系统，其中有代表性的有德国的恩格勒、英国的哈钦松、前苏联的塔赫他间和美国的克郎奎斯特等系统。

植物界由低级到高级可划分出种、属、科、目、纲、门等类群。全世界的植物种类约有 40 多万种，其中高等植物约 30 多万种，归属 300 多个科。其中绝大多数科中均含有大量的花卉种类，常见花卉科属及类群如下。

(1) 菊科：如菊花、雏菊、瓜叶菊、大丽花、百日草、千日红、万寿菊、孔雀草、向日葵、紫菀和翠菊等。

(2) 蔷薇科：如月季、海棠、樱花、梅花、棣棠、木香、碧桃、紫叶李和榆叶梅等。

(3) 百合科：如百合、文竹、萱草、玉簪、风信子、郁金香、朱蕉、虎尾兰、丝兰、铃兰、麦冬、吉祥草、吊兰和芦荟等。

(4) 豆科：如紫荆、合欢、香豌豆、含羞草、白车轴和国槐等。

(5) 十字花科：如紫罗兰、羽衣甘蓝、香雪球、桂竹香和二月兰等。

(6) 唇形科：如一串红、彩叶草、留兰香、百里香、洋薄荷和岩青蓝等。

(7) 毛茛科：如牡丹、芍药、翠雀、飞燕草、白头翁和铁线莲等。

(8) 兰科：如惠兰、春兰、建兰、石斛、蝴蝶兰、卡特兰、兜兰、白芨和虎头兰等。

(9) 石蒜科：如君子兰、晚香玉、水仙、龙舌兰、朱顶红和石蒜等。

(10) 天南星科：如菖蒲、龟背竹、广东万年青、马蹄莲、红鹤芋和绿萝等。

(11) 仙人掌科：如仙人掌、蟹爪兰、昙花、令箭荷花、量天尺、金琥、星球和山影拳等。

(12) 景天科：如燕子掌、落地生根、伽蓝菜、垂盆草、景天、玉树和青锁龙等。

(13) 木樨科：如连翘、丁香、桂花、茉莉、迎春、女贞、雪柳、白蜡树和流苏树等。

(14) 旋花科：如茑萝、大花牵牛、缠枝牡丹、田旋花和月光花等。

(15) 石竹科：如香石竹、高雪轮、大蔓樱草、中华石竹和锥花丝石竹等。

(16) 睡莲科：如荷花、睡莲、王莲和芡等。

(17) 锦葵科：如锦葵、蜀葵、木槿、扶桑和木芙蓉等。

(18) 报春花科：如仙客来、报春花、四季樱草和胭脂花等。

(19) 木兰科：如玉兰、白兰、含笑、广玉兰、鹅掌楸、夜合花和辛夷等。

(20) 山茶科：如茶花、茶梅和木荷等。

(21) 大戟科：如一品红、变叶木、龙凤木和重阳木等。

(22) 忍冬科：如金银花、木本绣球、天目琼花等。

(23)禾本科：如观赏竹类、早熟禾、狗牙根、结缕草、黑麦草、芦苇和野牛草等。

(24) 棕榈科：如棕竹、棕榈、椰子、蒲葵、鱼尾葵和散尾葵等。

(25) 鸢尾科：如小苍兰、鸢尾、唐菖蒲、射干、蝴蝶花和番红花等。

二、种的划分

种是植物自然分类法的基本单位，是指具有一定的自然分布区域和一定的生理、形态特征、且客观存在的植物类群。种与种之间不仅在形态特征上具有明显的差别，而且通常还存在有繁殖隔离现象，即异种之间不能杂交或杂交后后代不具备正常的繁殖能力，并由此保持种的相对稳定性，使种与种之间可以区别开来。

植物的种一般采用林奈双名法进行命名。完整的学名为属名(斜体，第一字母大写)＋种名(斜体，小写)＋命名人姓氏缩写(正体，第一字母大写)，其中属名和种名一般为拉丁文或拉丁化的文字，属名多为名词，种名则多为形容词；命名人姓氏缩写有时可简化，如现代月季：*Rosa chinese* Jacq.。

种因其变异又可作如下细分。

(1) 亚种：指同一种内的在生活地理分布上界线明显、形态特征上具有一定差异、生殖隔离不完善的植物类群，在拉丁学名中多采用“sub.(正体)”引出亚种名和亚种命名人等，如紫花地丁：*Viola philippica* sub. manda W. Beck。

(2) 变种：指同一种内形态特征变异显著、但无一定分布区域的植物类群，在拉丁学名中多采用“var.(正体)”引出变种名等，如大花三色堇：*Viola tricolor* var. hortensis。

(3) 变型：指同一种内形态特征变异较小、且无一定分布区域的植物类群，在拉丁学名中多采用“f.(正体)”引出变型名等，如大花栀子：*Gardenia jasminoides* f. grandiflora。

(4) 品种：是在种的基础上，经过人工选择、培育而形成遗传性状比较稳定、种性大致相同、具有人类需要的优良性状的栽培植物类群。

第二节　按生活型与生态习性分类

花卉的生活型是指花卉对生态环境条件长期适应而在形态、生理及适应方式上表现出来的生长类型；生态习性则是指花卉所固有的特性，包括花卉的生长发育、繁殖特点、对环境条件的要求等有关的特性。花卉按生活型与生态习性可分为木本花卉和草本花卉两大类。

一、木本花卉

木本花卉一般茎部木质化，质地较坚硬，根据其形态可分为以下四类。

（一）乔木

乔木类花卉一般植株直立高大，主干明显，分枝多，树干和树冠有明显区分，如鹅掌楸、悬铃木、紫薇、樱花、海棠和梅花等。

（二）灌木

灌木类花卉一般植株较低矮，地上茎丛生，无明显的主干，如榆叶梅、刺梅、丁香花、连翘、栀子、茉莉、黄杨等。

（三）藤木

藤木类花卉一般茎长而细软，不能直立生长，需要缠绕或攀缘在其他物体上才能向上生长，如葡萄、紫藤、凌霄和爬山虎等。

（四）竹类

如紫竹、凤尾竹、佛肚竹、方竹和黄金间碧玉竹等。小型竹类可盆栽观赏，大型竹类多露地栽植。

二、草本花卉

草本花卉的茎干草质，木质部程度低，柔软多汁，根据其生活周期可分为以下三类。

（一）一年生花卉

一年生花卉在一年内完成其生长、发育、开花、结实至死亡的生命周期。一般春天播种、夏秋开花、结实后枯死，故也称为春播花卉。一年生花卉大多不耐寒，如鸡冠花、波斯菊、硫华菊、翠菊、百日草、万寿菊、孔雀草、茑萝、千日红、麦秆菊、一串红、半支莲、五色草、大花秋葵、藿香蓟和凤仙花等。

（二）二年生花卉

二年生花卉在两个生长季内完成其生命周期。一般秋天播种，当年只生长营养器官，次年春季开花、结实后死亡，故也称为秋播花卉。二年生花卉多耐寒性较强，如金鱼草、三色堇、桂竹香、羽衣甘蓝、金盏菊、雏菊、风铃草、须苞石竹、矮雪轮、矢车菊、五彩石竹、紫罗兰和瓜叶菊等。

（三）多年生花卉

多年生花卉是指花卉的地下茎和根连年生长，地上部分可多次开花、结实，即其个体寿命超过2年的花卉，根据不同的分类方式可分为以下几类。

1. 根据地上部分茎叶的寿命不同分类

（1）一年生类　花卉的地上部茎叶耐寒或耐热性较差，开花结实后，冬季或夏季来临前，茎、叶枯死，以地下部分的根、茎越冬或越夏，到下一个生长季节再由地下根、茎重新萌芽生长，如菊花、芍药、郁金香、百合、水仙、风信子和美人蕉等。

（2）多年生类　即常绿类型，花卉的地上部分茎叶可常年生长，一般耐寒性较差，如君子兰、热带兰和鸢尾等。

2. 根据地下部分的形态不同分类

（1）宿根花卉　花卉的地下部分形态正常，为直根系或须根系，不发生变态现象，地上部分则表现出一年生或多年生性状。如菊花、紫菀、金鸡菊、金光菊、紫松果菊、一枝黄花、蛇

鞭菊、芍药、乌头、沙参、射干、萱草、玉簪、万年青、吉祥草、麦冬和沿阶草等。

(2) 球根花卉　花卉地下部分的根或茎发生变态，肥大呈球状或块状等，如郁金香、风信子、贝母、百合、大花葱、铃兰、秋水仙、水仙、石蒜、葱兰、韭兰、晚香玉等。根据不同的分类方式又可分为以下几类。

① 根据地下根、茎的形态及结构不同分类。

球茎类　地下茎短缩呈球形或扁球形，实心，其外包被数层膜质的外皮，表面有环状的节部痕迹，具有顶生芽和侧生芽，如唐菖蒲、香雪兰等。

鳞茎类　地下茎有肥大的鳞叶，其下着生在一扁平的茎盘上，包括无皮鳞茎和有皮鳞茎两种，无皮鳞茎的鳞茎无包被，如百合、卷丹等；有皮鳞茎的鳞茎外面有一层膜质包被，如郁金香、朱顶红和水仙等。

根茎类　地下茎肥大粗壮成根状，但其上有明显的节与节间，节上可生侧芽，如美人蕉、荷花和鸢尾等。

块茎类　地下茎块状，外形不规则，表面一般无节痕，茎端顶芽生长开花，如马蹄莲、大岩桐和仙客来等。

块根类　侧根膨大而成纺锤形，根颈处有数个芽眼，发芽展叶。

② 根据地上部分茎叶的寿命不同分类。

落叶球根类　为落叶草本花卉，地上部茎叶耐寒或耐热性较差，开花后于冬季或夏季来临前，茎、叶枯死，以地下部分变态肥大的根、茎越冬或越夏，到下一个生长季节再由地下球根重新萌芽生长，如唐菖蒲、水仙、百合、美人蕉和郁金香等。

常绿球根类　为常绿草本花卉，一般耐寒性较弱，如仙客来、马蹄莲和朱顶红等。

③ 根据栽培时间的不同分类。

春植球根类　一般春季种植，夏、秋开花，以地下根、茎越冬储藏，待来年春季再种植生长。如唐菖蒲、美人蕉、大丽花、晚香玉和朱顶红等。

秋植球根类　一般秋季栽植，春、夏开花，以地下根、茎越夏储藏，待秋季再种植生长。如郁金香、百合、马蹄莲和香雪兰等。

此外，花卉中的兰科花卉、水生花卉、蕨类植物、观叶花卉、多浆植物和地被植物等因为种类繁多、应用广泛，一般另外归类。

(四) 其他分类

1. 兰科花卉

兰科花卉按其性状应属于多年生草本花卉。但其种类繁多，在栽培中具有特殊的要求，一般将其单列一类。兰科花卉一般可分为以下两类。

(1) 国兰类　原产于我国亚热带及暖温带地区，为兰属草本丛生性花卉，属于地生兰类，如墨兰、建兰、春兰、惠兰和寒兰等。

(2) 洋兰类　原产于热带雨林中，植物多呈攀缘状，生有气生根，附着在其他物体上生长，属于附生兰类型，花朵一般较多，色彩丰富，观赏价值较高，如卡特兰、兜兰、蝴蝶兰和石斛等。

2. 水生花卉

水生花卉为多年生草本花卉，多生长在水中、水边、沼泽地或其他潮湿的地方，在栽培技术上有特殊的要求，按其生态习性及与水分的关系，可分为以下几类。

（1）挺水花卉　花卉的根生于泥水中，茎叶挺出水面，如荷花、千屈菜、菖蒲、黄菖蒲、香蒲和水葱等。

（2）浮水花卉　花卉的根生于泥水中，叶片浮于水面或略高于水面，如睡莲、王莲等。

（3）漂浮花卉　花卉的根伸展于水中，叶浮于水面，可随水流动漂浮，在浅水处可生根于泥中，如凤眼莲、浮萍、菱和满江红等。

（4）沉水花卉　花卉的根生于泥水中，茎叶全部浸于水中，偶有露出水面，如莼菜、玻璃藻、金鱼草、眼子菜、水车前和水盾草等。

此外，还有一些木本花卉也可种植于滨水的潮湿土壤中，它们具有耐水湿、短期内可忍耐水淹的特性。如水杉、垂柳、池杉、水松、落羽杉、木芙蓉和枫杨等。

3. 蕨类植物

蕨类植物为多年生草本花卉，多为常绿，其生活史分为有性世代和无性世代。不开花，也不产生种子，依靠孢子进行繁殖。例如，肾蕨、铁线蕨、鹿角蕨、鸟巢蕨、波斯顿蕨和井栏边草等。

4. 多浆植物

多浆植物原产于热带、亚热带的荒漠或草原地带，只有少数附生在热带雨林、湿地树木或岩石上。多浆植物茎部多变态成扇形、片状、球状或柱状，叶则多变态成针刺状或呈肥厚多汁状，变态肥大的茎叶一般具有特殊的储水能力，耐旱能力和适应能力均较强。多浆植物一般可分为两大类。

（1）仙人掌类　属仙人掌科的植物，种类繁多，约有近百个属，2000 多种，大多原产于美洲干旱地区，以墨西哥及南美荒漠地区分布最多，其大小、形态和花形差异较大。仙人掌类花卉为适应当地的生态环境，其叶片一般进化成锥刺、扁钩刺、毛座或针丛状，以减少水分蒸腾；茎部一般特化成多浆多肉的体态以储藏水分，常见的有掌扇形、球形、柱形和层峦山形等。仙人掌类花卉的花形变化多样，有喇叭形、漏斗形、莲座形、钟形和筒形等；大的如王莲，小的如珠兰；花瓣有单瓣、重瓣；花色丰富多彩，有白、黄、橙、鹅黄、朱红、粉红、洋红、品紫等；花期一般为 4 月至 11 月，一年可多次开花。如昙花、仙人掌、蟹爪兰、金琥、令箭荷花、仙人柱和仙人球等。

（2）多浆植物类　多浆植物类也称多肉植物、肉质植物，是指植物营养器官的某一部分，如茎或叶或根具有发达的薄壁组织用以储藏水分、呈肥厚多汁状的观赏植物。多浆植物一般特指除仙人掌科以外的多肉植物，分布较广，以非洲尤其是南非为最多，少数原产于温带干旱地区或高山上，分属于几十个科。如景天科、百合科、龙舌兰科、大戟科、番杏科、萝藦科、菊科、凤梨科、鸭跖草科、夹竹桃科、马齿苋科、葡萄科、福桂花科、龙树科、葫芦科、桑科、辣木科和薯蓣科等。常见的多浆植物有芦荟、玉树、石莲花、生石花和龙舌兰等。

5. 地被植物

地被植物是指能覆盖于地表的低矮的植物类群。一般植株低矮、绿叶期较长、生长迅速、覆盖力强、繁殖容易、适应性强、管理粗放，且种植后不需经常更换、可保持连年观赏持久不衰。地被植物一般可分为两大类。

（1）草坪草类　多为禾本科或莎草科草类。一般耐修剪、覆盖力强、繁殖容易，根据其生活习性又可分为如下两类。

① 暖季型草坪草　耐寒性较弱，一般冬季枯黄，适合于温暖的地区种植。如结缕草、狗

牙根、野牛草、假俭草和莎草等。

② 冷季型草坪草　耐寒性较强，冬季不枯黄，一般适合于寒冷的地区种植。如早熟禾、剪股颖、黑麦草和紫羊茅等。

(2) 地被植物　一般特指草坪草以外的地被植物。如白车轴草、马蹄金、紫花苜蓿、吉祥草、麦冬、沿阶草、紫花地丁、萱草、玉簪、丛生福禄考、铃兰、蛇莓、铺地柏、杜鹃花、栀子花、枸杞、凤尾竹、鹅毛竹、常春藤、爬山虎、金银花、凤尾蕨和水龙骨等。

6. 其他花卉类型

其他花卉类型有岩生花卉、棕榈类植物的花卉和食肉植物的花卉等。

(1) 岩生花卉　一般耐旱、耐瘠薄强，适合在岩石园栽培，如虎耳草、香堇、蓍草和景天类等。

(2) 棕榈类植物　即棕榈科植物，一般适合于南方露地栽培，如散尾葵、蒲葵、红棕榈、帝蒲葵、园叶轴榈、酒瓶椰子、海枣、软叶刺葵和观音竹等。

(3) 食肉植物　一般具有捕食昆虫和其他小型蛙类、蜥蜴和鸟类等的能力，可引诱、捕捉、消化小动物，吸收其营养供给自身生长。食肉植物一般较稀有，已知的种类全世界约有10科21属600多种，大多生活在高山湿地或低地沼泽中，以诱捕昆虫或小动物来补充营养物质的不足。典型的食肉植物有猪笼草、捕蝇草、茅膏菜和瓶子草等。

第三节　按花卉原产地分类

花卉的原产地不同，其环境条件不一样，使得花卉的生长发育特性也不同。了解各种花卉的原产地及其相应的生活习性，在栽培中提供所需的环境条件和适宜的技术措施，才能保证花卉生产应用的成功与获益。花卉按原产地的不同主要可分为以下七类。

一、大陆东岸气候型

大陆东岸气候型又称为中国气候型，地区包括中国大部、日本、北美洲东部、巴西南部、大洋洲中东部和非洲东南角，其气候特点是冬夏温差大，四季分明，夏季降雨量较大。根据冬季气温的高低又可分为如下两类。

(一) 温暖型

温暖型地区即指大陆东岸的低纬度地区，包括中国长江以南的华中、华东和华南地区和日本西南部、北美洲东南部、巴西南部、南非东南部、大洋洲东部，是喜温暖的球根花卉和不耐寒的宿根花卉的分布中心。在这个温暖型地区，中国原产的花卉有中国石竹、凤仙、报春花、石蒜、中国水仙和百合等。北美洲东南部原产的有福禄考、天人菊、堆心菊和捕蝇草等。巴西南部原产的有美女樱、撞羽朝颜和半枝莲等。非洲东南部原产的有非洲菊和松叶菊等。日本西南部原产的有百合等。非洲东南部原产的有绯红唐菖蒲和马蹄莲等。

(二) 冷凉型

冷凉型地区即指大陆东岸的高纬度地区，包括中国北部、日本东北部和北美洲东部，是耐寒宿根花卉的分布中心。在冷凉型地区，中国原产的花卉有翠菊、荷包牡丹、芍药、菊花和大瓣铁线莲等。北美洲东北部原产的有丛生福禄考、美洲矢车菊、向日葵、荷兰菊、美国紫苑、随意草、红花钓钟柳和金光菊等。日本东北部原产的有花菖蒲和燕子花等。

二、大陆西岸气候型

大陆西岸气候型又称为欧洲气候型，地区包括欧洲大部分地区、北美西海岸中部、南美西南部和新西兰南部等地，其气候特点是冬季温暖，夏季凉爽，一般气温不超过 15～17 ℃，降水量较少但四季较均匀。大陆西岸气候型是一些较耐寒的一、二年生花卉和部分宿根花卉的分布中心，主要原产花卉有高飞燕草、丝石竹、高山勿忘我、毛地黄、铃兰、宿根亚麻、宿根亚麻和喇叭水仙等。

三、地中海气候型

地中海气候型地区主要包括地中海沿岸、南非好望角附近、大洋洲西南部、南美洲智利中部和北美洲西南部。其气候特点是秋季至春季降雨较多，夏季干旱，冬季温暖，最低气温 6～7 ℃，夏季 20～25 ℃。地中海气候型是秋植球根花卉的分布中心。地中海地区原产花卉有高山石竹、紫罗兰、金鱼草、紫毛蕊花、紫盆花、风铃草、金盏菊、紫花鼠尾草、瓜叶菊等。

四、热带高原气候型

热带高原气候型又称为墨西哥气候型，地区包括墨西哥高原、南美洲的安第斯山脉、非洲中部的高山地区和中国的云南省等地。其气候特点是周年温度为 14～17 ℃，温差小、降雨量因地区不同，有的雨量充沛均匀，也有的集中在夏季。热带高原气候型是春植球根花卉的分布中心，主要原产花卉有藿香蓟、万寿菊、波斯菊、大丽花等。

五、热带气候型

热带气候型地区包括中美洲、南美洲热带区、亚洲、非洲和大洋洲的热带区。其气候特点是常年气温较高、温差小，约 30 ℃，空气湿度较大，有雨季与旱季之分。热带气候型是不耐寒一年生花卉及观赏花木的分布中心。亚洲、非洲和大洋洲的热带地区原产花卉有鸡冠花、凤仙花、蟆叶秋海棠、彩叶草、虎尾兰、万带兰、非洲紫罗兰和猪笼草等，中美洲和南美洲热带地区的原产花卉有长春花、大花牵牛、火鹤花、卵叶豆瓣绿、竹芋、四季秋海棠、狭叶水塔花、琴叶喜林芋、白叶索兰、蝴蝶兰、文心兰、紫茉莉、大岩桐、椒草、美人蕉和朱顶红等。

六、寒带气候型

寒带气候型地区包括阿拉斯加、西伯利亚、斯堪的纳维亚及我国西北、西南及东北等地的寒带地区及高山地区。其气候特点是气温偏低，尤其冬季漫长而寒冷，夏季短暂而凉爽，植物生长期一般只有 2～3 个月。寒带气候型是耐寒性花卉及高山花卉的分布中心。其主要原产花卉有雪莲、细叶百合、绿绒蒿、镜面草和龙胆等。

七、沙漠气候型

沙漠气候型地区包括非洲、大洋洲中部、墨西哥西北部及我国海南岛西南部等，其气候特点是周年气候变化极大，昼夜温差也大，降雨少，干旱期长，土壤质地多为沙质或以沙砾为主，多为不毛之地。沙漠气候型是仙人掌及多浆植物的分布中心。其主要原产花卉有仙人掌类、芦荟、龙舌兰、龙须海棠和伽蓝菜等。

第四节　实用分类法

一、按栽培方式分类

（一）露地花卉

露地花卉是指花卉植株的生长发育是在自然条件下进行并完成的，如金盏菊、一串红、菊花、荷花、唐菖蒲等。这类花卉适宜栽培于露地的园地或美化水面，通常根系发达，得到充足的光照，表现出枝壮叶茂、花大色艳。园地土壤由于毛细管作用，水分、养分、温度等肥力因素容易达到自然平衡，管理比较简便。但在植株营养生长期和夏秋季炎热气候环境中，必须及时追施肥料和对园地浇水。同时定期进行中耕、除草，达到保墒的目的。一般不需特殊的设备，在常规条件下便可栽植，可用于常见的露地花坛、花境、花台、花丛等的花卉配置。

（二）温室花卉

温室花卉是指在长江中下游地区引栽热带、亚热带地区的花卉，这类花卉必须在温室内培育或冬季须在温室内保温越冬，如瓜叶菊、蒲包花、卡特兰、龙舌兰、变叶木、水塔花、花叶芋等。这类花卉常上盆栽植作为盆花处置，以便于搬动和管理。用配置的培养土充作盆土，光照及温度、湿度的调节，浇水和追肥全依赖于人工管理。所以，花卉生长的好坏取决于日常的养护、管理水平，稍有疏忽，就会导致花卉植株生长不良，甚至于死亡。栽培这类花卉需要有温室设备，并视花卉种类满足高温、中温等条件，日常须细致养护。

此外，还有荫棚栽培花卉、促成或抑制栽培花卉、无土栽培花卉及专供室内陈设的多为观叶植物的室内花卉等栽培方式。

二、按观赏特性分类

（一）观花类花卉

观花类花卉以观花为主，欣赏其色、香、姿、韵，如虞美人、菊花、荷花、霞草、飞燕草和晚香玉等。

（二）观叶类花卉

观叶类花卉以叶片的形状、色泽和质地为主要观赏对象，一般具有较强的耐阴性，适宜在室内条件下较长时间地陈设和观赏。观叶植物具有调节空气温度和湿度、减轻噪音、吸附尘埃和净化空气等作用，有利于人的健康。而且，其种类繁多、耐阴性好、观赏期长、管理方便，可满足各种场合的绿化装饰需要。

（三）观果类花卉

观果类花卉的果实一般形态奇特、颜色艳丽悦目，而且挂果时间长、果实干净，可供观赏，如五色椒、金银茄、冬珊瑚、金橘、佛手、乳茄和气球果等。

（四）观茎类花卉

观茎类花卉的茎、分枝或叶等常发生变态，婀娜多姿，具有独特的观赏价值，如仙人掌类、竹节蓼、文竹和光棍树等。

(五) 观芽类花卉

观芽类花卉主要观赏其肥大的叶芽或花芽,如结香和银芽柳等。

(六) 芳香类花卉

芳香类花卉一般具有独特的香味,如米兰、含笑、茉莉、栀子、白兰和桂花等。

(七) 其他

部分花卉的其他部位或器官也具有观赏价值,如马蹄莲的苞片色彩美丽、形态奇特,海葱的鳞茎硕大、绿色,均为主要的观赏部位。

三、按花期分类

花卉按花期分类一般根据长江中下游地区的气候特点,从传统的二十四节气的四季划分出发,依据各种花卉开花的盛花期来进行分类,一般依自然花期可分为四类。

(一) 春季花卉

春季花卉一般指在 2 月至 4 月盛开的花卉,如金盏菊、虞美人、郁金香、花毛茛、凤信子和水仙等。

(二) 夏季花卉

夏季花卉一般指在 5 月至 7 月盛开的花卉,如凤仙花、金鱼草、荷花、火星花、芍药和石竹等。

(三) 秋季花卉

秋季花卉一般指在 8 月至 10 月盛开的花卉,如一串红、菊花、万寿菊、石蒜、翠菊和大丽花等。

(四) 冬季花卉

冬季花卉一般指在 11 月至翌年 1 月开花的花卉。但因冬季严寒,长江中下游地区露地栽培的花卉能花朵盛放的种类稀少,常用观叶花卉取代,如羽衣甘蓝和红叶甜菜等;温室内开花的则有多花报春、瓜叶菊、仙客来和鹤望兰等。

四、按经济用途分类

(一) 药用花卉

如芍药、桔梗、麦冬、贝母、百合和石斛等。

(二) 香料花卉

如薄荷、晚香玉、香堇、玉簪、香雪兰、茉莉和白兰等。

(三) 食用花卉

如百合、菊花脑、黄花菜、落葵、藕和芡等。

(四) 其他

部分花卉还可生产纤维、淀粉及油料等,如黄秋葵、鸡冠花、扫帚草、含羞草、马蔺和蜀葵等。

五、按园林用途分类

（一）绿荫树

绿荫树多采用高大乔木，包括木本花卉，一般配置在建筑物、广场和草地周围，或是用于湖滨、山坡营建风景林或开辟森林公园，建设疗养院、度假村、乡村花园等，可供游人在树下休息，如鹅掌楸、榕树、榉树、槐树和杨树等。

（二）行道树

行道树一般成行栽植于道路两旁，如悬铃木、水杉、银杏、樟树、广玉兰、女贞、鹅掌楸、桉树、朴树、木棉、羊蹄甲和七叶树等；也有以观花为主的，如紫薇等。

（三）花灌木

花灌木是以观花为目的而栽植的小乔木或灌木等。如梅花、牡丹、丁香、桂花、紫薇、紫荆、迎春、腊梅、珍珠梅、锦带花、红瑞木、棣棠、木槿、玫瑰、黄刺梅、连翘、金银木、碧桃、榆叶梅、紫叶李、海棠、樱花、石榴、黄栌和丝绵木等。

（四）花坛花卉

花坛花卉是指可以用于布置花坛的露地花卉，多为一、二年生草本花卉。如三色堇、石竹、凤仙花、雏菊、一串红、万寿菊、九月菊和羽衣甘蓝等。

（五）花境、花丛花卉

花境、花丛花卉是指可以布置在花境、花丛中的露地花卉，多为多年生的宿根或球根花卉。如珍珠绣线菊、大花萱草、美人蕉、芍药、荷兰菊、紫花鸢尾、木绣球、福禄考、地被菊、九月菊、石竹和郁金香等。

（六）垂直绿化花卉

垂直绿化花卉是指用于绿化墙面、栏杆、山石和棚架等的藤本植物。如爬山虎、常春藤、络石、紫藤、蔷薇、常春油麻藤、薜荔、叶子花和葡萄等。

（七）绿篱植物

绿篱植物是指园林中成行密集栽植以代替篱笆、围墙等的植物，一般采用耐修剪的植物，可以起到隔离、防护和美化的作用。如侧柏、珊瑚树、石楠、罗汉松、桂花、女贞、黄杨、海桐和丛生竹类等。

（八）造型、树桩盆景

造型、树桩盆景一般采用单株或多株植物经过人工整形而制成各种物象。如罗汉松、叶子花、黄杨、五针松、小叶女贞和龟甲冬青等。

（九）地被植物

地被植物是指种植在林下或裸地上以覆盖于地表的植物类群，一般采用低矮的植物，具有防尘、降温和美化的作用。如结缕草、狗牙根、早熟禾、紫羊茅、白车轴、紫花苜蓿、吉祥草、麦冬、沿阶草、紫花地丁、萱草和铺地柏等。

（十）其他

花卉的园林用途还包括盆栽装饰、切花栽培、水景园及岩石园栽植等。盆栽花卉如木瓜海棠、扶桑、文竹、一品红和金橘等；切花栽培如月季、香石竹、唐菖蒲、菊花和百合等；水景园栽植如荷花、睡莲、王莲、千屈菜和凤眼莲等；岩石园林栽植如虎耳草、桔梗、石蒜、荷包牡丹和福禄考等。

六、按植物科属或类群分类

（一）兰科花卉

兰科花卉是指兰科观赏价值高的各种花卉。如兰科花卉中著名的有兰属、石斛属、卡特兰属、贝母属、兜兰属、万代兰属花卉等。

（二）凤梨科花卉

凤梨科花卉是指凤梨科观赏价值高的各种花卉。如较常见的有果子蔓属、铁兰属、巢凤梨属等。

（三）棕榈科植物

棕榈科植物是指观赏价值较高的棕榈科植物。如散属葵、美丽针葵、袖珍椰子、三药槟榔、夏威夷椰子等。

（四）多浆植物

多浆植物是指茎叶特化而肥厚具有发达的储水组织的植物。包括仙人掌科、番杏科、景天科、大戟科、龙舌兰科花卉等。

复习思考题

1. 名词解释：种、亚种、变种、变型、品种、一年生花卉、二年生花卉、宿根花卉、球根花卉。
2. 花卉的自然分类法有何特点及应用价值？
3. 花卉按生活型与生态习性可分为哪几类？各举2～3例。
4. 花卉按花卉原产地可分为哪几类？各有何特点及代表花卉？
5. 花卉按栽培方式可分为哪几类？各举2～3例。
6. 花卉按观赏部位或观赏特性可分为哪几类？各举2～3例。
7. 花卉按花期可分为哪几类？各举2～3例。
8. 花卉按经济用途可分为哪几类？各举2～3例。
9. 花卉按园林用途可分为哪几类？各举2～3例。

实训二 花卉的分类识别

一、目的要求

通过调查识别公园、绿地及生产基地的花卉种类，按照不同的分类方法对花卉进行分类，并了解常见花卉的生态习性与观赏用途和实物识别常见的花卉种类。

二、工具与场地

放大镜、解剖镜和记录表格，公园、绿地及生产基地的花卉品种等。

三、实训内容

通过教师现场讲解各种花卉的名称、科属、生态习性、繁殖方法、栽培要点和观赏用途

等，指导学生学习掌握并进行观察分类。

1. 调查与观察

调查：对花卉种类进行调查，制成花卉名录。

观察：观察花卉的生态环境，了解其生态习性、对环境的具体要求及在园林中的配置和应用形式等，如是木本还是草本，对光照强度、温度和水分等的要求，在林下还是林的上层，是地被、行道树、花灌木还是绿荫树等。

2. 分类

根据不同的分类方法，将指定区域的花卉进行分类。

四、实训结果

1. 花卉名录

列举花卉的名称、拉丁学名、科名、属名及典型特征等，以列表形式制成花卉名录。

2. 花卉的分类

根据花卉名录列举花卉按生活型与生态习性、花卉原产地、栽培方式、观赏部位或观赏特性、花期、经济用途、园林用途、自然分布，以及对水分、温度、光照强度、光周期的要求不同等分类的类别，以列表形式制成花卉分类表。

3. 实训小结

对所识别并分类的花卉进行总结，并概括当地花卉生产与应用的特点。

第二章　环境因素对花卉的影响

植物是有机体，不是单独可以存活的，而是需要整体环境。不同植物需要不同环境，有些喜欢弱酸性，有些喜欢弱碱性，各式各样的环境也使植物各具自身特色。园林植物生长除了受其遗传特性影响外，还与外界环境因素有关，在适宜的环境中，植物才能健康繁殖和生长。花卉是植物一个部分，花卉生长发育于环境之中，环境中的温度、光照、水分等因素也综合作用于花卉植株，花卉植株的群体也影响着环境诸因素。所以，花卉与环境是互相影响、互相制约，必须协调好两者之间的关系。由于花卉原产地的气候条件决定了花卉的生态习性，栽培花卉时只有满足生态习性的要求，也就是给予相宜的环境条件，花卉才能正常生长、开花。

第一节　温　　度

温度是植物生存和进行各种生理生化活动的必要条件，也是限制植物生长和分布的主导因素。一般而言，每差一个地理纬度，年均温度大约相差 0.5 ℃，植物会随着纬度变化而相应产生变化。花卉如同其他植物一样，也需要在适宜的温度范围内进行生命活动。在合适范围内，温度越高，花卉生长越快；反之，温度越低，花期越长。一般种子萌发所需要的温度高于苗期，低于生长期。温度能影响花卉一系列生理过程，特别是花器官的形成。温度对于花卉的影响，一般应注意的情况：一是极端温度出现的时间和极端的最高温度和最低温度持续时间；二是昼夜温差的变化；三是冬夏温度变化的情况。这些情况对花卉生长和发育都有影响。

一、温度的三基点

花卉在长期生长中，有自己合适的温度。温度对花卉生长发育影响主要是通过对花卉体内光合作用、呼吸作用、蒸腾作用等生理活动的影响而实现的。通常影响花卉正常生长和开花结实的有三种温度，即年平均温度、生长期的积温和冬季最低温度。植物完成其生命活动所需要的温度总量称为积温。植物生长发育的起始温度(下限温度)称为生物学零度。高于生物学零度称为生长发育有效温度。植物生长期中高于生物学零度的日平均温度总和称为有效温度或生长期积温。花卉的各种生理活动都有最低、最高和最适温度，称为温度三基点。光合作用的最适温度一般都在 25～35 ℃之间。花卉一般在 0～35 ℃的范围内生长，随着温度上升生长加速，降低减缓生长。花卉生命活动最高极限温度一般不超过 50～60 ℃。一般原产于热带干燥地区和沙漠地区的花卉耐高温，如芦荟、仙人掌、光棍树、龙舌兰等。原产于寒温带和高山地区的花卉则常在 35 ℃左右就会发生异常现象，如大丽花、一品红、万寿菊、云南山茶、月季等。

二、温度对花卉分布的影响

温度变化一般包括气温、土温和植物体温的变化，三者都有一定变化规律，对花卉分布

会产生一定影响。

气温在不同空间及不同时间都有一定差异。气温空间变化主要表现在与纬度、地形、海拔及海陆分布的关系。根据地理知识，纬度升高，太阳辐射量减少，年均温度降低，纬度每增加 1°，年均温度下降 0.5 ℃左右；海拔每升高 100 m，年均温度也会下降 0.5 ℃左右。当然温度还会受其他因素的影响。一般情况，由于我国处于北半球，所以南坡日照强，温度高。气温的时间变化有两个指标：气温年变化和气温的日变化。气温年变化主要为四季的变化。我国一年中一月最冷，七月最热。一年中最热月平均气温与最冷月平均气温之差为气温年较差。气温年较差随纬度升高而增大，随海拔升高而减小。一天中气温有一个最高值和最低值，这两个值之差为气温日较差。气温日较差随纬度和海拔高度增加而减小。这些对于花卉分布都存在影响。

除了气温，土温对于花卉生长发育也起到重要作用。土温是随着气温的变化而产生变化，一般和气温是成正比例关系。气温增长，土温也会随之增高，反之则降低。土温年较差随纬度的增加而增大，随土壤深度增加而减少。所以，对于花卉种植，一般根系会分布在土壤一定范围内，利于花卉的成长。

花卉属于变温生物，通过地上部分和地下部分的能量转换，保持体温与环境温度的平衡。若体温高于气温时，通过蒸腾作用和对光线的反射来降低体内温度；若体温低于气温时，就此环境中吸收热量而使体温增高。

植物种子在一定温度条件下才能发芽、生长。一般树木种子在 0～5 ℃开始萌动，最高温度不超过 50 ℃，25～30 ℃最适宜生长。

依据温度的特性，结合气候特点，一般按照温度变化可分为以下几种类型的花卉。

原产寒带及寒温带地区的耐寒力强花卉：这类型的花卉可以忍受－5～－10 ℃低温，如二月兰、金盏菊、金鱼草、雏菊、三色堇等，它们在长江流域可以越冬栽植并保持良好的生长力。其中宿根花卉和球根花卉较多，如玉簪、萱草、芍药、蜀葵、荷兰菊、鸢尾、荷包牡丹、飞燕草、玫瑰、紫薇、丁香、迎春、紫藤等都具有极强的生命力。

原产暖温带及亚热带半耐寒性花卉：这类型的花卉一般能忍耐－5 ℃以上的低温，如芍药、梅花、石榴、夹竹桃、玉兰、三色堇、金鱼草、石竹、翠菊、杜鹃、山茶、报春、郁金香等。

原产热带及亚热带地区的不耐寒花卉：这类型的花卉一般不得低于 5 ℃，如一串红唇、鸡冠花、变叶木等。

热带高原原产的花卉：这类型的花卉要求冬热夏凉的气候，如百日草、大丽花、仙客来等。

三、昼夜温差

昼夜温度有节奏的变化称为温周期。植物对昼和夜之间交替的反应称光周期现象，相应的温度交替反应是温周期现象。温周期对花卉生长发育影响很大。一般日温较夜温高，白天在适宜温度范围内，花卉进行光合作用，积累养分。夜间在较低的气温下植物进行呼吸作用，因呼吸强度较弱，对花卉生长发育有利，这种情况在温带花卉上的反映更为明显。据研究，大多数植物昼夜温差 8 ℃左右最为合适，若是超过此数值，对其生长发育会产生不利影响。原产于热带亚热带、亚热带的花卉，所需要的温差较小，为 3～5 ℃。原产于温带的花卉，所需要的温差稍高，为 5～10 ℃。原产于沙漠地带的花卉，所需要的温差最高，为 10～20 ℃。因此，应该在它们的生长发育的过程中，给予不同的温差来满足它们生长的需要。

在园林景观造景中，可以通过植物的这一对温度敏感性，对温度的调整从而控制花期，满足实际造景需求。如秋天北方气候寒冷，不利于花卉开放，但可以通过调节温度，将一些8月至9月开花的花卉推迟到秋季，便于重大节日的造景要求。紫薇是落叶树种，在武汉地区，紫薇花芽可在6月至9月形成，自然条件下10月中旬开始落叶。为了延长观花观叶期，通过提高温度可控制花芽的活动和膨大。当花芽鳞片开裂活动时，将其移入玻璃室，利用白天室内吸收的阳光和热及晚上紧闭门窗，能自然提高温度5～7 ℃，从而使夜间控制在合适温度，这样到了较低的温度下便可观赏到花卉美景。

四、温度影响花色

温度对花色有着极大的影响，主要体现在春化作用上。有的植物在发育的某一时期，特别是发芽后不久，需经受较低温度后花芽才能形成，这种现象称为春化作用。通过春化阶段后，在适宜的温度条件下，花芽才能正常地分化和发育。在花瓣细胞液里含有花青素和类胡萝卜素等物质。花青素是水溶性物质，分布于细胞液中，它也是受温度影响较大的物质，随着温度的升高和光照度的减弱，花色变浅。

常见的一些花卉从开花到衰败凋谢，花色不断变化，如牵牛化初开时为红色，快要凋谢时变成紫色；石斛兰花期前半部是红紫色，快要凋谢时红紫色逐渐变淡，最后近白色；茉莉花则是由纯白变成花瓣边缘紫色斑纹。这些变化都和花瓣中细胞液的酸碱度及温度的变化有关。

五、温度影响花香

古人常常用花香的浓淡来判断温度的高低，这正是因为温度对花香扩散有较大的影响。南宋诗人陆游在《村居书喜》中的“花气袭人知骤暖，鹊声穿树喜新晴。”表达了温度对花香是有影响的。在大多数花卉的花瓣里，有一种油细胞，能不断分泌出有香味的芳香油。这种芳香油易挥发，扩散到空气中的芳香油分子刺激人的嗅觉器官，产生芳香的感觉，这就是花香。大自然的花香借助空气介质传递给人的嗅觉，所谓的香气浓淡不过是进入人鼻孔中芳香油分子的多少罢了。实验证明，当其他环境因素（如风力、湿度、空气悬浮物）完全相同时，芳香油分子的扩散快慢主要受气温影响。气温越高，分子无规则运动的速度越快，扩散也就越快。当然，扩散快慢还与花卉本身（即花卉品种）的芳香油分子密度有关。很多人有这样的体验：一般而言，当气温较高时，随处都可闻到花香，而且香气较浓；而当气温较低时，则只能在花的附近才能闻到花香，香气也比较淡。这也说明了香气与温度的紧密联系。

第二节　光　　照

光照是花卉必不可少的生存条件之一，花卉将光能转化为化学能储藏在有机物中。光照强度、光质、光照时间的长短都影响着植物的生长和发育。从花卉本身来讲，最为重要的光因素是光照强度。所以，光照强度过大或过小都能对花卉生长发育产生影响。因此，如何通过人为手段改进技术，妥善利用光能，是花卉培养的重要环节。

一、光照长度

光照长度是指一天中日出到日落的小时数。自然界的光照长度随纬度和季节进行变化。在低纬度的热带地区，光照长度周年接近12 h。在一天内白昼和黑夜的小时数交替（即

昼夜长短的变化)称为光周期。植物需要在一定的光照与黑暗交替的条件才能开花的现象称为光周期现象,主要表现在诱导花芽的形成与休眠的开始。不同的气候环境培养了不同的植物,植物在生长过程中形成适合自己的环境条件,光也是其中之一。根据植物对光周期的反应,将植物归为四类。

长日照植物:此类植物大多产于寒带和温带,每天需要 12～14 h 以上的光照才能形成花芽,否则会延迟开花或不开花,如白兰花、茉莉、木兰和唐菖蒲。

短日照植物:此类植物大多原产于热带和亚热带,在 24 h 的昼夜周期中需要一定时间的连续黑暗(一般为 14 h 以上的黑暗)才能形成花芽。在一定范围内,黑暗时间越长,开花越早,否则不开花或延迟开花,比如三角花、一品红、菊花、象牙红等。

中日照植物:此类植物一般要求昼夜长短接近于相等时才能开花,如香石竹、矮牵牛等。

中间性植物:此类植物对光照持续时间长短的敏感性较差,只要外部条件适宜,任何情况都可能开花,如月季、紫薇、香石竹等。

光周期现象与花卉原产地的纬度有关。因此,在造景中必须考虑其对日照长短的要求,一般在不同地区的同一纬度成功概率较高。当然,可以利用花卉对光的这一特性,进行人为调控,使其更好为人们服务。如可以将 5 月至 6 月开花的植物推迟到秋季开花,也可以将九月至十月开花的植物提前到春季开放,只要措施运用得当,就可以为园林造景画龙点睛。

二、光照强度

光照强度是影响植物生长、发育、形态的重要因素,植物对其要求通常用光补偿点和光饱和点来表示。光补偿点又称为收支平衡点,是光合作用所产生的糖类的量与呼吸作用所消耗的糖类的量达到动态平衡时的光照度。以光补偿点为临界点,随着光照度的增加,光合强度逐渐提高,当光合强度超过呼吸强度,植物在体内则可储藏物质。但是,一旦达到一个高的分界点,即使光照强度增强,光合强度也不会增加,有时甚至出现下降,这种现象称为光饱和现象。因此,了解了植物的光补偿点和光饱和点,就可以了解植物对光照的需求。通常根据植物对光照的强度要求,可把植物(花卉)分为以下三类。

(1) 阳性植物　或称喜光性植物,一般在全日照条件下生长最好而不耐庇荫的植物。一般光补偿点较高,在全光照的 30%～50%。喜光的花卉包括大部分露地栽培的一、二年生草花、宿根花卉、球根花卉、木本花卉及多浆植物等。如茉莉花、月季花、梅花、海棠、石榴花等。

(2) 阴性植物　或称喜阴性植物,此类植物具有较强的耐阴能力,光补偿点低,一般要求全日照的 5%～20%,在弱光下生长最好。这类型花卉植物多半原产于山背阴坡、山沟溪涧、林下及林缘,喜漫光照射。如兰花、文竹、万年青、石菖蒲、四季海棠等。

(3) 耐阴性植物　或称中性植物,对光照的强度介于以上两者中间,比较喜光,稍能耐阴,对光的适应幅度较大,在全日照条件下能生长,在庇荫的条件下也能忍受。但是,在高温干旱时全日照条件下生长受到抑制。虽然此类植物花卉对光照有较广的适应力,但所需最少光量仍然需要达到全光照的 1/10～1/15。同种花卉的耐阴程度除了本身生理因素,土壤肥力,温度变化、水分的状况都会影响到其耐阴的程度。在所有外界条件都合适的情况下,其耐阴程度也高。如山茶花、杜鹃、白兰、米兰。

在园林造景中,对园林花卉是否喜光的掌握是非常重要的。可根据外界不同的环境因素,选择合适的花卉,做到植物与环境的有机结合,做到有层次,错落有致的园林景观。一般将生长速度快的阳性植物与生长速度慢的耐阴性植物搭配，做到错层景观。同样，利用此原理，可做成丰富的园林景观，提高生态功能。

三、光质

光质是指太阳光谱的组成特点。在波长为 150～4000 nm 范围内，由紫外线、可见光和红外线三部分组成。可见光指人眼能看见的波长为 380～770 nm 范围的光，对花卉起着重要的作用。虽然红外线和紫外线人眼无法辨识，但是对于花卉也有作用。

太阳辐射光谱不能全被植物吸收，植物能吸收用于光合作用的辐射称为生理辐射或光合有效辐射。生理辐射光主要指红橙光（波长为 595～760 nm），蓝紫光（波长为 370～490 nm）。红橙光被叶绿素吸收最多，光合作用活性最大。因此，它有利于糖类及叶绿素的合成，加速长日照植物的生长发育，延长短日照植物的发育，促进种子的萌发；蓝紫光有利于蛋白质的合成，加速短日照植物的发育。

不同波长的光对植物的向光性影响及色素形成作用不同。如红光利于植物伸长生长，蓝紫光则抑制植物的伸长。青蓝紫光能引起植物的向光敏感性，促进花青素等植物色素的形成；紫外线能抑制植物体内某些生长素的形成，使植物产生特定向光性。

光质随海拔高度、纬度、地形变化有所不同。作用于植物的光有两种类型，即直射光和漫射光。以自然光来说，在晴朗的天气条件下，阳光直接照射到被摄者身体的受光面产生明亮的影调，非直接受光面则形成明显的投影，这种光线称为直射光。当一束平行的入射光线射到粗糙的表面时，表面会把光线向着四面八方反射。此时，入射光线虽然互相平行，但是，由于各点的法线方向不一致，造成反射光线向不同的方向无规则地反射。这种反射称为漫反射或漫射。这种反射的光称为漫射光。直射光随海拔的高度的增高而增强。有关资料表明，垂直高度每升高 100 m，光的强度平均增加 4.5%，所以不同的地区因光的原因，植物形体、花色都有不同，这也是差异形成的原因。

第三节　水　　分

水是植物体内的基本成分。一般植物体都含有 60%～80%的水。植物体的生命活动也离不开水，植物对营养物质的吸收和运输，植物体的光合作用、蒸腾作用、呼吸作用等生理作用都需要依靠水来完成。自然界水主要有三种状态：固体状态，如雪；液体状态，如雨水；气体状态，如雾。植物吸收的水分主要来源于地下水和大气降水，大气降水对于植物的生长有直接的影响。

一、不同花卉对水分要求不同

花卉对水的需求是指花卉在维持正常生理活动中所吸收和消耗的水分。不同花卉对水分需求差异很大。花卉主要靠根系吸收水分，所吸收的水分中用于体内有机质的合成的一般仅占 0.5%～1%，绝大多数的水分被蒸腾。花卉对水的需求是通过蒸腾强度表现的。蒸腾主要是气孔蒸腾，其次是角质层蒸腾。蒸腾强度与花卉品种有关，与环境因素也有联系。一般情况下，叶片大的花卉蒸腾大于叶片小的花卉；幼龄花卉大于老龄花卉；在晴朗的气候条件下，花卉蒸腾大于阴天或雨、雪天。可依据花卉对水分的需求，将其分为以下几类。

1. 旱生花卉

这类植物是指在干旱环境中生长，能耐较长时间干旱，能维持体内水分平衡。此类花卉多半原产于干旱、沙漠或雨季与旱季有明显区分的地带。常见的这类花卉植物：石莲花、虎刺梅、昙花、令箭荷花、仙人球、仙人鞭及景天科、菊科、大戟科的多肉、多浆植物等。

2. 水生花卉

此类花卉只有在水中才能正常生长，花卉体的通气组织发达而根系不发达或退化。一般有挺水花卉：此类花卉的基部或下部生于水中，上部挺出水面。在自然界中，一般在水域近岸或浅水处可见，还有荷花、水葱、香蒲、芦苇等属于这类水生花卉。浮叶花卉：花卉的根系和地下茎生于泥中，叶片或植株大部分浮于水面而不挺出，如睡莲、王莲、菱、荇菜、田字苹等。漂浮花卉：花卉完全自由地漂浮于水面，根系舒展于水中，可随水流而漂浮，如凤眼莲、大漂、水鳖、满江红、槐叶萍等。沉水花卉：其在整个生活史中沉没于水中生活，如黑藻、金鱼藻、苦草、菹草、狐尾藻等。

3. 中生花卉

此类花卉对水分的需求介于湿生和旱生花卉之间，能在干湿条件适中的环境下正常生长，大多数栽培类花卉属于此类。常见的有桂花、广玉兰、迎春花、栀子、杜鹃、六月雪。

4. 湿生花卉

湿生花卉要求空气与土壤潮湿，在干燥或中生环境中常生长不良，甚至死亡。可将湿生花卉分为阴性湿生花卉和阳性湿生花卉。阴性湿生花卉生长在光线不足、空气湿度较高、土壤湿润的环境下。热带雨林的中下层有许多植物属于此类，如蕨类、海芋、秋海棠类及热带兰类等多种附生植物。阳性湿生花卉生长在光线充足、土壤水分经常饱和或仅有较短的干期地区，如鸢尾、半边莲等。

二、同种花卉栽培对水分的要求

植物体内的含水量随植物年龄的增长而递减。生长部分也会有所不同，形成层、根尖、茎尖及幼果含水量较高。因此，掌握同种花卉在不同时期的需水量，对于栽培植物非常必要。一般来讲，花卉在萌芽期会因水分不足而影响其生长。因此，在冬春水分不足时，应在初春时期对其灌水，保证萌芽准时，出芽整齐。随着温度的升高，花开始生长，这时是其生长旺盛期，因此需水量较多，应充分供应水分。在花芽分化期，水分掌握需慎重，过多或过少都难形成花芽或形成少量花芽；等到开花期，应对水分进行合适的调剂，当空气湿度不够时，花朵则难以完全盛开，且花期会变短，影响观赏效果；若土壤中水分不足，则会影响开花的花色，所以控制好水分，对花卉的绽放有很重要的意义。当花朵凋谢，果实成长发育，需适量控制水分，过多则引起后期落果、裂果。所以，合理控制水分对花卉栽培产生重要影响。

三、给花卉浇水最适的时间

花卉的形体与水分有关系，在旱地生长的花卉较湿润地区的气孔少，但储水能力强，因此可以少量浇水；具有革质的花卉较纸质的花卉需水量少，是因为纸质更容易因蒸腾作用而丧失水分，所以需及时补充。花卉消耗多少水，管理的人员根据其生长状况适时补充。休眠期的鳞茎和块茎不但不需补充水，过多还会烂根。如叶面上着生绒毛的花卉，由于水珠落在上面不容易蒸发，常常会引起叶片腐烂。这样的花卉有非洲紫罗兰(紫竹梅)、蟆叶秋海棠、大岩桐等。仙客来的块茎、叶芽、花芽，遇水湿过久就会腐烂。君子兰叶丛中央的假鳞茎也怕进水，特别是孕蕾期，进水会影响抽箭。对已经开花的植物，也要避免大量向叶面喷水，以免花瓣霉烂，影响授粉，降低开花结实率。多肉花卉在冬季休眠期，温度在 10 ℃以下可以不灌水；许多花卉要求 60%～90%的相对湿度。因此，可在空气中和地面喷雾来提高空气湿度，补充水分。

四、适合浇灌花卉的水

水按照含盐分的多少可以分为软水和硬水。由于硬水中含有多种盐类，长期用其来浇花，会使花卉叶面产生褐斑，影响观赏价值。因此，使用软水比较理想，软水中又以雨水和雪水最佳。如果长期使用雨水浇灌花卉，有利于提高花卉的观赏价值。当然除此之外，还可以选用水性比较温和的水源，比如河水、湖水、池塘水等。随着生活水平的提高，自来水的取用方便，因此在很多情况下，常常用自来水来代替其他水源。由于自来水本身含有大量的氯气，水温也比较低，因而不适合直接用来浇花，需要放置 1～2 天方可使用。或者使用敞口比较大的容器，在室内放置一昼夜就可以使用了。可根据周围环境条件，选择合适水源来浇灌花卉。

第四节 土 壤

土壤是指覆盖于地球陆地表面和浅水域底部的疏松层，它在地球表面构成不连续的极薄的圈层——土壤圈。地球陆地表面的土壤多是第四纪后形成的，平原地区的土壤是由河流泛滥而成的。土壤物质构成是极其复杂的，既有生物（主要包括土壤微生物和微动物），又有非生物；既有有机物质，又有无机矿物质。土壤的本质特征是肥力，它为植物生长提供了水分、养分、空气和热量。因此，植物的生长好坏与土壤有着密不可分的关系。

一、土壤不同性状对花卉的影响

土壤的本质特性是肥力。根据质地可将土壤分为砂土类、黏土类和壤土类。砂土类土壤主要分布于平原河谷地区，丘陵山地也有分布，这类土通透性良好，透水排水快。但养分缺少，保水保肥能力差，土温变化较大。因此，在选择花卉品种上，可以选择耐旱作物和品种，保证水源，及时少量多次灌溉，多施未腐熟或半腐熟的有机肥，特别适宜种块根、块、茎作物。黏土类土壤在各种地形都有分布，此类土通透性差，透水排水不良，不耐涝。黏土类土壤虽然吸持水量大，但保水抗旱能力弱，故有“晴三天张大嘴，雨三天淌黄水”的说法。黏土类土壤虽然通气性差，有机质分解慢，但利于腐殖质的积累，保肥能力强，养分不易淋失，适宜用腐熟程度高的有机肥。壤土类介于两者中间，保水保肥能力好，通透性和耕作性强。因此，这是种植花卉较好的土壤。当然，实际土壤不可能呈现单一的特性，往往是几者兼有，肥力也是多样的，只能根据其实际情况具体运用。

花卉从土壤中吸收什么呢？土壤本身的质地给花卉提供的生长环境对花卉生长产生影响，而土壤中所含其他元素也是花卉依靠土壤生长的力量。在花卉的生长发育过程中，土壤提供了植物所需的各种营养元素。根据研究资料统计，所有植物吸收的氮元素中有 60%、磷元素和钾元素有 90%以上是由土壤提供的。目前大多数植物所必需的营养元素大概为 16 种，植物体内超过 0.05%的必需元素为大量营养元素，有碳、氢、氧、氮、磷、钾、钙、镁、硫等。

土壤氮元素存在有机质中，以有机态和无机态两种形式存在，有机态氮占土壤中主要位置，通过固氮微生物花卉可以吸收此营养元素。除了氮元素，磷也是植物体不可或缺的营养元素。土壤中磷的存在与土壤 pH 值有密切联系，一般对于磷元素的吸收，以 pH 值在 6～7 时有效性最高。钾、钙、硫等其他必需元素也通过土壤与植物间循环，交换而发生更替。

除养分是肥力的一部分外，土壤水分、空气等也是土壤肥力不可忽略的因素。花卉根系能吸收利用的有效水是超过土壤凋萎系数的水分。土壤空气含量的特点是氧的含量略低于大气，而二氧化碳的含量却高于大气几十倍，而这主要是由于植物根系的呼吸和微生物的呼吸作用引起的。在氧气稀少时，土壤有机质的厌氧分解，出现易挥发性的气体，使土壤空气呈水汽饱和状态。而土壤中的二氧化碳可以直接被植物的根系吸收，作为部分光合作用碳素的来源。除了有利的条件，土壤空气中存在一些还原性气体对花卉有害，可以通过改善土壤通气条件来解决这一问题，为花卉生长发育创造良好的土壤环境。

二、土壤的 pH 值

土壤的 pH 值即土壤的酸碱度。土壤的酸碱度对土壤养分和土壤微生物都有影响，直接影响花卉的生长发育。pH 值等于 7 为中性，大于 7 为碱性，小于 7 为酸性，因此可将土壤划分为酸性土、中性土和碱性土。

不同的花卉对土壤酸碱度的要求不同。大多数花卉喜微酸性至中性的土壤，它们在 pH 值 6.0～7.0 的土壤中生长良好，而少数花卉喜酸性或碱性土壤。

适宜酸性土的花卉：酸性土花卉在土壤 pH 值小于 6.5 时生长最好，在碱性土和钙质土生长不良，主要分布于暖热、多雨地区。如杜鹃花、八仙花、栀子花、紫鸭跖草、彩叶草、蕨类、兰科植物等。

适宜弱酸性土的花卉：此类要求土壤 pH 值在 5～6 之间的花卉，常见栽培的有秋海棠、朱顶红、仙客来、山茶花、茉莉、五针松、含笑、米兰、樱草、大岩桐、白兰、棕榈科植物，等等。

适宜中性至偏酸性土的花卉：此类花卉要求土壤 pH 值在 6～7 之间，大多数花卉是适合中性土壤的。常见栽培的有菊花、文竹、一品红、风信子、天门冬、桂花、倒挂金钟、水仙、君子兰、贴梗海棠、郁金香、四季草、蒲包花，等等。

适宜中性至偏碱性土的花卉：这类花卉要求土壤 pH 值在 7～8 之间。碱性土花卉大多数是大陆性气候条件下的产物，多分布于炎热干燥的条件下。常见栽培的有天竺葵、夹竹桃、腊梅、石榴、非洲菊、连翘、金银花、葡萄、美人蕉、丁香、迎春、木槿、扶桑、菊花、月季、石竹、玫瑰、迎春、黄杨、榆叶梅、扶郎花、香豌豆、松柏、仙人掌等。

此外，盐碱土并不等于碱性土，真正喜盐的植物并不多见。但有些植物耐盐碱，因此可在盐碱地区用此类植物进行造景。

三、土壤中的菌根菌

土壤中含有大量的微生物，对土壤性质和花卉生长产生影响。花卉进入这个环境后，微生物会有一系列变化，在根际会有聚集，对花卉本身生长产生作用。菌根菌是特定的真菌与特定的植物的根系形成的相互作用的共生联合体。在植物的幼苗时期，真菌侵入幼苗的表皮层中，由植物供给真菌生长发育所必需的养料，而真菌繁衍出来的菌丝又为植物输送它从植物根系以外吸收的水分和养分，真菌发挥的是自己外延范围大的优势，植物则起到了调节和储存的作用，从而促进了双方的生长。植物与真菌共生关系的建立需要过程，也需要环境的配合，单靠其通过自然的过程来完成这种关系的建立，成功的概率就会降低。所以，就要人为地为它们提供共生的条件，接种菌根菌就是有效途径之一。菌根菌具有很强的酸溶和络溶（螯溶）能力，因而可以帮助植物吸收难溶性的磷、钾、钙、镁及铁、锰、铜、锌、钼等养分。菌根菌能够伸入有机物质中，并靠其酶解作用成功地吸收有机氮化合物中的氮素。因为磷在土壤中的扩散系数很低，移动性很差，在土壤中通过根的吸收，根际很快形成一个无磷圈，由于菌根的菌丝可延伸至这个无磷圈外，形成新的吸收圈，扩大根的吸收面，改善了植物磷素营养。菌根菌有固氮作用，研究证明，杜鹃、辐射松、罗汉松、木麻黄等的菌根都具有固氮能力。除了吸收水分、养分外，菌根菌还产生化合物刺激植物根部生长，而菌根菌可以靠此新生根持续繁衍。同样植物根部也会产生促进菌根菌生长的物质。有菌根菌的根系寿命较长，分枝亦较多。增强植物抗病力是菌根菌的另一大特点，菌根菌丝可以分泌抗体，对抗入侵植物根部的病菌，所分泌抗体附着在根部表面，形成一道化学膜，防止病菌侵入。另外，有些菌根菌丝在根部编织出厚厚的网状“防菌墙”，与根部唇齿相依。菌根菌还可以改良土壤，菌丝可以产生腐殖酸与多糖类形成胶质，将分散的土粒胶结成团块状，增加土壤孔隙，改善土壤通气性，这对在沙土或黏重土壤上造林，提高成活率保持水土都有重要作用。

第五节　空　　气

大气的组成成分十分复杂，有些气体（如氧气、二氧化碳等）是花卉生长必不可少的，有些气体（如二氧化硫等）则是对花卉有害的。花卉的生长和人一样，离不开气体的作用。

一、花卉生长的空气条件

正常的空气成分按体积分数计算：氮（N_2）占 78.08%，氧（O_2）占 20.95%，氩（Ar）占 0.93%，二氧化碳（CO_2）占 0.03%，还有微量的惰性气体，如氦（He）、氖（Ne）、氪（Kr）、氙（Xe），以及臭氧（O_3）、氧化氮（NO）、二氧化氮（NO_2）等。空气对花卉的生长发育有着极其重要的作用，主要体现在以下几个方面。

（一）二氧化碳对花卉生长发育的影响

空气中二氧化碳（CO_2）含量很少，约为 0.03%。在正常的空气成分中，二氧化碳浓度不会影响花卉的生长发育。但二氧化碳是绿色植物进行光合作用的有机物质之一。在温度、光照等其他条件适宜的情况下，增加空气中的二氧化碳的浓度，可以提高植物光合作用强度。

（二）氧气对花卉生长发育的影响

空气中氧气（O_2）约占 21%，花卉的各部分都需要吸收氧气，呼出二氧化碳。特别是种子萌发、花朵开放时呼吸作用特别旺盛。所以，种子不能长时间泡在水中，否则会因缺氧而不能发芽。土壤积水或板结也会造成缺氧，而使根系呼吸困难造成生长不良，严重时引起烂根等。所以需要经常松土、清除积水，保证土壤中有充足的氧气。

氧气与花卉生长发育密切相关，它直接影响植物的呼吸和光合作用。空气中的氧气含量降到 20%以下，植物生命活动受到抑制，地上部分呼吸速率开始下降。氧气含量降到 15%以下时，植物呼吸速率迅速下降。由于大气中氧气含量基本稳定，一般不会成为花卉生长发育的限制因素。在自然条件下，氧气可能成为花卉地下器官呼吸作用的限制因素，氧气含量为 5%，根系可以正常呼吸，低于这个浓度，呼吸速率降低。当土壤通气不良，氧气含量

低于2%时，就会影响花卉根系的呼吸和生长。

(三) 氮气对花卉生长发育的影响

氮气(N_2)在空气中含量高达78.08%，但是它不能直接被多数花卉所利用。因此，它对大多数花卉没有影响。只有对豆科植物(具有根瘤菌)及非豆科但具有固氮根瘤菌的植物是有益的。它们可以利用空气中的氮气，生成氨或铵盐，经土壤微生物的作用后被植物吸收，进而合成蛋白质构成植物体。

二、有毒有害气体对花卉的影响

由于工业的发展，特别是在工矿区周围空气常被污染，目前大气中的二氧化硫、二氧化氮、一氧化氮、氟化氢等气体都存在。这些气体即使含量极微，对花卉生长也十分有害。大气污染物对花卉的影响，一方面，取决于有毒气体的成分、浓度、作用时间及其当时其他的环境因素；另一方面，取决于花卉对有毒气体的抗性。不同的花卉或相同的花卉在不同的生长发育阶段受到的影响不同。

(一) 有害气体对花卉的伤害

有害物质经大气直接侵入植物叶片或其他器官引起的伤害可分为急性伤害和慢性伤害。急性伤害：空气中有害气体浓度突然升高，持续的时间超过花卉的耐受能力，植物短时间内表现出受害症状。急性伤害往往在短时间内使叶或花发生坏死斑点，或落花。

慢性伤害：花卉长时间暴露在低浓度有害气体中表现出的受害症状。除了伤害外，大气污染会影响花卉的生理反应，如减慢花卉的生长；减弱花卉的光合作用；使叶组织的呼吸升高或降低；伤害花、种子或萌发的幼苗。慢性伤害使花卉叶变小、变形，并使花期推迟或开花少、小，甚至不开花结实。慢性伤害还表现为一种不可见伤害，又称为生理性伤害。这种伤害看不到外部的症状，但植物的一些生理活动，如光合作用、呼吸作用及一些合成分解代谢均受到抑制或减弱。

(二) 主要有害气体

1. 二氧化硫

二氧化硫(SO_2)是当前最主要的大气污染物，也是全球范围造成植物伤害的主要污染物。火力发电厂、金属冶炼、炼焦和合成纤维、合成氨工业是主要排放源。二氧化硫进入叶片气孔后，遇水变成亚硫酸，进一步形成亚硫酸盐。二氧化硫首先危害叶子气孔周围细胞组织，叶脉之间伤斑较多，严重时伤害叶尖和叶缘。幼叶和老叶受害轻，而生理活动旺盛的功能叶受伤害较重。植物在较高浓度的二氧化硫中经过短时间(几小时)的暴露就会产生急性伤害。最初叶缘和叶脉出现暗绿色水渍斑，随即组织坏死，坏死斑干燥后呈象牙色或白色，而叶脉通常正常，因此症状非常明显，但严重时叶脉也褪色。有些植物叶片有不规则暗棕色坏死区，与健康组织之间有漂白或缺绿组织。慢性伤害症状是叶片呈黄、银灰、古铜及黑色杂斑。

常见抗二氧化硫的植物有月桂、令箭荷花、龙须海棠、君子兰、美人蕉、石竹、翠菊、大丽花、万寿菊、玉簪、凤仙花等。

2. 氟化氢

氟化物中毒性最强、排放量最大的是氟化氢(HF)。主要来自炼铝、磷肥、搪瓷等工业。

空气中氟化氢的浓度即使很低，暴露时间长也能造成伤害。氟化氢浓度达到二氧化硫危害浓度的1%时，即可伤害植物。氟化氢通过叶的气孔或表皮吸收进入细胞内，导致叶组织发生水渍斑，后变枯呈棕色。氟化物对植物的危害首先表现在叶尖和叶缘，呈环带状，再逐渐向内发展，严重时引起全叶枯黄脱落。因此，慢性伤害先是叶尖和叶缘出现红棕色至黄褐色的坏死斑，在坏死区与健康组织间有一条暗色狭带。急性伤害症状与二氧化硫急性伤害相似，即在叶缘和叶脉间出现水渍斑，以后逐渐干枯，呈棕色至淡黄的褐斑。严重时受害后几小时便出现萎蔫现象，同时绿色消失变成黄褐色。氟化氢还导致植株矮化、早期落叶、落花与不结实。

常见对氟化氢抗性强的植物有柑橘、秋海棠、大丽花、一品红、牵牛花、万寿菊、鸢尾、半支莲、蜀葵、倒挂金钟等。

3. 氯气

氯气(Cl_2)和氯化氢对花卉的伤害表现为急性坏死，在叶脉间产生不规则的白色或浅褐色的坏死斑点、斑块，有的花卉叶缘出现坏死斑。受害初期呈水渍状，严重时变成褐色，卷缩，叶子逐渐脱落。

常见对氯气和氯化氢抗性强的植物有山茶花、杜鹃、唐菖蒲、鸡冠花、紫茉莉、一串红、金盏菊、牵牛花、凤尾兰、鸢尾等。

4. 氨气

在保护地中大量施用肥料会产生氨气(NH_3)，含量过高对花卉生长不利。当空气中氨气含量达到0.1%～0.6%时就会发生叶缘烧伤现象，严重时为煮绿色，干燥后保持绿色或转为棕色；含量达到4%持续24 h，植物即中毒死亡。施用尿素后也会产生氨气，最好施用后盖土或浇水，以免发生氨害。

5. 乙烯

乙烯含量达1 μL/L就可使植物受害。症状是生长异常，如叶偏上生长，幼茎弯曲，叶子发黄、落叶、组织坏死。

6. 硫化氢

硫化氢含量达到40～400 μL/L可使植物受害。冶炼厂放出的硫化氢气体可使距厂房附近100～200 m地面上的草花萎蔫或死亡。

7. 其他气体

如氧化剂类的臭氧和过氧乙酰硝酸酯是光化学烟雾的主要成分，主要来源于内燃机和工厂排放的碳氢化合物和氧氮化合物，它们在有氧条件下依靠日光激发而形成，对植物有严重伤害。敏感植物在0.1 μL/L臭氧中1 h就会产生症状。能忍受0.35 μL/L者即属于抗性植物；伤害症状是叶上表皮出现杂色、缺绿或坏死斑；急性伤害也可能出现褪绿或褪成白色，严重时两面坏死。0.02 μL/L过氧乙酰硝酸酯2～4 h就使敏感植物受害，但抗性植物可耐0.1 μL/L以上；受害症状是叶的下表皮呈半透明或古铜色光泽，上表皮无受害症状，随着叶生长，叶片向下弯曲呈杯状；急性伤害出现散乱的水渍斑，然后干燥成白至黄褐色带状。

三、敏感指示花卉

大气污染主要是由于人类的活动所造成。大气中有毒气体和有害物质的种类目前尚无准确的数据，但已知工业废气中有400多种，造成危害的有20～30种。目前已发现对花卉生长发育危害严重的主要污染物为二氧化硫、氟化氢、过氧乙酰硝酸酯类、臭氧、氯气、硫化氢、乙烯、乙炔、丙烯和粉尘等。

对有害气体特别敏感的花卉可以作为监测使用。在低浓度有害气体下，往往人们还没有感觉时，它们已表现出受害症状。如二氧化硫在 1～5 μL/L 时人才能闻到气味，在 10～20 μL/L 时才感到有明显的刺激，而敏感花卉在 0.3～0.5 μL/L 时便产生明显受害症状；有些剧毒的无色无臭气体，如有机氟很难使人察觉，而敏感花卉能及时表现症状。

常见的敏感指示花卉如下。

监测二氧化硫：向日葵、紫花苜蓿、百日草、玫瑰、唐菖蒲等。

监测氯气：百日草、波斯菊、珠兰、茉莉等。

监测氮氧化物：秋海棠、向日葵等。

监测臭氧：矮牵牛、丁香等。

监测大气氟：地衣类、唐菖蒲等。

监测过氧乙酰硝酸酯：早熟禾、矮牵牛等。

监测氟化氢：郁金香、玉簪、杜鹃等。

第六节　营 养 元 素

不同类别的花卉所需的营养元素各不相同，要使花卉生长良好，则应因“花”施肥，选用合适的养分元素，保证健康发育。

一、花卉对营养元素的要求

研究表明，花卉在生长发育过程中需要 16 种必要的营养元素，这 16 种元素是碳、氢、氧、氮、磷、钾、硫、钙、镁、铁、硼、锌、铜、锰、钼、氯。其中碳、氢、氧、氮、磷、钾、钙、镁、硫占植物体干物质的相对密度较大，称为大量营养元素（大量元素）；而铁、锰、铜、锌、钼、硼、氯含量占植物体干物质的相对密度较小，称为微量营养元素（微量元素）。

（1）碳、氢、氧　它们是组成植物体的主要成分，广泛存在于空气和土壤中，比较容易获取。空气中的二氧化碳仅含 0.03%，当温室花卉在二氧化碳低于 0.01%～0.015%时，就会影响光合作用。适当提高二氧化碳含量，能增强光合作用，促进花卉生长。当然，二氧化碳浓度过高也会抑制花卉根系的呼吸作用和养分吸收。因此，在花卉生产中，尤其是温室花卉，应调节二氧化碳、氧和水的适宜含量，以满足花卉对碳、氢、氧的需求。

（2）氮　花卉体内的氮含量一般为干重的 2.5%～4.5%。氮素不足，叶色呈淡绿或变黄，叶片变小，易脱落，枝梢既稀少又细弱。增加氮肥会使花、叶增大，而且花的开放天数均缩短，花色变差。病虫危害也因叶片含氮量增加而加重。若过度地供给氮，则对花色有影响，红色系花卉，红色会减退，若增加碳水化合物的供给量，也会使红色变淡。

（3）磷　花卉体内的磷含量一般占干重的 0.1%～1.0%。缺少时，老叶开始呈暗绿色，进而变成紫红色，幼叶变小，根和茎生长受抑制，植株变矮，开花、结果延迟，产量和品质降低。一品红缺磷时其苞叶明显变小。花卉体内磷含量高时，未见到特殊症状。但磷肥施用过多，会引起植株缺铁、缺锌，应予以注意。

（4）钾　花卉体内的钾含量占干重的 0.3%～10%，增施钾肥可提高花卉的产量和品质，并增强抗倒、抗病虫的能力。菊花施用钾肥能增加茎长、茎粗、花径与花数，提高花产量。

钾与氮不同，它能延长花期，有利于花色改善，但对花的保鲜天数并无明显影响。磷、钾对冷色系花卉有深刻影响，能使冷色向更冷的光谱系发展。增施钾肥，可使蓝色更艳更蓝，且花不易褪色。对于红色暖色系花卉来说，若有钾元素存在，花色更红，且不易褪色。

(5) 钙和镁　钙在花卉生长旺盛叶片中的含量占干重的0.2%～1.5%，草本花卉大多需钙较少。镁在花卉体内的含量为干重的0.5%～1.5%。在花卉栽培中缺镁是一个普遍存在的问题，这是因为在施肥时未能专门供给。同时，因浇水太多，镁容易流失。缺镁主要出现在叶片为羽状脉的花卉中。当溶液中镁低于2 mg/kg时就出现缺镁症。而当溶液中镁浓度提高到5 mg/kg以上时，则未见缺镁症状，而且干重明显增加。

(6) 硫　硫为蛋白质成分之一，能促进根系生长，并与叶绿素的形成有关。硫可以促进土壤中微生物的活动，如豆科根瘤菌的增殖，可以增加土壤中氮的含量。

(7) 微量元素　微量元素尽管含量较少，但对植物而言也是必需的。铁在花卉叶片中的含量范围为75～125 mg/kg。在花卉生长中，铁是最容易缺少的一种微量元素，尤其是木本花卉中的常绿阔叶树，如杜鹃、八仙花、栀子、山茶、茉莉、含笑等更易缺失。硼在花卉正常生长中的含量范围是20～100 mg/kg，单子叶花卉的含硼量比双子叶、花卉的含量低。唐菖蒲缺硼时会引起叶片卷起，香石竹最容易缺硼，硼不足会引起叶焦虑和基部叶片开裂。然而施硼过多也会产生毒素症状。

其他几种微量元素，如锰、锌、铜等，在花卉体内正常含量范围分别为50～100 mg/kg、25～100 mg/kg、5～15 mg/kg，它们可促进花卉生长发育，增强花卉的抗逆性，使植株生长健壮、开花繁茂。

营养元素铁、锰、钼、铜、镁均参与显色化合物的合成过程。当花卉缺铁、锰元素时，开红色花的花卉，其红色也会逊色或开花时鲜艳时间不长，且极易褪色。镁、钼、铜三元素，对冷色花系的影响相当明显，若缺少，则冷色系的颜色变灰或变白，而且在开花期间，其花色不鲜艳。营养元素虽能调节和改变花卉的颜色，但这种改变并未影响其内部基因，所以用营养元素改变的花色并不具有遗传特性。

在优质花的生产中，营养元素间的适宜比例比单一营养元素水平更为重要，因为元素间比例对花卉产量、品质及抗逆性有深刻影响。随着组织中含磷量的增加，微量元素缺乏也随着增加。

通过调查得出，花卉正常生长发育的氮、磷、钾适宜比例约为1∶0.2∶1。当然，不同类型花卉也略有差异，如蕨类植物氮∶磷∶钾的比例在3∶0.4∶2或4∶0.4∶1.6时生长良好。球根花卉和肉质多浆植物的氮、磷、钾的比例为1∶1∶2比较恰当，而观叶花卉适宜的比例为3∶1∶1，观花果类花卉适宜的比例为2∶3∶1。

二、花卉的缺素症

花卉正常生长发育需要大量元素和微量元素，如果缺少某种元素就会引起生理障碍即出现营养贫乏症，表现出枝叶生长不良呈现缺素症状。若是缺铁、镁，叶片出现黄化症；缺锌，叶片明显变小即发生小叶病。现以金鱼草为例叙述营养贫乏症。

金鱼草缺氮，叶片呈淡绿化，叶缘及叶脉间黄化，老叶呈锈黄色。缺磷，叶片呈反常的深绿化，老叶的背面产生紫晕，严重缺乏磷素则植株干枯死亡。缺锰，顶部叶片叶脉间发生黄化色斑，刚长出的小叶不呈绿化，叶尖叶缘都向下卷曲。缺硫，幼叶黄化，叶脉色淡并由顶端向下扩展。

复习思考题

1. 温度因素对花卉生长有哪些影响?
2. 光照长度对花卉的影响有哪些?
3. 同一种花卉在不同生长时期对水分的要求有哪些?
4. 花卉缺乏必需营养元素的表现有哪些?

实训三　花卉苗圃地环境因素的测定

一、目的要求

使学生熟练掌握花卉苗圃地温度、光照、空气、水分及土壤的测定技术。

二、工具

土壤 pH 试纸、光照度测定仪、风速测定仪、温度与湿度测定仪。

三、实训内容

1. 实训老师结合苗圃地实际,讲解示范操作土壤 pH 试纸、光照度测定仪、风速测定仪、温度与湿度测定仪的使用方法,指导学生注意操作事项。

2. 学生分组在某花卉苗圃地测定土壤酸碱度、光照强度、风速、温度与湿度。

3. 实训老师讲解并现场演示操作步骤,指导学生分组操作,每组重复两次,并记录结果。

四、实训结果

1. 实训报告写出土壤酸碱度、光照强度、风速、温度及湿度的测定方法,分析这些因素对花卉产生的影响。

2. 记录测定数据。

第三章　花卉的繁殖

第一节　概　　述

一、花卉繁殖的意义

花卉繁殖是指通过各种方式产生的花卉后代，繁衍其种族和扩大其群体的过程与方法。在长期的进化、选择与适应过程中，各种植物形成了自身特有的繁殖方式。人类的栽培实践和技术进步，不断干预或促进植物的繁衍数量和质量，使植物朝着满足人类各种需要的方向发展，花卉繁殖是花卉生产的重要环节，掌握花卉的繁殖原理和技术对进一步了解花卉的生物学特点，扩大花卉的应用范围都有重要的理论意义和实践意义。

二、花卉繁殖的方式

根据繁殖体来源不同，花卉的繁殖分为有性繁殖和无性繁殖两大类。

（一）有性繁殖

1. 有性繁殖的概念

有性繁殖主要是指播种繁殖，也称为种子繁殖，是花卉生产中最常用的繁殖方法之一。凡是能采收到种子的花卉均可进行播种繁殖，如一、二年生草花、木本花卉及能形成种子的盆栽花卉等。用种子繁殖生产的花卉苗称为实生苗或播种苗。

2. 有性繁殖的特点

有性繁殖有许多优点：①种子便于携带、保存和运输；②播种操作简单，在短时期内可以获得大量植株；③有性繁殖的后代生命力强，寿命长；④根系发达，适应性强；⑤可以提供无病毒的植株等；⑥有性繁殖也是新品种培育的常规手段。所以，大多数花卉，尤其是一、二年生草本花卉主要采用有性繁殖。

有性繁殖也有缺点，如对母株的改善不能全部遗传，有时出现变异和混杂，失去原有优良品质或特性；有许多木本花卉，用有性繁殖后要经过漫长的幼年期才能开花。另外，有些花卉不能收获种子，只能用别的繁殖材料进行繁殖。

（二）无性繁殖

1. 无性繁殖的概念

无性繁殖也称为营养繁殖，是指利用植物营养器官的一部分进行繁殖，培育出新植株的方法。用营养繁殖培育出来的苗木称营养繁殖苗或无性繁殖苗。这是花卉育苗中最普遍采用的方法，在花卉商品生产中占有极其重要的地位，包括扦插、嫁接、分生、压条繁殖和组织培养等5种繁殖方法。

营养繁殖的材料很多，有根、茎、叶、芽和特化的营养器官，如鳞茎、球茎、块茎和根茎等，后者在球根花卉的繁殖中常用。

2. 无性繁殖的特点

无性繁殖的最大优点是可以保持优良品种的遗传特性。此外，还具有繁殖方法简单、花苗生长迅速、提早开花结实等特点。缺点是扦插苗根系浅，没有明显的主根；无性繁殖苗寿命较短；多代重复繁殖后易引起退化等。

第二节 种子繁殖

本节中谈的种子泛指播种材料，包括直接用来播种的种子及果实。

一、种子的来源

优良种子是保证产品质量的基础。花卉生产十分重视种子品质，宜由专业机构生产。花卉的种类和品种繁多，又各具特点，杂种一代种子每年都要杂交制种。异花传粉花卉留种需要一定条件及技术。同时，花卉市场每年都要求花卉种子由一些专门的种子公司生产供应。花卉植物因传粉方式不同，种子的来源也不相同。

（一）自花传粉花卉

种子是经过自花传粉、受精形成，不带有外来的遗传物质。天然杂交率很低，一般不超过4%，纯合度较高，留种时只需注意去杂、去劣、选优。一些豆科花卉及禾本科植物属于这一类。

（二）异花传粉花卉

异花传粉方式在花卉中较为普遍。异花传粉花卉自交结实率低或表现退化，其个体都是种内、变种内或品种不同植物杂交的后代，是不同程度的杂合体，实生苗不同程度的变异，留种时应分别对待。

某些品种较少、性状差异不大的种类，留种时只要不断地进行选优去劣，便可取得遗传性状相对一致、接近自花传粉的种子，如瓜叶菊。而另一些异花传粉花卉，品种较多，性状的差异也较大，留种时应在品种内杂交，否则后代必产生分离，如羽衣甘蓝。还有一些异花传粉花卉，如菊花、大丽花等，它们的栽培品种都是高度杂合的无性系，品种内自交不孕，生产上不能用种子繁殖。

（三）杂交优势的利用

杂交优势的利用在农作物和蔬菜生产上已成为增产的一个重要手段。它们的基因虽然是杂合的，但表现型都完全是一致并具有杂种优势，在生活力及某些经济性状上（如花大、重瓣性）也超过双亲。但杂交优势的种子必须杂交生产，从杂种一代上采种，即便是自交，后代也表现严重的分离，失去杂种一代（F_1）具有的优点。如三色堇、金鱼草、矮牵牛、万寿菊、紫罗兰、天竺葵等种子生产均利用了其杂种优势。

杂交种子常用人工控制授粉获得，成本高，难以大量生产。利用雄性不育的母体，可减少人工去雄和授粉的工作。矮牵牛可以既不去雄也不人工授粉而取得杂交种子；万寿菊、天竺葵、石竹、金鱼草、百日草等的雄性不育，不需去雄，但仍应人工授粉才能结实；一些自花不孕的花卉，如藿香蓟和雏菊属也易取得杂交种子。

二、种子的成熟与采收

（一）种子的成熟

种子有形态成熟和生理成熟两个方面。形态成熟是指种子的外部形态及大小不再有变化，从植株上或果实内脱落，形成成熟的种子，生产上所称的成熟种子指形态成熟的种子。生理成熟的种子指已具有良好发芽能力的种子，仅以生理特点为指标。

大多数植物种子的生理成熟与形态成熟是同步的，形态成熟的种子已具备了良好的发芽力，如菊花、许多十字花科植物、报春花属花卉的形态成熟种子在适宜环境下可立即发芽。但有些植物种子的生理成熟和形态成熟不一定同步，不少禾本科植物如玉米，当种子的形态发育尚未完全时，生理上已完全成熟。蔷薇属、苹果属、李属等许多木本花卉的种子，当外部形态及内部结构均已充分发育，达到成熟种子的固有形态，但在适宜条件下并不能发芽，是生理上尚未成熟。这种现象称为“种子生理后熟”。种子生理后熟现象是种子休眠的主要原因。

（二）种子的采收与处理

种子达到形态成熟时必须及时采收并及时处理，以防散落、霉烂或丧失发芽力。采收过早，种子的储藏物质尚未充分积累，生理上也未成熟，干燥后皱缩成瘦小、空瘪、千粒重低、发芽差、活力低并难以干燥、不耐储藏的低品质种子。理论上种子越成熟越好，故种子应在已完全成熟，待果实已开或自落时采收最适。但生产上采收常应稍早，已完全成熟的种子易自然散落，且易受鸟虫啄食，或因雨湿造成种子在植株上发芽及品质降低。

1. 干果类种子

干果包括蒴果、蓇葖果、荚果、角果、瘦果、坚果等，果实成熟时自然干燥、开裂而散出种子，或种子与干燥的果实一同脱落。这类种子应在果实充分成熟前即将开裂或脱落前采收。某些花卉，如半支莲、凤仙花、三色堇等，开花结实期延续很长，果实成熟迟早不一，种子必须随熟随采。

干果类种子采收后，宜置于浅盘中或薄层敞放于通风处 1～3 周使其尽快风干。当种子含水量在 20%以上时，在不通风环境下堆放几小时就会因发热而降低种子的生活力。某些种子成熟较一致而又不易散落的花卉，如千日红、桂竹香、矮雪轮等，也可将果枝剪下，装于薄纸袋内或成束挂于室内通风处干燥。种子经初步干燥后，及时脱粒并筛选或风选，清除发育不良的种子、植物残屑、杂草及其他植物种子、尘土石块等杂物。最后，再进一步干燥至含水量达到安全标准，一般为 8%～15%。通常情况下，种子可自然干燥达到此标准，在多雨或高湿度季节，种子难以自然充分干燥，需加热促使快干。含水量高的种子，烧烤温度不要超过 32 ℃。含水量低的种子也不宜高过 43 ℃，干燥过快会使种子皱缩或裂口，导致耐储藏力与生活力下降。

2. 肉质果种子

肉质果成熟时果皮含水多，一般不开裂，成熟后自母体脱落或逐渐腐烂，常见的有浆果、核果、瓠果等。有许多假果的果实本身虽然是干燥的瘦果或小坚果，但包被于肉质的花托、花被或花序轴中，也视做肉质果实对待。君子兰、石榴、忍冬属、女贞属、冬青属、李属等为真正的肉质果，蔷薇属、无花果属是含干果的假肉质果。肉质果成熟的指标是果实变色、变软，未成熟的一般为绿色并较硬，逐渐转变为白、黄、橙、红、紫、黑等色，含水量增加，由硬变软。

肉质果成熟后要及时采收,过熟会自落或遭鸟虫啄食。若果皮干燥后才采收,会加深种子的休眠或受霉菌侵染。

肉质果采收后,先在室内放置几天使种子充分成熟,腐烂前用清水将果肉洗净,除去浮于水面的不饱满种子。将果肉短期发酵(21 ℃环境下 4 d)后,果肉更易清洗,果肉必须及时洗净,不使其残留在种子表面。因果肉中含有糖及其他养分,易于吸湿,也易滋生霉菌。洗净后的种子干燥后再储藏(有生理后熟现象的种子还应在湿沙中进行储藏)。

三、种子的寿命与储藏

种子和一切生命现象一样,有寿命。种子成熟后,随着时间的推移,生活力逐日下降,发芽势与发芽率逐渐降低。每一粒种子都有一定的寿命,不同植株、不同地区、不同环境、、不同年份产生的种子差异会更大。甚至种子的不同的成熟度、不同的饱满度、不同的生产部位都会对种子的寿命产生影响。因此,种子的寿命不可能以单粒种子或单粒寿命的平均值表示,只能从群体来测定,通常取样测定其群体的发芽百分数来表示。

在生产上,低活力的种子都没有实用价值,它发芽率低,幼苗活力差。因此,生产上把种子群体的发芽,从收获时起,降低到原来发芽率的 50%的时间定为种子群体的寿命,这个时间称为种子的半活期。种子 100%丧失发芽力的时间可视为种子的生物学寿命。

(一)种子寿命的类型

在自然条件下,种子寿命长短因植物而异,差别很大,短的只有几天,长的达百年以上。种子按寿命的长短,一般分为三类。

1. 短寿种子

短寿种子指寿命在 3 年以内的种子,常见于以下几类植物:种子在早春成熟的树木;原产于高温、高湿地区无休眠期的植物;子叶肥大的;水生植物。

2. 中寿种子

中寿种子指寿命在 3～15 年间的种子,大多数花卉的种子属于这一类。

3. 长寿种子

长寿种子指寿命在 15 年以上的种子,这类种子以豆科植物的种子最多,莲、美人蕉属及锦葵科某些种子寿命也很长。

(二)影响种子寿命的因素

种子寿命的缩短是种子自身衰败所引起的。种子寿命的长短除遗传因素外,也受种子的成熟度、成熟期的矿质营养、机械损伤与冻害、储藏期的含水量及外界的温度、霉菌的影响,其中以种子的含水量及储藏温度为主要的因素。大多数种子含水量在 5%～6%的寿命最长,含水量低于 5%的细胞膜的结构破坏,加速种子的衰败,含水量 8%～9%的则虫害出现,含水量 12%～14%的真菌繁衍为害,含水量 18%～20%的易发热而败坏,含水量 40%～60%的种子会发芽。种子的水分平衡首先取决于种子的含水量及环境相对湿度间的差异。空气相对湿度为 70%时,一般种子含水量平衡在 14%左右,是一般种子安全储藏含水量的上限。空气相对湿度为 20%～25%时,一般种子储藏寿命最长。

空气的相对湿度又与温度紧密相关,随温度的上升而加大。一般种子在低相对湿度及低温下寿命较长。多数种子在相对湿度为 80%、温度为 25～30 ℃时,很快丧失发芽力;在相对湿度低于 50%、温度低于 5 ℃时,生命力保持较久。

（三）花卉种子的储藏方法

花卉种子与其他作物相比，有用量少、价格高、种类多等特点，宜选择较精细的储藏方法。下列方法可因物、因地选择使用。

1. 不控温、湿的室内储藏

这是简便易行、最经济的储藏方法。将自然风干的种子装入纸袋或布袋中，在室内通风环境中储藏。在低温、低湿地区效果很好，特别适用于不需长期保存、几个月内即将播种的生产性种子及硬实种子。

2. 干燥密封储藏

将干燥的种子密封在绝对不透湿气的密封容器内，能长期保持种子的低含水量，可延长种子的寿命，是近年来普遍采用的方法。密封储藏的种子必须含水量很低。如果种子含淀粉达 12%、含油脂达 9%，则密封时种子的衰败反比不密封者快，效果不佳。

由于大气的湿度高，干燥的种子在放入密封容器前或中途取拿种子时，均可使种子吸湿而增加含水量。最简便的方法是在密封容器内放入吸湿力强的经氯化铵处理的变色硅胶，将约占种子量的 1/10 的硅胶与种子同放入密封容器中即可。换下的淡红色硅胶在 120 ℃烘箱中除水后又转蓝色，可再次使用。若需容器内保持特定的相对湿度，可用不司浓度的硫酸或饱和的无机盐溶液在一定的湿度下来达到。

3. 干燥冷藏

凡适于干燥密封储藏的种子，在不低于伤害种子的湿度下，种子寿命无例外地随着湿度的降低而延长。一般草本花卉及硬实种子可在相对湿度不超过 50%、温度为 4～10 ℃环境下储藏。

四、露地育苗

（一）播种时间

播种时间应根据花卉本身的特性、市场需要、当地的气候条件和育苗条件等来确定。保护地栽培下，可按需要时期播种；露地自然条件下播种，则依种子发芽所需湿度及自身适应环境的能力而定。

1. 春播

露地一年生草本花卉、多数的宿根花卉和木本花卉适于春播。原则上在春季气温开始回升，平均气温已稳定在种子发芽的最低湿度以上时播种。若延迟到气温已接近发芽最适温度时播种则发芽较快而整齐。我国南方地区约在 2 月下旬至 3 月上旬播种，中部地区约在 3 月中下旬播种，北方约在 3 月下旬至 4 月中旬播种。春播在幼苗出土后不致受到低温危害的前提下，应尽量早播，以增加幼苗生长期，提高幼苗抗性，增长观赏时间。如一串红、大丽花、鸡冠花、大花美人蕉和美女樱等。在生长期短的北方或需提早供花时，可在温室、温床或大棚内提前播种育苗。

2. 秋播

露地二年生草本花卉和少数木本花卉适于秋播。一般在气温降至 30 ℃以下时争取早播。南方多在 9 月下旬至 10 月上旬播种，北方多在 8 月下旬至 9 月上旬播种。如瓜叶菊、紫罗兰和三色堇等。在冬季寒冷地区，二年生花卉常需防寒越冬或作一年生栽培。

3. 分期播种

一些喜温暖但花期短的花卉可分期播种，如翠菊、万寿菊、凤仙花、金盏菊和彩叶草等。

4. 随采随播

有些花卉种子含水量高，寿命短，失水后易丧失发芽力，采后应及时播种，如四季海棠、文殊兰等的种子。朱顶红、马蹄莲、君子兰、山茶花的种子也宜随采随播，但在适当条件下也可储藏一定时期。

5. 周年播种

温室花卉播种在温室内进行，可周年播种，通常市场需要和花卉开花期而定。一般大多数各类在1月至4月播种，少数种类如瓜叶菊、仙客来、报春花和蒲苞花等通常在7月至9月播种。

（二）播种前准备

为提高播种质量，保证早出苗、出好苗，必须认真做好播种前的土壤准备和种子准备等工作。

1. 土壤准备

播种用地原则上为肥沃、疏松、清洁、排水良好的沙壤土。所以，播种地应注意深耕细耙，尽可能用谷糠灰、泥炭、沙等疏松和改良的土质，并保证良好的排灌条件。播种前要做好土壤消毒，以便消灭土壤中的病原菌和地下害虫。一般采用高温处理和药剂处理等方法。

（1）高温处理　在柴草方便的地方，可用柴草在苗床上堆烧。这种方法不仅能消灭病原菌和地下害虫，而且具有提高土壤肥力的作用。国外有用火焰土壤消毒机对土壤进行喷焰加热处理，可同时消灭病虫害和杂草种子。

（2）药剂处理　处理方法如下。

① 福尔马林（甲醛）　按每平方米用药50 mL，加水6～12 L，播前10～20 d洒在苗床上，然后用薄膜覆盖。播种前一周打开薄膜，待药味散尽后播种。每平方米培养土中均匀洒入500 mL甲醛加50倍水配成的稀释液，然后堆土，上盖塑料膜，密闭24～48 h，去掉覆盖物，摊开土，待甲醛气体完全挥发后播种。用0.5%甲醛喷洒苗床土，拌匀后堆置，用薄膜密封5～7 d，再揭去薄膜，让药味挥发。

② 硫黄粉　用硫黄粉进行土壤消毒，既可杀死病菌，又能中和土壤中的盐碱，因此多在北方使用。在翻耕后的土地上，按每平方米25～30 g的剂量洒入，并翻地。每平方米培养土施入硫黄粉80～90 g，混匀。

③ 石灰粉　用石灰粉进行土壤消毒，既可杀虫灭菌，又能中和土壤的酸性，因此多在针叶腐殖质土中和南方使用。在翻耕后的土地上，按每平方米30～40 g的剂量撒入石灰粉消毒。每平方米培养土中施入石灰粉90～120 g，并充分拌匀。

④ 五氯硝基苯混合剂　以五氯硝基苯为主，加入代森锌或苏化911、敌克松等制成混合药剂，混合比例为3∶1（五氯硝基苯3份，其他药剂1份）。每平方米用药3～5 g，将配好的混合药剂与细沙土混拌制成药土（加细沙量以能保证均匀撒施和覆盖为准）。在播种前把药土撒于播种沟底，然后把种子播在药土上，并用药土覆盖种子。五氯硝基苯混合剂对人畜无害。

⑤ 苏化911（甲基硫化砷）　每平方米施用30%苏化911粉剂2 g，用法与五氯硝基苯混合剂相同。苏化911对人畜有害，使用时要注意防毒保护。

⑥ 多菌灵　每平方米培养土施50%多菌灵粉40 g,拌匀后用薄膜覆盖2～3 d,揭膜后待药味挥发掉即可。

⑦ 代森锌　每平方米培养土施65%代森锌粉剂60 g,拌匀后用薄膜覆盖2～3 d,再揭去,待药味挥发后使用。

⑧ 甲霜灵、代森锰锌　每平方米苗床用25%甲霜灵可湿性粉剂9 g,加70%代森锰锌可湿性粉剂10 g,与细土4～5 kg拌匀。将药剂1/3撒在种子下面,即撒即播。播后将其余的2/3药剂盖在种子上面。

⑨ 锌硫磷乳油　主要用于防治蛴螬、蝼蛄、金针虫等地下害虫。一般用50%的锌硫磷乳油0.5 kg,加水0.5 kg,再与125～150 kg细沙土混拌均匀制成毒土,每667 m^2施用15 kg左右。为使药剂混拌均匀,可先掺入50 kg细土,然后再掺其余的75～100 kg。药剂可撒施在育苗地上,结合翻地、施肥或做床时翻入土壤中。如施在种子下面,不要使种子接触药剂为宜。锌硫磷乳油在光照下易分解,因此,制药剂时最好在室内或傍晚进行,堆放在阴暗背光处,及早施入土壤中。锌硫磷乳油是低毒农药,对人畜无害,但使用时也要注意安全。其他如石灰氯、溴甲烷、苯菌灵等也可用作土壤消毒剂。

消毒时要戴上口罩和手套,防止药物吸入口内和接触皮肤。工作后要漱口,并用肥皂认真清洗手脸。

2. 种子准备

(1) 种子消毒　种子消毒可有效预防苗期病害,提高成活率。一般在播种前或催芽前进行。种子消毒的常用方法有如下几种。

① 药剂浸种　用50%多菌灵可湿性粉剂500倍液浸种1 h。用0.3%～1.0%的硫酸铜溶液,浸种4～6 h,取出阴干后播种。用10%磷酸钠溶液浸种15 min。用福尔马林100倍液,浸种15～20 min;或播前1～2 d,用40%福尔马林溶液稀释200～400倍,浸种16～30 min,取出覆盖保持潮湿2 h,再用清水冲洗,阴干后播种。用2%的氢氧化钠溶液浸种15 min,冲洗后播种。0.5%高锰酸钾溶液浸种2 h,取出后用布盖30 min,冲洗后播种。

用以上方法消毒均有较好的效果。浸种后的种子必须用清水冲洗干净后方可播种,且不宜久存,否则会降低种子发芽率和发芽势。另外,福尔马林和高锰酸钾不宜用于已催芽的种子,尤其是胚根已突破种皮的种子,否则会产生药害。消毒液应尽量避免装在金属容器中,以免发生化学反应而变质。此外,消毒还可用药粉拌种和温水浸种的方法。

② 药粉拌种　用敌克松粉剂量拌种,用药量为种子重量的0.2%～0.5%。先用药粉与10倍的细土拌成药土,然后拌种;或用种子重量3%的药粉拌种,如50%的退菌灵、90%的敌百虫、50%的多菌灵等拌种都可达到较好的消毒效果。

③ 温水浸种　在没有药品的时候,用30～40 ℃的温水浸种,也能起到杀灭病虫的作用。对于能耐温水处理的种子用55 ℃温水浸种15 min。

(2) 种子催芽　通过人为的方法打破种子休眠,使之萌芽,这一生产措施称为种子催芽。催芽可以缩短出苗期,使幼苗出土整齐,提高苗圃发芽率及苗木的产量和质量。

一般一、二年生的草花种子,播种前不需处理直接播种,如孔雀草、百日草、一串红、万寿菊、羽衣甘蓝、瓜叶菊和紫罗兰等。播后只要湿度适宜,一般3～4 d即可出苗。对发芽困难的种子,可采用以下处理措施。

① 浸种催芽　如美女樱、含羞草、仙客来等只用温水浸种,当种子吸足水后不催芽直接播种。观赏辣椒、文竹、君子兰和棕榈科观赏植物的种子,播种前用30～40 ℃的温水浸种,

然后在 25～30 ℃恒温培养箱内催芽，每天用温水冲洗种子一次，待种子萌动后立即播种。

② 机械破皮　对一些种皮坚硬、不易吸水的种子，可用人工方法将种子与粗沙等混合摩擦或刻伤种皮促其发芽。如芍药播种前要将种皮擦破，大花美人蕉要用水果刀将种皮刻伤，荷花要将莲子凹进的一端磨破等，再用温水浸泡 24 h，然后播种。

③ 生长素处理　有的种子具有上胚轴休眠的特性，如牡丹、芍药、天香百合、加拿大百合和日本百合。秋播当年只长出幼根，必须经过冬季低温阶段，上胚轴才能在春季伸出土面。若用 50 ℃温水浸种 24 h 埋于湿沙中，在 20 ℃条件下，约 30 d 生根，把生根的种子用 50～100 mg/L 赤霉素溶液浸泡 24 h，10～15 d 就可长出地上茎。对于生理后熟需低温春化的种子，如大花牵牛，播种前用 10～25 mg/L 赤霉素溶液浸种，也可促其发芽。

④ 低温层积　如月季、蔷薇、桂花、海棠等的种子，可与湿润的介质如沙、木屑、泥炭等分层或混合放置，在通气的条件下，经过一段 1～10 ℃的低温储藏，使种子逐渐具备发芽能力。低温层积的时间因花卉种子种类不同而异，一个月或几个月，一般需经过一冬，第二年春天播种。

除了土壤和种子准备外，播种前还应做好各种工具与用品，机械的调试、维修，人员培训及计划安排等工作，使播种工作有条不紊地进行。

（三）播种方法和工序

1. 播种方法

(1) 露地直播　某些花卉可以将种子直接播种于容器内或露地永久生长的地方，不经移栽直至开花。容器内直播常用于植株较小或生长期短的草本花卉，如矮牵牛、孔雀草等。室外露地直播是南方常用的方法，适用于生长易、生长快且不宜移植的直根性花卉。大面积粗放栽培也常用直播，如虞美人、花菱草、香豌豆、扫帚草、牵牛和茑萝等。另外，木本花卉多为大粒种子，多采用露地直播，待苗木长大后再分苗移植。

播种时视种粒大小采用不同的方法。大粒种子，如苏铁、美人蕉、龟背竹等，常在苗床内按照一定株行距开沟或挖穴，进行条播或穴播，并将种子压入土面；中小粒种子，如凤仙花、金鱼草、翠菊等，常用撒播或宽幅条播；细小种子，如虞美人、四季报春等，为使播种均匀，通常在种子内掺入 3～5 倍干燥的细沙或细碎的泥土再进行撒播。

(2) 移栽育苗　集中育苗后再移栽是花卉生产最常用的方法。在小面积上培育大量的幼苗，对环境条件易于控制，可以精细管理，特别适用于种子细小、发芽率低、发芽期长、育苗技术要求高或新引进、名贵、种子量少的情况。

① 室内育苗　花卉育苗多在温室或大棚内进行，环境条件容易控制。室内育苗又分为苗床育苗和盆播育苗。

苗床育苗：在室内固定的温床或冷床上育苗是大规模生产常用的方法。通常采用等距离条播，利于通风透光及除草、施肥、间苗等管理，移栽起苗也方便。小粒种子也可撒播，操作内容、方法与露地播种相近，但可提早播种时期，待苗生长到一定时期后，再分别移栽。

盆播育苗：一些细小种子、名贵花卉和水生花卉种子多采用盆播育苗。在浅盆或播种箱内播种。盆播所用的土壤是经过人为特别配制的培养土，在使用前要经过消毒、灭菌。播种前将盆底充以瓦砾，填入约为盆深 1/3 的粗土或细沙，其上再覆盖培养土，土面离上口 2～3 cm，适当镇压，仔细整平，播上种子，再筛撒一层细土，以埋没种子为度，稍加镇压。若为大、中粒种子，则将种子按入盆中，然后覆土。播后将播种盆下部浸入盛水容器中，使水由盆下渗入盆内，待整个土面充分湿润后取出，放于光线较暗、温度较高处，盆面覆盖玻璃和报纸，以保温和避强光。

对于一些不耐移植的直根性露地一年生花卉，如虞美人、飞燕草等，除可直接播于观赏地段外，还可盆播。盆播时每盆可播几粒种子，出苗后，最后选留 1 株，应用时，可倒盆带土球栽植。

② 露地育苗 常用于成苗容易或成苗期长的木本花卉，不需要昂贵的设备与设施，在南方应用广泛。露地育苗通常在专门的苗圃地进行。选阳光充足、土质疏松、排水良好的环境，耕翻整平后，再作畦播种，方法与露地直播相似。

2. 播种工序

播种工序一般包括播种、覆土、镇压、覆盖、灌溉等工序。

(1) 播种 根据种子特性、育苗地的条件、种子大小等，选择适宜的播种方法。

(2) 覆土 播后应及时覆土，覆土厚薄常影响种子萌发。覆土过薄种子易干，也易遭鸟、兽、虫等危害；过厚不利种子发芽、出土。一般覆土厚度是种子直径的 2～4 倍。除一些非常细小的草花种子可不覆土外，大部分小粒花卉种子覆土厚度为 0.5～1 cm，中粒种子覆土 1～3 cm，大粒种子 3～5 cm。此外，沙质土覆盖可稍厚，黏性土宜薄；干旱地区宜厚；湿润地区宜薄。覆土应在土壤疏松，上层较干时进行，如土壤黏重或湿度大时不宜镇压，以免土壤板结，影响种子发芽。

(3) 镇压 一般干旱地区及土壤疏松的苗圃地，为了使种子与土壤密切结合，恢复土壤毛细管作用，使种子能够得到发芽时所需的水分，覆土后要用镇压器进行镇压。在播种小粒种子时，可将床面先镇压一下，而后再播种、覆土。但是，在比较黏重的和比较潮湿的土壤上不宜镇压。

(4) 覆盖 播种后，用草帘、薄膜、遮阳网等覆盖，有保持土壤湿度，减少杂草，防止因浇水、雨淋等引起种子流失和土壤板结及调节温度等作用。但覆盖物在幼苗大部分出土后应及时撤除。

(5) 灌溉 水分是播种管理的关键，最好播前土层灌足底水，发芽阶段不再灌溉。如必须灌溉，应喷水或土层灌水，避免直接在床面上冲灌，使床面板结和种子淋失。盆播时，如细小种子应用浸水法，大粒种子要用喷壶浇水。

(四) 播种后管理

播种后到出苗前，管理的关键是温度和水分。温度一般可通过选择合适的播种时间来解决，这样水分就成为管理的中心问题。为了较长时间保持床土湿润，减少播后浇水次数，防止土面板结，影响出苗，播前最好灌足底水，发芽阶段不再灌溉。如必须灌溉，应使用喷灌或侧方灌溉，给水要均匀，以保持床面疏松。浇水次数和浇水量要根据覆盖物的有无、花卉种类和覆土厚度等灵活掌握。有覆盖物的浇水次数可少些；覆土厚的、种粒大的尽量少浇水；对小粒种子，需多次少量浇水。若遇大雨，要覆盖塑料薄膜，以免雨水冲刷苗床。

有覆盖物的，幼苗大部分出苗后，应适时撤除覆盖物，使幼苗逐渐见光。但幼苗刚出土时最忌阳光直晒，所以撤除覆盖物时要注意保护幼芽。同时注意天气，晴天早晚撤除或阴天撤除比较适宜。一些幼苗撤除覆盖后应及时遮阳。

盆播苗盖有报纸和玻璃的，早晚宜将其打开几分钟，以便通风透气。盆播大、中粒种子，播后若盆土见干，可用细眼喷壶直接浇水，小粒种子仍用浸水法补充水分。待种子萌芽出土，先把盆上玻璃垫起通风，然后去除报纸，最后全部去掉覆盖物，并逐步移放于光线充足处。苗出齐后，再行间苗，以后再移植。

第三节　扦插繁殖

扦插繁殖是利用植物营养器官的再生能力，切取母株的一段枝条、根或一片叶，插入基质中，在适宜的条件下促其生根、发芽，培育出新植株的繁殖方法。扦插所用的繁殖材料称为插穗，插穗可取自根、茎、叶、芽和果实等。如芍药、宿根福禄考可用根扦插，菊花、大丽花可用嫩芽扦插，大岩桐、芦荟可用叶扦插，仙人掌可用刚落花的绿果扦插等。

由于扦插材料来源广，成本低，成苗快，简便易行，植株小，又能大规模地进行生产，因此是营养繁殖中最常用的一种方法。当然扦插苗也有管理细致、费工，苗木根系浅，寿命比实生苗短，抗性不如嫁接苗等缺点。

一、扦插生根成活的原理

植物体的每个细胞都具有全能性，即每个活细胞都具有一套完整的遗传物质，它包含着重新形成与母体相同、而又独立的植株的全部信息，具有发育成完整植株的潜在能力。在完整植株中，由于细胞在体内受到内在环境的束缚，相对稳定；一旦脱离母体，在适宜的营养和外界条件下，就会表现出全能性。此外，植物体具有再生机能，当植物体的某一部分受伤或被切除而使植物体受到破坏时，能表现出弥补损伤和恢复协调的功能。

当根、茎、叶等从母体脱离时，由于植物细胞的全能性和再生机能的作用，就会从根上长出茎、叶，从茎上长出根，从叶上长出茎、根等，从而形成完整植株。

二、影响扦插成活的因素

（一）内部因素

1. 植物本身的遗传性

植物种类不同，插穗的生根能力也不同。根据生根的难易程度，可分为易生根类、较难生根类和难生根类三种。

2. 母株与插穗

多年生花卉的插穗的生根能力常随母株增长而降低。所以，应从幼龄期的母株上剪取插穗。母枝年龄、着生位置及营养状况等，对扦插生根也有一定影响。一般1～2年生枝比多年生枝易生根，嫩枝（半木质化枝）比硬枝（木质化枝）扦插易生根，树冠阳面的枝比阴面的好，侧枝比顶枝好，基部萌生枝比上部冠梢枝好。在同一母枝取插穗，一般以基部、中部为好。此外，插穗的长短、精细、留叶量等对扦插生根也有一定影响。插穗一般剪成5～20 cm长，具体应根据花卉的种类、扦插时间、设备情况而定。有些还可以长些，像夹竹桃和石榴等则要求20～30 cm。微扦插还可短些。但随着扦插技术的提高，逐渐向短插条方向发展，甚至1芽1叶扦插。

3. 插穗极性

实验表明，不管怎样扦插，总是上端发芽，下端生根。枝条的极性是距离茎基部近的为下端，远离茎基部的为上端；根插穗的极性则是距茎基部近的为上端，远离茎基部的为下端。

在剪取插穗时就应注意分清上、下端，避免扦插时插倒了。

（二）影响插穗生根的环境条件

1. 水分

包括空气湿度和基质湿度在内的水分供应，是插穗发芽生根最重要的环境条件。因离体插穗仍在进行蒸腾和呼吸等生理活动，扦插后生根还需一段时间。尤其在生长期带叶扦插时，水分消耗量大，极易引起插穗干枯死亡。因此，为保持插穗生存和再生，就需不断向基质内补充水分，并喷雾保持较高的空气湿度，一般以80%～90%为宜。基质含水量宜在最大持水量的50%～60%为宜。当然，对于有些种类的插穗来说，扦插基质也不宜太湿，太湿影响基部氧气供应，影响伤口愈合和生根。近来用密闭扦插床和自动间歇喷雾插床，可较好地解决空气湿度和基质湿度的矛盾。

随着插穗开始逐渐生根，应逐渐降低空气湿度和基质湿度，有利于根系生长，并可达到炼苗的目的。

2. 温度

温度对插条生根影响很大，不同植物对生根的适宜温度要求不同，多数花卉扦插温度在20～25 ℃。热带植物如茉莉、米兰、橡皮树、龙血树和朱蕉等宜在25 ℃以上。而桂花、山茶、杜鹃和夹竹桃等较适在15～25 ℃。耐寒性花卉可稍低些。一般嫩枝扦插比硬枝扦插要求温度高，适宜温度在25 ℃左右。

此外，插壤温度若能高于气温3～5 ℃，则对生根有利。生产上常在基质下部铺设电热丝，通过加温来提高插壤温度，可有效促进生根。

3. 光照

光照对扦插的作用有两个方面：适度光照可以提高基质和空气温度，促使生长素形成而诱导生根，并可促进光合作用，积累养分加快生根；但是，光照太强会使基质和插穗温度过高，水分蒸腾加快而导致插穗萎蔫。因此，在扦插期，尤其在扦插初期应适当遮阳降温，减少水分散失，并通过喷水等来降温增湿。随着根系生长，就应使插穗逐渐延长见光时间。此外，如能用间歇喷雾则可在全日照下进行扦插。

4. 氧气和二氧化碳

插穗生根时细胞分裂旺盛，呼吸作用增强，需要充足的氧气。所以，扦插时一定要选用通气良好的基质，如沙、蛭石、珍珠岩或沙壤土等。插穗一般不能插得太深，避免生根处的土壤通气性差，影响生根。空气中二氧化碳量的高低，则影响到插穗上部光合作用的进行。露地扦插，一般不会发生欠缺。保护设施内扦插，则要注意通风换气，以保证二氧化碳的供给。

5. 扦插基质

扦插基质是用来固定插条、并为插条提供水分、热量和氧气的。从广义上讲，扦插基质不仅仅是固体的土壤、沙、炉渣、珍珠岩、蛭石和泥炭等，也包括水或营养液（水插）、雾（雾插）。

三、促进插穗生根的方法

（一）药剂处理

促进插穗生根的化学药剂很多，比较可靠的是吲哚醋酸（IAA）、吲哚丁酸（IBA）、萘醋酸

(NAA)、ABT 生根粉和 2,4-D 等。

促根剂需在一定浓度范围内使用,浓度过高反而会抑制生根。此外,处理浓度也因处理时间和植物种类不同而异。一般快蘸浓度高,长时间浸渍浓度低;木本浓度高,草本浓度低。如用吲哚醋酸、吲哚丁酸及萘醋酸时,嫩枝扦插的使用质量浓度为 500～1000 mg/L,半软枝扦插的为 1000～2000 mg/L,对生根困难的插穗,质量浓度为 5000～10000 mg/L。浸蘸时间除与种类有关外,与药液浓度成反比。木本花卉用 ABT 生根粉时使用质量浓度一般为 50 mg/L 左右,浸 2～8 h。

除了用生长素类促根剂外,还可用 B 族维生素、蔗糖、高锰酸钾等处理插穗也有一定作用。生产上可用维生素 B_1 1～2 mg/L 处理 12 h,高锰酸钾用 0.1%左右溶液浸 5～10 h,糖类用 2%～10%溶液浸 10～24 h。当然也应视具体种类,适当调节浓度和处理时间。

(二) 物理处理法

物理处理法有电流处理、超声波处理、环状剥皮和软化处理等。

(三) 喷雾法

全光照喷雾扦插是目前生产上最先进的扦插方法,生根快,成活率高,使许多扦插不易成活的植物都能扦插成功。全光照喷雾扦插以夏季嫩枝为主,6～8 月都可进行。插床用砖堆砌,床内铺粗沙、蛭石与园土的混合土。床上架设喷雾喷头,喷雾装置由电气控制系统控制,按要求间歇喷雾。

四、扦插育苗技术

(一) 扦插时期

一般来说,植物一年四季均可扦插繁殖。春季利用头年生枝扦插,夏季利用当年生半木质化新梢带叶扦插,秋季利用已停止生长的当年木质化枝扦插,冬季休眠枝在保护地内扦插。每种花卉都有其最适宜的扦插时期和条件要求,具体的扦插时期应由植物种类、枝条木质化程度和需要而定。

(二) 扦插方法和技术

扦插方法依所用的植物材料可分为枝插、叶插、叶芽插和根插。

1. 枝插

枝插是用植物的茎、枝作插条扦插。

(1) 嫩枝扦插　用当年生嫩枝或半木质化带叶枝条作插穗。大部分一、二年生草本花卉和一些花灌木可用软枝扦插繁殖,如天竺葵、菊花和彩叶草等。对茎叶含汁液较多的植物,像天竺葵、仙人掌等,插条剪下晾数小时后再扦插,可防止茎腐烂。软枝扦插在温室内周年均可进行,露地扦插在有遮阳设备时,于夏秋植物生长旺盛期也可进行。在环境条件适宜时,软枝很快能发根,半个月至一个月即可成苗,且成活率高,运用广泛。

剪条　选择健壮枝梢,一般剪成 3～10 cm 长,通常在节下剪断,因为大多数种类在节的附近发根。美女樱、菊花、金鱼草等不必非在节下剪不可,因为它们在节上也发根。软枝扦插大多带叶,一般保留 1～2 片整叶,有的也可将叶片剪成半叶,如桂花、茶花、菊花的扦插,有些较大叶片可卷成筒状,以减少蒸腾,如橡皮树扦插,如图 3-1 所示。

为了获得大量合适的嫩枝插穗,可对母株进行摘心、短截或摘去花蕾等措施促使其多发

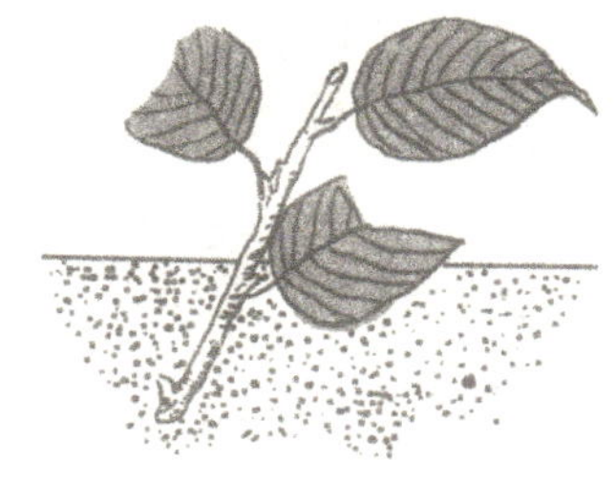

图 3-1 带叶嫩枝扦插

新梢。盆栽花灌木，可在秋季或早春放入温度较高的温室中，促使抽枝以采插穗。

扦插 基质以疏松的蛭石、珍珠岩或沙等为主。扦插时应先开沟，把插穗按一定的株行距摆放到沟内，或者放到预先打好的孔内，然后覆盖基质。不同种类插穗株行距不同，一般以叶片相互间不重叠为宜。插入基质深度为插穗长的 1/3～1/2，较长的插穗可斜插。扦插完毕浇一次透水。扦插初期应控制较高湿度，减少蒸发，必要时需遮阳。

(2) 硬枝扦插 又称休眠期扦插，是用已完全木质化的一、二年生枝条作插穗进行扦插。适用于落叶木本花卉的繁殖。一般北方地区宜秋季采穗储藏后春插，而南方宜秋插。如图 3-2 所示。

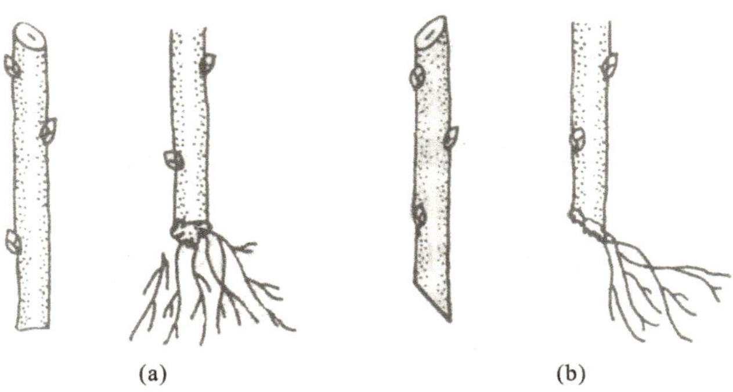

图 3-2 硬枝扦插

剪条 插穗一般在秋季落叶后，或在早春树液流动前剪取。选择生长健壮、品种优良的幼嫩母树，剪取靠近主茎的 1～2 年生枝条作插条，如不立即扦插，应储藏过冬。一般是将剪取的枝条捆成束，储藏于室内或地窖的湿沙中，保持 0～5 ℃。也可在露天挖沟和坑埋藏，深度以超过冻土层为宜。冬天截取的枝条可储藏在雪中或地窖中，到扦插时取出剪截成插穗。插穗一般剪成 10～20 cm 长，北方干旱地区可稍长，南方湿润地区可稍短。上剪口是平口时，生根慢但生根多，根分布均匀；斜口虽与基质接触面大，吸水多，利于成活，但是生根多在斜口先端，易形成偏根。剪插条时，切口要求平滑不能撕裂。

扦插 扦插前应将储藏的插条进行剪截、浸水、催根处理。硬枝扦插通常可分为三种，即长枝扦插、短枝扦插、单芽枝扦插。

2. 叶插

叶插用于能从叶上发生不定芽及不定根的种类。常见的有景天、蟆叶秋海棠类、千岁兰、大岩桐、百合、非洲紫罗兰和橡皮树等。如图 3-3 所示。

供叶插的叶片必须完全成熟、肥厚，将整个叶片或将叶片切成几小块，但每块上必须带有较粗的叶脉，并将叶脉用刀刻伤数处，再直插或平放在扦插基质上。平放时应略覆一些

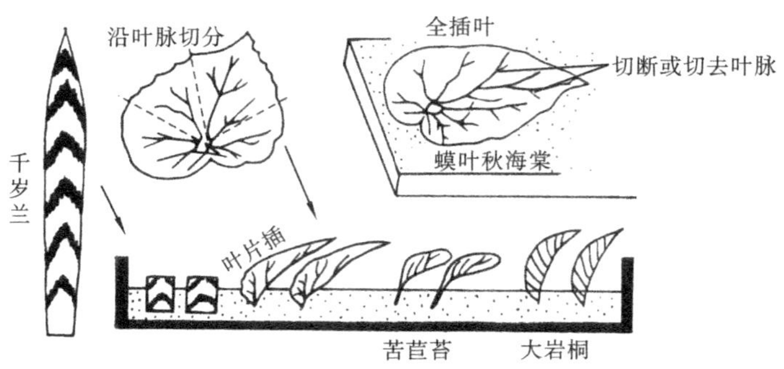

图 3-3 叶插

土，保持一定的温度和较高的湿度，很快在叶脉、叶柄处长出根和芽，老的叶片就逐渐衰亡。叶插通常在温室内进行，插时应根据具体种类而采用不同方法。

3. 叶芽插

叶芽插适用于叶上不宜长出不定芽的花卉种类。插条为一节附一叶，并稍带木质部或带 1～2 cm 的枝段。扦插时将枝段平埋于土中，叶片露出土面。从叶柄基部产生不定根，而叶芽可萌发形成完整植株。叶芽插的基质以沙或沙和珍珠岩混合较好。常见可用叶芽插的种类有山茶、杜鹃、桂花、橡皮树、栀子、柑橘类、菊花、大丽花、龟背竹和喜林芋等。如图 3-4 所示。

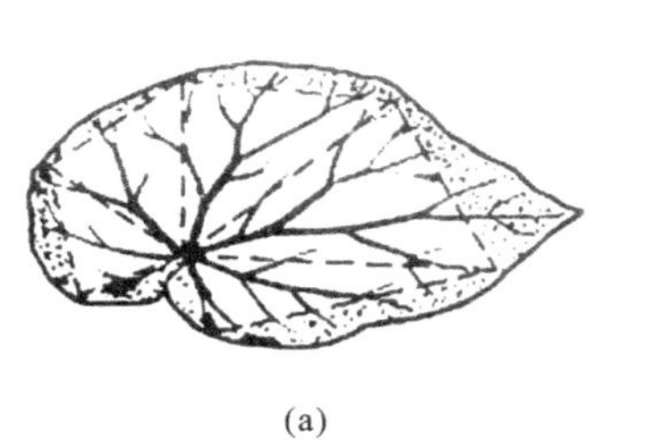

(a)

(b)

图 3-4 叶芽插

4. 根插

根插用于易从根部发生不定芽的木本花卉及宿根花卉的繁殖。如花菱草、福禄考属、海棠花属、牡丹、芍药和丁香等。

根插可在晚秋和早春进行。插条应从幼龄树根上剪取，可结合春、秋季苗木出圃时采根。秋季采根后，可将根段打成捆，埋藏在沟内保存，以便翌春扦插。剪制插穗时，一般上端平剪下端斜剪，以防颠倒上下位置，并便于扦插操作。

根插法可分为下述三种情况。

(1) 细嫩根类　将根切成长 3～5 cm，撒布于浅箱、花盆或插床的基质上，再覆一层基质。保持湿润，待发根出芽后移植。如宿根福禄考、锥花福禄考和剪秋罗等。

(2) 肉质根类　将根截成 2.5～5 cm 的插穗，垂直插入基质中，上端与基质面齐或稍高出，待生成不定芽后移植。如荷包牡丹、东方罂粟、霞草和牡丹等可用此法繁殖。

(3) 粗壮根类　许多花灌木根较粗壮，可直接在露地进行根插，插穗一般在 10～20 cm，横埋于土中，深约 5 cm。

5. 其他扦插方法

其他扦插方法如水插法、干插法、气插法等，在此不再一一赘述。

（三）扦插后的管理

1. 水分管理

扦插后立即灌一次透水，以后经常保持插壤的湿润。嫩枝扦插一定要保持插壤及空气的较高湿度，每天向叶面喷水 1～2 次，并可通过对插穗地上部分的枝芽遮阳套袋、覆盖、喷雾等，减少插穗水分蒸腾。

2. 温度控制

木本植物最适生根的温度是 20～25 ℃，早春扦插时的地温较低，一般开始时达不到适温要求，往往需要加温催根；夏季和秋季扦插，地温较高，气温更高，需通过遮阳、喷水降温等使扦插温度达到适宜状态；冬季扦插时，气温和地温都很低，需在保护地内进行。

3. 施肥管理

插穗生根前不需要肥料，生根成活后，植株开始迅速生长，原先插穗内部的储藏营养已耗尽，就必须对扦插苗进行追肥。嫩枝扦插因带有叶片，扦插后每间隔 5～7 d 可用 0.1%～0.3%浓度的氮、磷、钾复合肥喷洒叶面，对加速生根有一定效果。硬枝扦插当新梢展叶后，也可采用同样方法进行叶面喷肥，促进生根和生长。

4. 植株管理

扦插苗极易出现假活现象，为了保持插条的水分平衡，可适当摘除一些叶片。插条上如带有花芽或出现花蕾时，应及早摘除，避免消耗养料。另外，根据不同花卉及其用途，对已生长的植株进行定枝、绑梢、修剪、造型、防病、灭虫及防寒越冬等管理。

第四节　分生繁殖

分生繁殖是将植物体上分生出来的幼小个体（如萌蘖、吸芽、珠芽）或植物特殊的营养器官（如走茎、鳞茎、球茎等）与母株分离或分割，另行栽植而形成独立的新个体的繁殖方法。其特点是能保持母株的遗传性状，繁殖方法简便，容易成活，成苗较快，但繁殖系数低。根据分生繁殖所利用的营养器官的不同，可分为以下几种类型。

一、分株

分株是将根部或茎部产生的带根萌蘖（根蘖、茎蘖）从母体上分割下来，形成新植株的方法。

从生灌木类和宿根花卉易产生茎蘖，常采用此法繁殖，如腊梅、牡丹、棕竹、文竹、春兰、万年青和芍药等，如图 3-5 所示。常产生根蘖可用分株繁殖的花木有丁香、蔷薇、蜀葵和宿根福禄考等。露地花卉可在秋季落叶后或春季开始生长前进行分株，将母株挖出，分割成数丛，每丛带一部分根、茎和 2～3 个芽，抖掉旧土，尽量不伤根，然后按一定株行距重新栽植，切忌将根颈部埋入

图 3-5　分株繁殖

土中。温室花卉一般在生长旺盛期之前分株，从花盆中倒出老株，然后分割，再分别上盆。生长缓慢的植物可数年分株一次，如宿根福禄考、芍药等。

二、吸芽

吸芽为某些植物根际或地上茎叶腋间自然发生的短缩、肥厚呈莲座状的短枝，吸芽的下部可自然生根，如芦荟、景天、石莲花等，在根际处常着生吸芽。

吸芽繁殖在生长期进行，把切割下的吸芽稍微晾干切口后或在伤口涂以硫黄粉、木炭粉防止腐烂，然后栽培到培养床上。床上不要太湿，要保持良好的透气性，生根后上盆定植。为刺激其发生吸芽，可人为地伤害根茎。如芦荟，有时为加速发生吸芽，可把母株的主茎切割下来重新扦插，而老根周围能长出很多吸芽。

三、珠芽

珠芽是某些植物的特殊形式的芽。有的生于叶腋间，如卷丹腋间有黑色珠芽；有的生于花序中，如观赏葱类花常可长成小珠芽。同吸芽一样，珠芽落地也可自然生根，故可于珠芽成熟之际及时采收，并立即播种。采用珠芽繁殖至开花一般需 2～3 年，比播种繁殖快，且能保持母本特性，产量也明显高于分球法。

四、走茎

走茎是指从叶丛抽生出来的节间较长的花茎，在其顶端及节的部位于花后长叶、生根，形成小植株，如虎耳草、吊兰等。将走茎上的小植株分离下来，即成一新植株。在植物生长季节内均能繁殖。

五、根茎

一些多年生花卉的地下茎肥大呈粗而长的根状，并储藏营养物质。根茎与地上茎的结构相似，具有节、节间、退化鳞叶、顶芽和腋芽。节上常形成不定根，并发生侧芽形成新的株丛。如美人蕉类、香蒲、紫菀、鸢尾和一叶兰等。在春天开始生长前，把肥大根茎进行分割，每块茎上留 2～3 个芽，然后育苗或直接定植。

六、球茎

球茎是地下变态茎，短缩肥厚近球状，储藏大量营养物质。球茎上有节、芽。球茎萌发后在基部形成新球，新球旁生籽球。待地上部生长停止后，分离或分割新球或籽球，另行栽植即成新株。如唐菖蒲、番红花、香雪兰和秋水仙等均可用此法繁殖。

七、鳞茎

鳞茎是变态的地下茎，有短缩而扁盘状的鳞茎盘，鳞茎中储藏丰富的营养物质。鳞茎顶芽萌发后抽生真叶和花序，鳞叶之间可发生腋芽，每年可从腋芽中形成一至数个幼鳞茎，包在老鳞茎内或靠在老鳞茎旁。同时，鳞茎根系处或鳞茎与地上茎交接处也可产生数个小籽鳞茎。当地上部停止生长后，挖出老鳞茎，分离幼鳞和小籽鳞茎栽植即能形成新株。如郁金香、风信子、香雪兰、百合、水仙、朱顶红、石蒜、葱兰和韭兰等均可用此法繁殖，如图 3-6 所示。

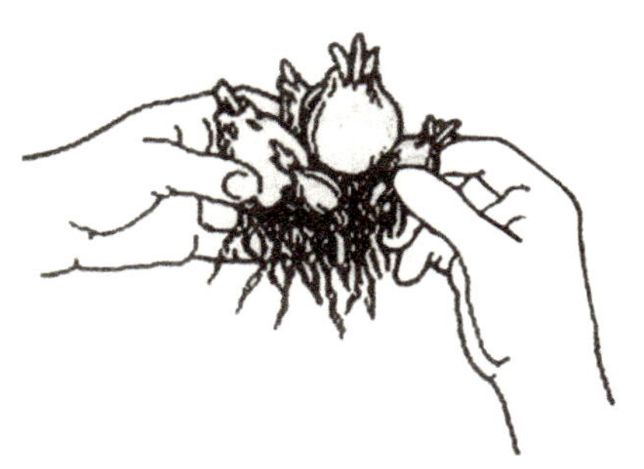

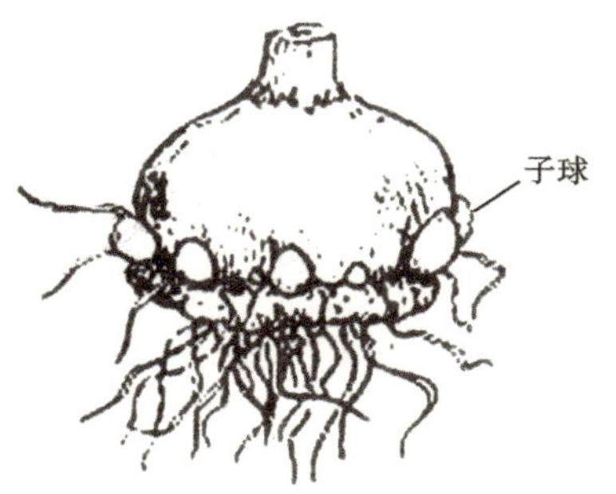

图 3-6 鳞茎

八、块根

地下根变态呈块状，数个着生在茎的下端。地上部停止生长后，将整个块根挖回储藏，翌春催芽后，将块根切割成数块，每块带一段根茎部，栽植后即成新的植株。如大丽花、银莲花、花毛茛等可用此法繁殖。

第五节 压条繁殖

压条繁殖是将母株的枝条或茎蔓埋压在土中，或用湿润物包裹后使其生根，然后再与母株分离培育成新植株的方法。适用于扦插不易成活的花卉。此法成活率高，并可获得大苗。但繁殖系数很低，能用其他方法繁殖的一般不用此法。

为促进发根，通常对压条进行环剥、刻伤、拧裂等处理。压条时期一般在早春发叶前，常绿树则在雨季进行。常见压条方法有低压法、壅土压条法和高枝压法三种。

一、低压法

低压法又称地压法，即将枝条一部分埋入土中，使其生根。低压法有不同的处理方法，普通压条法适用于离地面近又较易弯曲的植物。早春植株生长前，选择母株上 1～2 年生健壮枝条，刻伤或环剥，然后将伤口处压弯埋入土中并加以固定，枝梢露出土面，约经一个生长季节即可生根分离。如果是藤本或蔓生植物，可将近地面枝条变成波状，将着地部分埋入土内使之生根，待长芽发根后逐段分成新株，如图 3-7 所示。

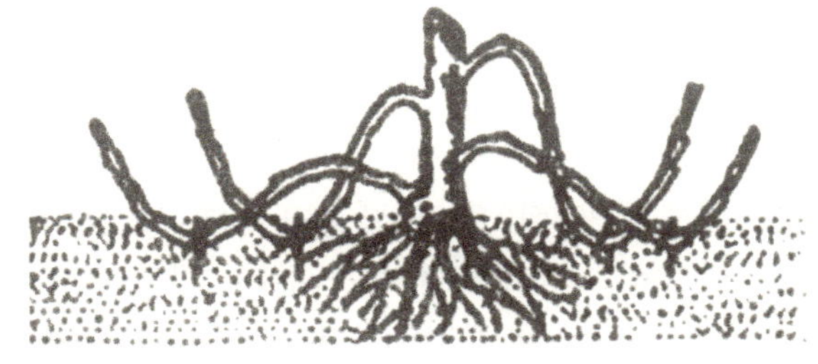

图 3-7 低压法

二、壅土压条法

壅土是指将土培到根颈上，故也称培土压条，适用于丛生性强或根蘖性强的植物。如杜鹃、大八仙花、贴梗海棠、栀子、牡丹和紫玉兰等。做法是冬季将母株进行重剪，促发大量新枝，夏季在枝条基部环剥刻伤后在植株基部壅土，保湿，过一段时间，环割后的伤口部分隐芽长出新根，翌春刨开土堆分株成新植株，如图 3-8 所示。

三、高枝压条法

某些常绿木本观赏植物扦插生根困难且枝条多不便弯曲到地面来进行压条，可采用高枝压条，也称高空压条法。这种方法虽然繁殖率比较低，操作也麻烦，但成功率较高。做法：春季在一年生枝或夏季在当年生枝条上在其下部靠近节的部位环剥或刻伤，或用铁丝缢扎，或扭枝，破坏该部位的韧皮部，可以涂抹一些促进生根的植物生长素、潮湿的苔藓（如图 3-9 所示）、蛭石、疏松土壤等将刻伤部位包好，外面再用黑色塑料薄膜包好，上下两端捆紧以防水分散失。在生根期间，注意保持袋内基质的湿度，经过一个生长季节就能发根。然后在压条下面剪离母株，去掉塑料薄膜，带原土上盆或地栽。适宜高压的花木有丁香、米兰、茉莉、白兰花、桂花、杜鹃、云南山茶花、橡皮树和变叶木等。

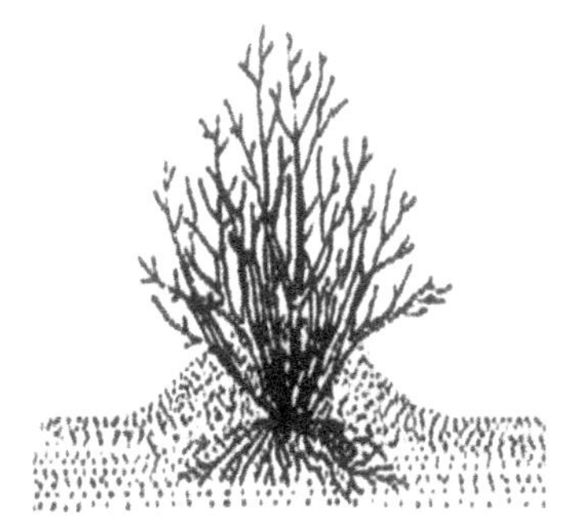

图 3-8　壅土压条法

图 3-9　高枝压条法

第六节　嫁接育苗

嫁接是将一株植物的一部分枝或芽接在另一株植物的茎或根上，使之愈合在一起，形成一个独立的新植株的方法。供嫁接用的枝或芽称为“接穗”，接受接穗的植株称为“砧木”。嫁接是花卉繁殖的重要方法之一，除具有一般营养繁殖的优点外，还具有如下特点。

（1）对一些扦插不易生根或发育不良的种类，或不产生种子的重瓣花卉品种。可通过嫁接保持其优良特性和增加繁殖系数。

（2）可增强接穗品种的抗寒、抗旱、耐涝、耐盐碱、抗病虫害及耐瘠薄等特性，提高嫁接苗对环境的适应能力。

（3）嫁接苗继承了接穗母本的发育阶段，可提前开花结果时间。

（4）可通过选用适宜的矮化砧或乔化砧，培育出不同株形的苗木。

嫁接繁殖也有一定的局限性，如嫁接主要限于双子叶植物，而单子叶植物则难以成活；嫁接苗寿命短；费工，技术要求高；苗成活后砧木易滋生萌蘖；小苗嫁接处易折断；盆栽花卉在嫁接处往往肥大变形，影响整体的观赏价值等。

一、嫁接成活原理

嫁接成活的生理基础是植物的再生能力和分化能力。嫁接后，砧、穗接合部位各自的形成层细胞大量繁殖，形成愈伤组织。当两者的愈伤组织结合在一起后，进行组织分化，形成完整的输导系统，并与砧、穗的形成层和输导系统相接，成为一个整体，保证了水分、养分的上下输送和相互交流，使接穗成活，并与砧木形成一个独立的新株。

二、影响嫁接成活的因素

（一）嫁接亲和力

嫁接亲和力即接穗与砧木嫁接后能够生长成为一株植物的能力。亲缘关系近的，嫁接亲和力强，反之则弱。所以，同种内不同品种之间嫁接最易成活，如单瓣茶花接重瓣茶花、毛鹃接西鹃、不同品种的月季之间嫁接等均易成活；同属异种间嫁接，亲和力次之，但也有较多嫁接成功的实例，如杏接梅花、湖北海棠接垂丝海棠、紫玉兰接白玉兰、蒿接菊等均较易成活；同科异属间嫁接，亲和力小，成活较困难；不同科之间亲和力极弱，一般很难成活。当然，也有些亲缘关系很近的植物，由于种种原因的影响，也会表现出不亲和的特性。

（二）形成层与髓射线的分裂作用

嫁接后，砧木与接穗伤口处的形成层与髓射线细胞大量分裂，形成愈伤组织。愈伤组织形成的快慢与嫁接成活关系密切。一般草本花卉的茎内有很多组织能进行细胞分裂，故愈伤组织能快速形成，又易于组织分化，故草本植物比木本植物容易嫁接。木本植物中含营养物质多、韧皮部发达的种类其愈伤组织形成较快，成活率高。

（三）砧木和接穗的生长状况

发育健壮的接穗和砧木，储藏积累的养分多，形成层易于分化，愈伤组织容易形成，成活率就高一些。如果砧、穗一方组织不充实，发育不健壮，则直接影响嫁接的成活。砧、穗的生活力，尤其是接穗在运输、储藏中生活力的保持是嫁接成活的关键。

（四）嫁接技术

熟练的嫁接技术也非常重要，具体概括为四个字即“快、准、平、紧”。“快”即技术熟练、动作要快，使切口在空气中暴露的时间要短；“准”即使砧木和接穗的形成层或维管束密接、对准；“平”即切口要光滑、平整，要求嫁接工具刀、剪要锋利；“紧”即捆缚要紧，尽可能使穗、砧之间的空隙小些，以利愈合。

当然，嫁接工作完成以后，砧、穗间的愈合、成活过程也需适宜的温度、湿度、空气和光照等环境条件。

三、砧木和接穗的准备

（一）砧木的选择与培育

1. 砧木对接穗的影响

砧木对接穗的最大影响，是控制接穗长成植株的大小，使其矮化或者乔化，所以可以通过选择砧木来达到控制植株高矮的目的。其次，砧木对接穗的生长、开花、结果等均有影响，同时也常影响嫁接苗的寿命。一般矮化砧能促进接穗提早开花，但植株寿命较短；乔化砧则推迟接穗开花、结果时间，但能延长嫁接植株的寿命。另外，各种砧木对土壤的适应性和抗病虫害、抗寒、抗旱等能力不同，往往在接穗的生长中得到反映。

2. 砧木选择的条件

选择砧木条件：①与接穗亲和力强；②生长健壮，根系发达，对当地气候、土壤等环境条件有较强的适应性；③种源充足，易繁殖；④对接穗的生长、开花、结果和寿命等有良好的影响；⑤对病虫害、旱、涝、低温、大气污染等有较好的抗性等；⑥在运用上能满足特殊的需要，如乔化、矮化、无刺等。

3. 砧木苗的培育

播种苗因其根系发达，抗性强，寿命长，易于大量繁殖等优点，所以生产上多用播种苗作砧木。但有些种类，实生苗不易繁殖而无性繁殖较易进行时，也可用扦插、压条、分株等方法培育砧木苗。

砧木苗应适时灌溉、施肥、中耕除草，保证其生长旺盛，此外还应通过摘心控制苗木高度生长，促使茎部加粗，使其尽快达到需要的粗度。同时，在嫁接前要充分保证水分供应，使之生长旺盛，树液流动快，利于嫁接和愈合。

（二）接穗的选择与储藏

1. 选择

由于接穗的年龄、充实度、芽的饱满度、枝条在树冠上的位置等都影响嫁接的成活。因此，一般应在生长健壮的优良母株上剪取树冠向阳面，中、上部生长充实、枝条光洁、芽体饱满的幼龄枝做接穗。

春季枝接多用上年春季萌生枝条，较少用 2 年以上老枝；生长期进行芽接或嫩枝接则大多选用生长粗壮尚未木质化的当年春季萌发枝条作接穗。徒长枝或细弱枝、病虫枝均不宜做接穗。接穗应选枝条的中部，因枝顶端过于幼嫩，枝条不充实，而基部则芽不饱满。

2. 储藏

春季嫁接的接穗可于休眠期采集，在低温下储藏越冬，翌春砧木树液流动后进行嫁接。储藏前，应先适当剪截成 40～50 cm 长，30～40 枝 1 捆，挂上标有名称、采穗期等标签，最好用药剂消毒，以防止霉烂、病虫滋生。接穗要用塑料薄膜包扎后于冷库或地窖中储藏，期间每 1～2 周检查 1 次，剔除病变腐烂枝条。一般可储藏 1～2 个月。

草本植物、多浆植物以及夏季嫩枝嫁接或芽接时，最好随采随接，当天嫁接不完的枝条，应用湿布包裹或把枝条下部浸在水中，以保持枝条有足够的含水量。此法一般只能储藏 3～5 d。

四、嫁接时期与准备工作

（一）嫁接时期

1. 春季嫁接

春季是枝接的适宜时期，且宜在芽未萌动前进行，主要在 2 月至 4 月，一般在早春树液开始流动时即可进行。落叶花木宜选经储藏后处于休眠状态的接穗，常绿花木采用现采的未萌芽的枝条作接穗。春季嫁接，由于气温低，接穗失水少，水分平衡较好，易成活，但愈合较慢。大部分植物适于春季嫁接。

2. 夏季嫁接

夏季是嫩枝接和芽接的适宜期，一般以 5 月至 7 月，尤以 5 月中旬至 6 月中旬最为适宜。此时，由于接穗幼嫩，细胞活性强，气温适宜，愈伤组织形成和增殖快，砧、穗接口愈合早，成活率较高。如山茶、杜鹃、仙人掌类植物等适于此时嫁接。

3. 秋季嫁接

8 月至 10 月也是芽接的适宜时期。这段时期新梢充实，养分储藏多，芽充实，也是树液流动、形成层活动的旺盛时期，树皮易剥离，接芽当年能够愈合，可安全越冬。

4. 冬季嫁接

具有保温设施时，很多植物在冬季 12 月至翌年 1 月份进行嫁接，能取得满意的结果，而且翌春即可进入生长，苗木生长快。江苏一带的月季，多实行冬季嫁接。

（二）嫁接前的准备

1. 工具

主要有枝剪刀、枝接刀、芽接刀、单面刀片和手锯等，钢质要好，刀口要锋利。

2. 绑扎材料

常用的绑扎材料有麻皮、塑料条等，草本植物可用纱布条等。为了防止木本花卉嫁接后伤口风干坏死，除芽接和靠接外，最好用接蜡保护伤口。

五、嫁接技术

（一）枝接技术

用枝条作接穗的统称枝接，方法很多，主要介绍以下几种。

1. 切接

（1）削接穗　将接穗剪成 5～8 cm 长，带 2～3 个芽，从距下切口最近的芽位背面下刀，将其下端削成正反相对的一长一短两个削面。刀要锋利，手要平稳，保证削面平整、光滑。

（2）切砧　先将砧木截干，然后在截面一侧稍带木质部纵切，切入深度 2～3 cm。注意要用利刀下切，不能人为掰劈，以保证切削面平整。

（3）结合　将削好的接穗大的切面向内插入砧木切口中，然后使砧、穗形成层对齐，接穗削面上端要露 0.2 cm 左右，即俗称的“露白”，以保证两切面紧密接触，有利成活。如果砧、穗不等粗，可对准一边形成层。

（4）绑缚　用塑料薄膜带等物由下向上将砧穗连同结口绑扎好。如图 3-10 所示。

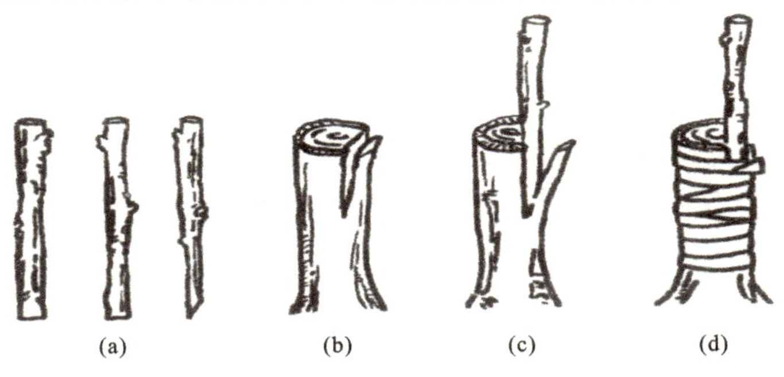

图 3-10　切接操作示意图

2. 劈接

当砧木较粗时可用劈接法。先将砧木上部截去,再用劈接刀从砧木横断面中心垂直下切,深 3～4 cm。接穗基部两侧削成 3～4 cm 长的楔形,然后用刀撬开砧木后插入接穗,并使砧穗的一侧形成层对齐。最后绑扎,或封蜡、套袋等。此法也常用于草本植物,如菊花、大丽花、仙人掌类的嫁接,如图 3-11 所示。

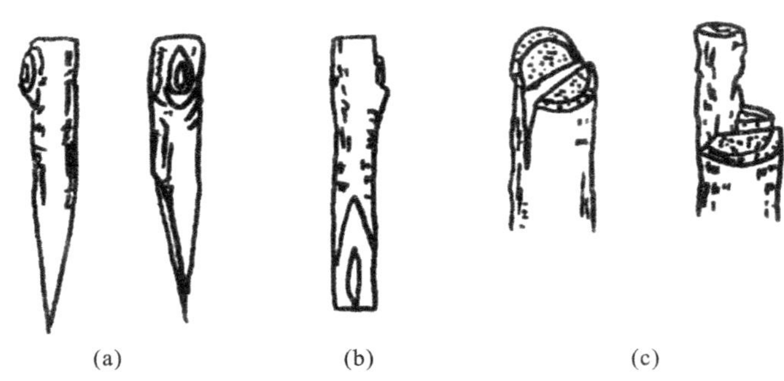

图 3-11　劈接操作示意图

3. 靠接

嫁接后成活前接穗并不切离母株,仍由母株供给水分、养分。此法适用于用其他方法嫁接不易成活或贵重珍奇的种类。靠接应在生长期间进行。事先将接穗盆栽培养或砧木与接穗植株移植在一起,嫁接时将两植株茎上分别切出切面,深达木质部,然后使两者形成层紧贴扎紧。成活后,剪去砧木上部和接穗的下部即可,如图 3-12 所示。

图 3-12　靠接操作示意图

(二) 芽接技术

芽接是以芽为接穗的嫁接方法,多用于易剥皮的花卉中,如蔷薇、月季、杜鹃、梅花和丁香等的繁殖中广泛应用。此法比枝接技术简单,省接穗,适于大规模生产应用。

1. "T"形芽接

(1) 削芽片　选择枝条中部健壮的芽,剪去叶片,仅留叶柄,在芽上方 0.5 cm 处横切一刀,深入木质部,再从芽下方 1 cm 处向上稍带木质部纵削至横切口处,使之成一盾状芽片,削下后用手轻轻将木质部去掉,将削好的芽片用湿布包好或含口中。

(2) 切砧木　在砧木近基部光滑部位,将树皮横、纵各切一刀,深达木质部,呈"T"形,其长宽均应略大于芽片。

(3) 结合　用芽接刀轻轻把树皮自切口处挑开,以手捏芽片的叶柄将芽片嵌入,芽片上切口与"T"形上切口对齐靠紧,用挑开的砧木皮层包裹芽片,但需露出芽及叶柄。

(4) 绑缚　用塑料薄膜带绑缚,仅露出芽及叶柄。

"T"形芽接如图 3-13 所示。

2. 嵌芽接

嵌芽接又称削芽接,在砧穗不易离皮时适用此法。削芽片时先从芽上方 0.5～1 cm 处向下斜切一刀,稍带部分木质部长约 1.5 cm。再在芽下方 0.5～0.8 cm 处向上斜切一刀,取

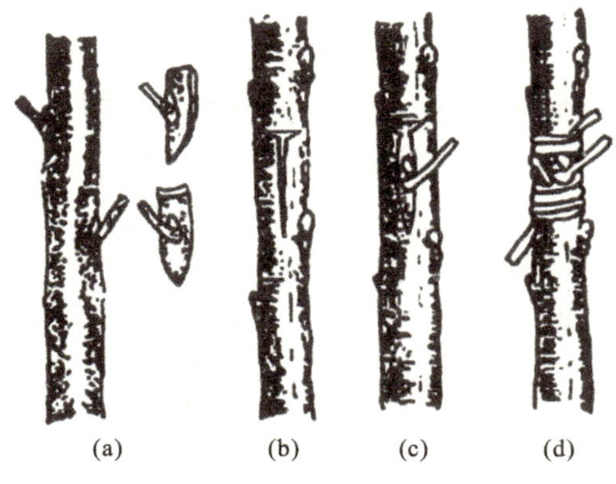

图 3-13　“T”形芽接示意图

下芽片。接着在砧木适当部位切好与芽片大小相应的切口，并将切开的部分切去上端 1/3～1/2，留下大部分供夹合芽片。然后，将芽片插入切口，两侧形成层对齐，芽片上端略露出一点砧木皮层，最后绑缚，如图 3-14 所示。

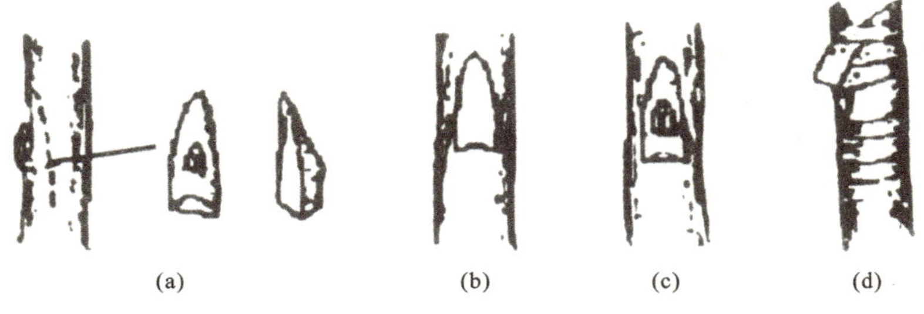

图 3-14　嵌芽接示意图

3. 方块芽接

接芽取成方块，砧木树皮切成“工”字形、“]”或“H”形，插入芽片绑紧即可。

（三）仙人掌类植物的嫁接方法

仙人掌植物的茎肥多汁，嫁接的方法也不同于一般植物，常采用的嫁接方法主要有下列几种，依砧木与接穗的形态而选用。只要利于操作的固定，不管哪一种方法均易成活。嫁接时期以 5 月至 6 月植株开始生长时为宜。此时嫁接，接口不易腐烂，成活也快。

1. 平接法

平接法是应用最广泛的一种方法，对球形、柱形的种类普遍适用，操作简单，易于成活。将砧木在适当高度处水平横切。为防止切后其断面凹陷，用刀将茎四周斜削，然后将接穗下部也进行水平横切，立即放置在砧木切面上，要注意使接穗与砧木维管束相接。如砧、穗维管束粗度一致对齐即可。如粗度不同，千万不能放置成同心圆，即不能将接穗的维管束放在砧木大维管束中心，应偏斜，使两者相接，嫁接后用绳绑扎固定。

2. 劈接法

劈接法适用于接穗为扁平叶状的种类。先将砧木留适当高度横切，再通过中心或偏于一侧从上向下直切 1～2 cm 的切口。将接穗下端两面斜削成楔形，露出维管束，长度与砧木切口相等。然后将接穗插入砧木切口，使两者维管束对齐，最后用仙人掌长刺或竹针插入，

使接穗固定。

3. 斜接法

斜接法适用于茎细而长的柱状仙人掌类。方法与平接相似，仅将砧木与接穗的切口均削成 30°～40°的斜面，既增大了砧木与接穗的愈合面，又更易于固定。

4. 插接法

插接法是与劈接相似的一种接法，但砧木不切开，而用窄的小刀从砧木的侧面或顶部插入，形成一嫁接口，再将削好的接穗插入接口中，用刺固定。用仙人掌属作砧木时，也可用插接，只需将砧木短枝顶端的韧皮部削去，顶部削尖，插入接穗体的基部即成。

六、嫁接后的管理

（一）检查成活，及时补接

枝接苗一般在接后 20～30 d 检查成活。如接穗芽已萌发，或接穗鲜绿，则有望成苗。芽接苗一般接后 10 d 左右检查，如芽新鲜，叶柄手触后即脱落，则基本能成活。如未成活应侍机补接。

（二）脱袋、松绑

枝接苗成活 1 个月后，可视情况松绑。不宜过早，否则接穗愈合不牢固，受风吹易脱落；当然也不宜太迟，否则绑缚处出现缢伤，影响生长。芽接在成活后半月左右则可解绑，如秋季芽接当年不出芽，则应至第二年萌芽后松绑。

（三）剪砧、抹芽，去萌蘖

剪砧应视植物种类而异，一些种类的萌蘖可以在当年分 1～2 次剪去。抹芽除了抹去砧木上的大量萌芽外，还应适当抹去接穗上过多的萌芽，以保证养分的集中，而根蘖也应从基部剪去。

（四）立支柱

嫁接苗接口部位易劈折，尤其芽接苗，接芽成枝后常横生，更易折损伤，应尽可能立杆绑扶以减少人为碰伤和风折等。

仙人掌类植物嫁接完毕后，宜将盆放在温暖湿润、无直射阳光处，约 1 周后即能成活，并松绑。绑扎仙人掌类植物时为了防止接穗被勒坏，在不妨碍接穗顶部刺丛时可用软纸或棉花衬垫，后再绑扎。必要时还可“加压”，如用松紧带或牛皮筋将嫁接植株连盆一起纵向绑紧，或在接穗顶部加铁螺母等重物。

第七节　组织培养

一、组织培养概述

组织培养是指在人工控制和无菌的条件下，将植物体的离体活组织接种到培养瓶中的培养基上，使其形成完整植株的繁殖方法。利用组织培养技术进行花卉种苗生产具有以下优点。

（一）繁殖速度快

从理论上推算，一个茎尖一年内可增殖几十万倍。这对加速新品种的推广非常有利。

作为新品种，往往因繁殖材料少，影响其推广速度。若利用茎尖组织进行组织培养繁殖，便可以在短期繁殖大量幼苗，使新品种能在短期内推广到生产中去，也能使种苗生产企业获得显著的经济效益。

（二）繁殖脱毒苗

长期无性繁殖的植物都容易感染病毒。植株感染病毒后造成生活力衰退，产量降低，品质变劣，导致品种退化。利用茎尖分生组织进行组织培养，可以脱掉病毒，培养出无病毒苗（或称脱毒苗）。脱毒苗长势强健，抗逆性强，产花量高，品质优，经济效益也会显著提高。

（三）不受季节限制

采用组织培养方法繁殖苗木可以不受季节的限制，一年四季均可进行，在人工控制的条件下实现育苗工厂化，可根据市场需要随时生产幼苗。

组织培养虽然具有如此多的优点，但需要实验室、设备、药品等，操作及培养技术比其他方法要求高，育苗成本相对较高。目前，主要用于商品价值较高或采用常规繁殖方法不易繁殖的名优花卉种苗生产，如洋兰、红掌、香石竹、观赏凤梨等。

二、组织培养繁殖的基本原理

植物组织培养是根据植物细胞全能性的理论发展起来的一项新技术。细胞全能性是指植物体中每个具有完整细胞核细胞，都具有该植物的全部遗传信息和产生新的完整植株的能力。在植物个体生长发育的过程中，从一个受精卵可产生具有完整形态、结构和机能的植株。同样，植物的体细胞也具备遗传信息的传递、转录和翻译的能力。在一个完整植株上某部分体细胞只能是表现一定的形态，具有一定的功能，这是由于它们受到具体器官和组织所在环境的束缚，其遗传力并没有丧失。体细胞一旦脱离原来所在的器官或组织，成为离体状态时，在一定的营养、激素和环境条件的作用下，就表现出全能性，而生长发育成完整的植株。

三、组织培养条件

（一）组织培养室

1. 准备室

准备室的工作内容多，处理的工作量大，面积要适当大一些。一般将准备室分成两间，一间用作器具的洗涤、干燥、存放，蒸馏水的制备，培养基的配制、分装、包扎、高压灭菌等，同时兼顾试管苗的出瓶、清洗与整理工作；另一间用于药品的存放、天平的放置及各种药品的配制。

2. 接种室

接种室主要用于无菌条件下的工作，也称无菌操作室。主要用作培养材料的表面灭菌、外植体的接种、无菌材料的继代转苗、生根培养等。无菌室要求干爽、安静，清洁明亮，使室内保持良好的无菌或低密度有菌状态。

3. 培养室

培养室是培养试管苗的场所，一般配置空调机来控制室内温度，保持恒温条件。在培养架上安装普通白色荧光灯作为光源。要求室内空气洁净、干燥。

（二）主要设备及器材

1. 培养基制备设备与器材

制备培养基的设备与器材包括天平、酸度计、蒸馏水器、冰箱、烘箱、高压灭菌锅、晾瓶架、水槽、实验台及各种规格的烧杯、量筒、三角瓶、容量瓶、培养皿、广口瓶和吸管等。

2. 无菌接种设备与器材

超净工作台：由鼓风机、过滤板、操作台、紫外线灯和照明灯等部分组成。

接种工具：镊子、剪刀、解剖刀、酒精灯等。

3. 培养设备

空调机、定时器、除湿机、培养架、光照培养箱等。

（三）培养基的基本组成

用于植物组织培养的培养基种类已有近百种，但基本组成都包括无机营养元素、有机附加成分、碳素、琼脂、生长调节剂、水等。

1. 无机营养元素包括大量元素与微量元素

大量元素包括氮、磷、钾、钙、镁、硫等。它们是植物细胞中构成核酸、蛋白质、酶系、叶绿素及生物膜所必不可少的营养元素。微量元素包括铁、硼、锰、锌、铜、钼、氯等。它们在植物细胞生命活动过程中，以酶系中的辅基形式起着重要作用。

2. 有机附加成分

有机附加成分包括维生素、肌醇、氨基酸等。维生素以辅酶的形式参与酶系的活动，对细胞中的蛋白质、脂肪、糖代谢等活动起重要的作用，主要有硫胺素、吡哆素、烟酸、生物素等。肌醇本身没有促进生长的作用，但有助于活性物质发挥作用并参与糖代谢，能促进培养物快速生长。氨基酸主要有甘氨酸、丙氨酸、丝氨酸、谷氨酰胺、酪氨酸和水解酪蛋白等。它们能促进不定芽、胚状体的分化。

3. 糖

糖是培养物不可缺少的碳源和能源，还可维持一定的渗透压。其中最好的是蔗糖，其次是葡萄糖和果糖。愈伤组织与不定芽诱导最适的蔗糖浓度为3%。

4. 琼脂

琼脂是培养基中起支持作用的一种胶体凝固剂。它具有无毒、无味、化学性质稳定，遇热液化、冷却后固化成形，可使各种可溶物质均匀地扩散分布等特性。一般用量为0.5%～0.8%，培养基偏酸时用量可酌量增加。加热时间过长，环境湿度过高均会影响其固化。

5. 植物生长调节剂

植物生长调节剂又称植物激素，对培养中外植体的形态建成（即不定芽、胚状体、不定根等）起重要而明显的作用。常用的主要有三大类：细胞分裂素、生长素类及赤霉素类。

（1）细胞分裂素类：包括激动素（KT）、6-苄基氨基嘌呤（6-BA）、玉米素（ZT）等。其作用强弱依次为ZT＞BA＞KT。它们都具有促进细胞分裂、延缓组织衰老、诱导不定芽分化等作用。

（2）生长素类：包括有吲哚醋酸（IAA）、吲哚丁酸（IBA）、萘醋酸（NAA）、2，4-D等。其作用强弱依次为2，4-D＞NAA＞IBA＞IAA。

（3）赤霉素类：通常采用的是从赤霉菌发酵液中提取的赤霉素（GA3），它不利于不定芽、不定根的分化，但能促进已分化芽的伸长生长。

6. 水

水是生命所必不可少的，也是细胞的主要组成成分之一。水使细胞质呈胶体状态、活化状态，是细胞中各种生理、生化反应的介质，并为植物体提供氢、氧元素。在研究工作中宜选用蒸馏水或饮用纯净水。工厂化大量生产时可考虑用来源方便的水源，但要水质较软、清洁、无毒害，配制培养基不会产生沉淀即可。

7. pH 值

培养的植物材料大多数要求弱酸性的培养基环境，一般应将培养基的 pH 值用 1 mol 的盐酸或氢氧化钠调整到 5.6～5.8 的范围内，有时到 6.0。少数喜酸性植物要调至 4.6～5.4。

8. 其他成分

培养基中的其他成分：①天然生长促进物质。在离体胚珠和胚培养中，采用天然生长促进物质，如椰子汁、酵母提取液、柑橘汁、番茄汁、麦芽提取液、黄瓜汁等，能取得较好的效果。②活性炭。活性炭具有强大的吸附能力，主要吸附非极性物质和色素等大分子，以减少一些有害物质的影响。通常使用浓度为 0.5～10 g/L。③防止酚类物质污染的添加剂。植物组织会在切割时溢泌一些酚类物质。酚类物质接触空气中的氧气后，自动氧化或由酶类催化氧化为相应的酚类，产生可见的茶色或褐色，这就是酚污染。这些物质渗出细胞外就造成自身中毒，使培养的材料生长停顿，失去分化能力，最终变褐死亡。常用的抗酚类氧化试剂有半胱氨酸及其盐酸、抗坏血酸、谷胱甘肽等。

（四）环境条件

1. 温度

培养物生长的最适温度同该植物生长所需最适温度基本上是一致的，通常培养温度控制在 25±2 ℃范围内。

2. 光照

采用日光灯作为光源。光照强度在茎尖的起始培养及试管苗继代增殖培养阶段以 1000～3000 lx 为宜，生根成苗以及小植株的生长以 3000～10000 lx 为宜。每日光照时间通常采用 12～16 h。

3. 气体

培养瓶中的气体成分会影响到培养物的生长和分化。在固体培养时，培养物应露于表面。在培养过程中，培养物产生的乙烯、二氧化碳、乙醇等气体都会影响培养物的生长和分化。采用透气膜作为培养瓶的封口，可以调节瓶内的气体同外界气体进行交换，促进培养物的生长。

四、组织培养的操作技术

（一）培养基的制备

1. 配制前的准备

必须将所用的一切玻璃器皿洗净。用清水冲洗后，浸入洗洁净水中刷洗，再用清水内外冲洗，使器皿光洁透亮。然后，用蒸馏水冲洗 1～2 次。最后晾干或烘干备用。

2. 母液配制

培养基的种类很多,但生产中常用培养基以MS培养基为基础。现以MS培养基为例,介绍培养基的配制方法,MS培养基母液配制方法如表3-1所示。

表3-1 MS培养基母液配制方法

母液编号		成分	称量/g	配制方法	每配1L培养基的取量
Ⅰ	大量元素母液	KNO_3 $MgSO_4 \cdot 7H_2O$ NH_4NO_3 KH_2PO_4 $CaCl_2 \cdot 2H_2O$	19 3.7 16.5 1.7 4.4	(1)将$CaCl_2 \cdot 2H_2O$溶于300 mL水中; (2)将其中4种盐都溶于500 mL水中; (3)混合上述两种溶液,定容至1000 mL	100 mL
Ⅱ	微量元素母液	$MnSO_4 \cdot 4H_2O$ $ZnSO_4 \cdot 7H_2O$ H_3BO_3 KI $Na_2MoO_4 \cdot 2H_2O$ $CuSO_4 \cdot 5H_2O$ $CoCl_2 \cdot 6H_2O$	22.3 8.6 6.2 0.83 0.25 0.025 0.025	将7种微量元素先溶于800 mL水中,然后定容至1000 mL	1 mL
Ⅲ	维生素母液	硫胺素 吡哆醇(醛) 烟酸 甘氨酸	0.05 0.05 0.05 0.2	将4种物质先溶于80 mL水中,再定容至100 mL	1 mL
Ⅳ	肌醇母液	肌醇	1.0	溶解并定容于100 mL	10 mL
Ⅴ	铁盐母液	Na_2-Fa-EDTA $Fe_2(SO_4)_3 \cdot 7H_2O$	3.73 2.78	两种物质分别溶解在200 mL水中,分别加热煮沸。冷却定容至500 mL	5 mL

将基本培养基按表配制成母液,放在冰箱中保存,用时按需要稀释。配母液用的水应采用蒸馏水或去离子水。配母液称重时,克以下的重量宜用感量0.01 g的天平称,0.1 g以下的重量最好用感量0.001 g的天平。蔗糖、琼脂可用感量0.1 g的粗天平。

3. 生长调节剂母液配制

通常配成1 mg/ mL的母液,这样的浓度即便于计算所需量,也可避免冷藏时结晶的析出。

(1)生长素类母液(1 mg/ mL)的配制　称取100 mg吲哚醋酸(IAA)或吲哚丁酸(IBA)、萘醋酸(NAA)等,放入100 mL的烧杯中,用数滴浓度为1 mol NaOH溶液使之溶解,加少量水。待完全溶解后将溶液倒至100 mL容量瓶中;最后定容至刻度。反复摇动容量瓶,均匀后倒至棕色试剂瓶中,贴上标签存放在冰箱中。

(2) 细胞分裂素类母液(1 mg/ mL)的配制　方法与其上大致相同,所不同之处为用0.1～1 mol HCl溶解,再用水定容。

(3) 赤霉素母液(1 mg/ mL)的配制　称取100 mL赤霉素,用95%酒精溶解定容在100 mL容量瓶中。

4. 培养基配制

(1) 溶解琼脂和蔗糖　在1000 mL的烧杯中加入600～700 mL纯净水,然后将称好的6～8 g琼脂粉放进烧杯中加热煮溶。待琼脂完全溶解后,加入30 g蔗糖,搅拌溶解。

(2) 加入母液　将母液Ⅰ、Ⅱ、Ⅲ、Ⅳ、Ⅴ,按表中每配1 L培养基取母液所需量,分别加入到烧杯中,再加所需生长素和细胞分裂素,加水定容至1000 mL。

(3) 调节pH值　搅拌后静止,用酸度计或pH精密试纸测定pH值,以1 mol NaOH或1 mol HCl将pH值调至5.8。

5. 分装培养基

用漏斗或下口杯将培养基分装到培养瓶中,注入量约为瓶容积的1/4。分装动作要快。培养基冷却前应灌装完毕,且尽可能避免培养基粘在瓶壁上。

6. 培养瓶封口

用塑料封口膜、塑料瓶盖等材料将瓶口封严。

7. 培养基灭菌

将包扎密封好的培养瓶放在高压蒸汽灭菌锅中灭菌,在温度为121 ℃、压力107.9 kPa下维持15～20 min即可。待压力自然下降到零时,开启放气阀,打开锅盖,取出后在干净柜中存放。

灭菌时应注意的问题是,在稳压前一定要将灭菌锅内的冷空气排除干净,否则达不到灭菌的效果。其次是灭菌的时间不宜过长,温度要严格控制在121 ℃。过高的温度与过长的灭菌时间,会引起蔗糖降解;在磷酸盐的作用下,促使葡萄糖转化为酮糖及其他产物,磷酸盐与铁结合而沉淀,玻璃中的可溶性物质释放到培养基中等。

(二) 外植体的选择与消毒

1. 外植体的选择

从田间采回的准备接种用的材料称为外植体。对外植体进行表面灭菌获得无菌材料,是组织培养成功与否的重要环节。

组织培养所选用的外植体,可取植物的茎尖、侧芽、叶片、叶柄、花瓣、花萼、胚轴、鳞片、根茎、花粉粒、花药等器官。以快繁为主要目的时大多采用茎尖、侧芽等。一般情况下,生长期较幼嫩的材料更容易分化,培养效果较好。到田间取材时,一般应准备塑料袋、锋利的刀剪、标签、笔等。取材时间应选在晴天上午10时左右,阴雨天不宜。同时,应尽量选择离开地表、老嫩适中的材料。要从健壮无病的植株上选取外植体。

从田间植株上采取的外植体比从温室植株采到的外植体更易受感染。如果必须从田间植株上采取外植体,最好先把这个植株种在室内的容器内,待其在室内发育新的嫩芽,然后用新发育成的嫩芽进行培养。在室内种植时,采用无土栽培,基质灌溉,保持36～38 ℃的温度条件下生长几天或几个月,在这种条件下长出来的新梢不易造成污染。

2. 外植株的消毒

不同的外植体所采用的消毒方法不同,通常先用流水冲洗2 h以上,再按表3-2的顺序进行消毒。

表 3-2 不同外植体的消毒顺序

组织	消毒顺序			备注
	第一步	第二步	第三步	
种子	70%乙醇中浸泡 10 min 后再用无菌水漂洗	10%次氯酸钠浸 20～30 min	无菌水洗 3 次，在无菌水中发芽、或无菌水洗 3 次	用幼根或幼芽发生愈伤组织
果实	70%乙醇迅速漂洗	2%次氯酸钠浸 10 min	无菌水反复冲洗，再剥除种子或内部组织	获得无菌苗
茎切断	自来水洗净后再用 70%乙醇漂洗	2%次氯酸钠浸 15～30 min	无菌水冲洗 3 次	直立在琼脂培养基上或切取出组织进行培养
储藏器官	自来水洗净	2%次氯酸钠浸 20～30 min	无菌水冲洗 3 次，滤纸吸干	选用嫩叶，叶片平放在培养基上，或叶柄插入培养基内
叶片	自来水洗净后吸干再用纯酒精漂洗	0.1%氯化汞浸 1 min 或 10%次氯酸钠浸 15～20 min	无菌水反复冲洗，滤纸吸干	选用嫩叶，叶片平放在培养基上，或叶柄插入培养基内
根	自来水洗净吸干后放入 70%乙醇中漂洗	0.1%～0.2%氯化汞浸 5～10 min	无菌水反复冲洗，滤纸吸干	—

（三）接种

接种是组织培养过程中易于污染的一个环节，操作过程必须在无菌条件下进行。操作要领如下。

1. 准备工作

接种前的准备工作：①每次接种或继代繁殖前，应提前 30 min 打开接种室和超净工作台上的紫外线灯进行灭菌。然后打开超净工作台的风机，吹风 10 min。②操作人员进入接种室前，用肥皂和清水将手洗干净，换上经过消毒的工作服和拖鞋，并戴上工作帽和口罩。③开始接种前，用 70%的酒精棉球仔细擦拭手和超净工作台面。④准备一个灭过菌的培养皿或不锈钢盘，内放经过高压灭菌的滤纸片。解剖刀、医用剪刀、镊子、解剖针等用具应预先浸在 95%的酒精溶液内，置于超净工作台的右侧。每个台位至少备 2 把解剖刀和 2 把镊子，轮流使用。

接种前先点燃酒精灯，然后将解剖刀、镊子、剪子等在火焰上方灼烧后，晾于架上备用。

2. 接种操作

(1) 用镊子将植物材料夹到已高压灭菌、盛有滤纸的培养皿中，在超净工作台上将外植体切成 3～5 mm 的小段；在双筒解剖镜下剥离的茎尖分生组织大小为 0.2～0.3 mm，经过热处理的材料可带 2～4 个叶原基，切生长点长约 0.5 mm。

（2）培养瓶倾斜拿住。打开瓶塞前，先在酒精灯火焰上方烤一下瓶口，然后打开瓶塞，并尽快将外植体接种到培养基上。注意，材料一定要嵌入培养基，而不要只是放在培养面上。塞住瓶塞以前，再在火焰上方烤一下。

（3）每切一次材料，解剖刀、镊子等都要放回酒精内浸泡，并灼烧。

除上述常规操作步骤以外，对于新建的组织培养室首次使用以前，必须进行彻底的擦洗和灭菌。先将所有的角落擦洗干净，然后用福尔马林或高锰酸钾灭菌，其后再用紫外线灯照射。

（四）培养

1. 初代培养

初代培养也称诱导培养。培养基由于植物种类的不同而不同，通常是 MS 基本培养基加入适量的植物生长调节及其他成分。首先在 25 ℃下进行暗培养，待长出愈伤组织后转入光培养。此阶段主要诱导芽体解除休眠，恢复生长。

2. 增殖培养

增殖培养也称继代培养。将见光变绿的芽体组织从诱导培养基转接到芽丛培养基上，在每天光照 12～16 h、光照强度 1000～2000 lx 条件下培养，不久即产生绿色丛生芽。将芽丛切割分离，进行继代培养，扩大繁殖，平均每月增殖一代，每代增殖 5～10 培。为了防止变异或突变，通常只继代培养 10～12 次。根据需要，一部分进行生根培养，一部分仍继代培养，陆续供用。

3. 生根培养

培养基通常为一半 MS 培养基加入适量的植物生长调节剂。切取增殖培养瓶中的无根苗，接种到生根培养基上进行诱根培养。有些易生根的植物在继代培养中通常会产生不定根，可以直接将生根苗移出进行驯化培养；或者将未生根的试管苗长到 3～4 cm 长时切下来，直接栽到蛭石为基质的苗床中进行瓶外生根，效果也非常好，省时省工，降低成本。

4. 驯化培养

发根的组培苗或称试管苗从培养瓶中移出，在温室中栽培，至苗长大发生 5～6 片叶的植株为止的过程为驯化培养阶段，这是组培苗从异养到自养的阶段。

组培苗移出前要加强培养室的光照强度和延长光照时间，进行光照锻炼。一般化进行 7～10 d。再打开瓶盖，让试管苗暴露在空气中锻炼 1～2 d，以适应外界环境条件。

移栽基质最好用透气性强的蛭石、珍珠岩与泥炭。如果栽植在土壤中，土壤应为疏松的沙壤土、沙土掺入少量有机质或林地的腐殖质土。用营养钵育苗，可用直径 6 cm 的营养钵。移栽时选择 2～4 cm、3～4 片叶的健壮试管苗，将根部培养基冲洗干净，以避免微生物污染而造成幼苗根系腐烂。如果是瓶外生根，将植株基部愈伤组织去掉，用水冲洗干净后直接栽入基质中。移栽后浇透水，加塑料罩或塑料薄膜保湿。

炼苗的最初 7 d 需保持 90%以上的空气相对湿度，适当遮荫避免曝晒。7 d 以后适当通风降低空气相对湿度，温度保持在 23～28 ℃。半月后去罩、掀膜，每隔 10 d 喷一次稀释 50 倍的 MS 大量元素母液。培养约 2 个月后，试管苗便可出圃。

复习思考题

1. 花卉的繁殖方法有哪些？

2. 花卉种子繁殖的特点是什么？播种前有哪些种子处理工作？

3. 花卉分生繁殖方法有哪些种类？各有何特点？

4. 促进花卉扦插生根的环境条件有哪些？

5. 花卉组织培养的程序是什么？

实训四　仙人球、仙人掌嫁接技能

一、目的要求

让学生掌握仙人掌类植物嫁接技术。

二、工具

仙人掌类砧木、彩球、枝剪、芽接刀、绑绳、塑料袋等。

三、实训内容

选取三棱剑为砧木，选彩球为接穗。将三棱剑留根颈 10～20 cm 横切削平，再把四周的皮肉呈 30°向外向下削掉，将彩球下部平切一刀，切面与砧木切口大小相近。将彩球平放在砧木的切口下，髓部对准，维管束相接，用细绳绑紧固定，勿从上浇水。

四、实训结果

检查嫁接成活率。

实训五　花卉的露地播种

一、目的要求

掌握花卉种子的处理方法和露地播种技术。

二、工具

1. 花卉种子(大粒、中粒、小粒)、药品等。

2. 浸种容器、育苗床、喷壶、铁锹、耙子、塑料薄膜等。

三、实训内容

1. 催芽方法：根据种子发芽、出苗特性，选择合适的种子催芽方法。

2. 处理：严格掌握浸种的水温、时间和药物处理的用药浓度及处理时间。

3. 插前准备：整地作床。

4. 确定播种量和播种方法：一般细小粒种子用撒播，中粒种子用条播，大粒种子用点播。

5. 覆土、浇水、覆盖：覆土厚度一般为种子直径的 2～3 倍。用喷壶浇水、反复多次，直至浇透。应视情况决定是否覆盖。

四、实训结果

将种子处理、播种过程记录，整理成报告。

第四章　花卉栽培设施

花卉栽培设施是指人为建造的适宜或保护不同种类花卉正常生长发育的各种建筑及设备，主要包括温室、塑料大棚、荫棚、风障、冷床、温床、冷窖和冷库等，同时也包括一些其他栽培设施如机械化、自动化设备以及各种机具、机器和容器等。人们利用栽培设施创造适宜于花卉生长的环境条件，集世界各地、要求不同生态环境的奇花异卉于一地，并进行周年生产，以满足人们对花卉日益增长的需求。

第一节　温　　室

温室是花卉保护地栽培中最重要、应用最广泛的栽培设施，能够对环境因素进行有效的调节和控制。温室内的温度、湿度、光照等均可实现自动调节，灌溉、播种、施肥等操作也可实行高度的机械化、自动化。现今温室的大型化、现代化、工厂化生产已成为国内、外花卉生产的主流。

一、温室的种类及特点

（一）根据用途分类

1. 观赏性温室

观赏性温室一般专供陈列、展览、普及科学知识之用，设于公园和植物园内，要求外形美观、高大，便于游人游览、观赏、学习等。

2. 生产性温室

生产性温室一般以生产为目的，以满足花卉生长发育的需要和经济实用为原则，外形简单、低矮，热能消耗较少，室内生产面积利用充分，可有利于降低生产成本。

3. 试验研究性温室

试验研究性温室一般要求提供精度较高的试验研究条件，对建筑和设备要求更高，多配置自动化装置。

（二）根据温室温度分类

1. 高温温室

高温温室室温一般为18～36 ℃，主要用于栽培原产热带平原地区的花卉，也可用于花卉的促成栽培。

2. 中温温室

中温温室室温一般为12～25 ℃，主要栽培原产于亚热带的花卉和对温度要求不高的热带花卉。

3. 低温温室

低温温室室温一般为5～20 ℃，主要用于栽培原产暖温带的花卉及对温度要求不高的

亚热带花卉。

4. 冷室

冷室室温一般为 0～15 ℃，主要用于栽培不耐寒的花卉越冬。

（三）根据栽培植物种类分类

花卉的种类不同，对温室环境条件的要求也不同，可依据不同种类的特殊要求设置专类温室，如兰科植物、棕榈科植物、蕨类植物、仙人掌及多肉植物、观叶植物等各类温室。

（四）根据温室结构分类

1. 单栋温室

单栋温室一般规模较小，常用于小规模的生产栽培和科学研究。其采光性能好，便于进行自然通风和人工操作管理。但保温性较差，单位建筑面积的建造价较高。单栋温室根据屋面形式又分为两类。

（1）单屋面温室　由透光且单坡朝南的屋面和采用砖墙、土墙或复合墙体挡风、保温的北墙构成。在屋面上还可设苇、蒲等保温帘，其采光性能、保温性能、防风性能均较好。

（2）双屋面温室　一般由两个采光屋面构成，又可分为等屋面温室、不等屋面温室和拱形屋面温室等。采光量一般较大，单位面积建造价和总占地面积较少，室内采光均匀，栽培管理、耕作方便，但其保温性能较差。

2. 连栋温室

连栋温室由两栋以上的单栋温室连接而成，加大了温室的规模，适合于大面积、工厂化生产，具有占地面积少、保温性能好、单位面积建造价低、总土地利用率高的优点，而且便于经营管理和机械化操作。但是，其光照和通风不如单栋温室好，在多雪地区还应安装除雪装置，否则易发生危险。温室的结构形式如图 4-1 所示。

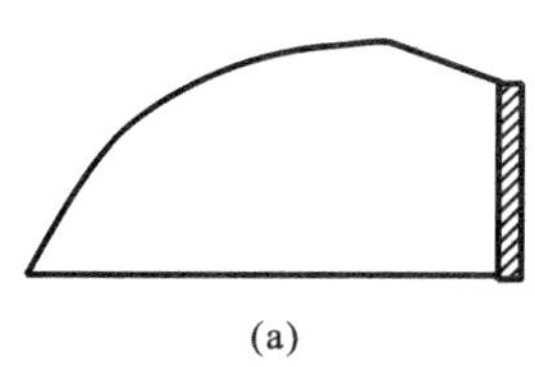
(a)

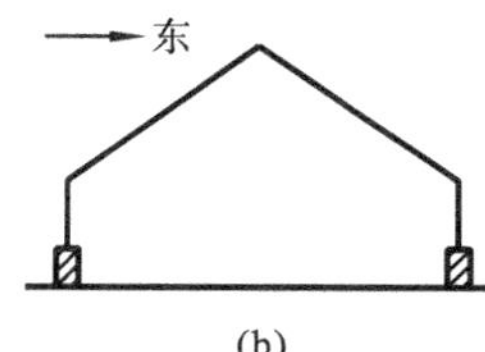

(b)

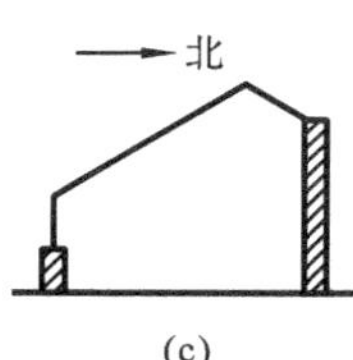

(c)

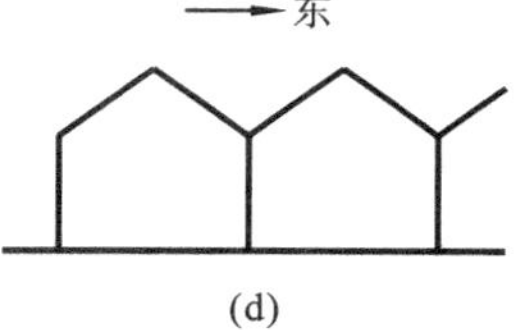

(d)

图 4-1　温室的结构形式

(a) 单屋面温室　(b) 双屋面温室　(c) 不等屋面温室　(d) 连栋温室

（五）根据建筑材料分类

1. 土温室

土温室的墙壁、屋顶主要采用泥土构建，其他则采用木材支架，造价低廉。但仅限于北方冬季无雨季节使用。

2. 木结构温室

木结构温室的屋架及门窗等均为木制，结构简单、造价低且使用年限较长，一般为 15～20 年。

3. 钢结构温室

钢结构温室的柱、屋架、门窗均采用钢材制成。其优点是遮光面小、能充分利用日光，还可筑大面积温室；缺点是易生锈、造价高、易热胀冷缩，使用年限一般为 20～25 年。

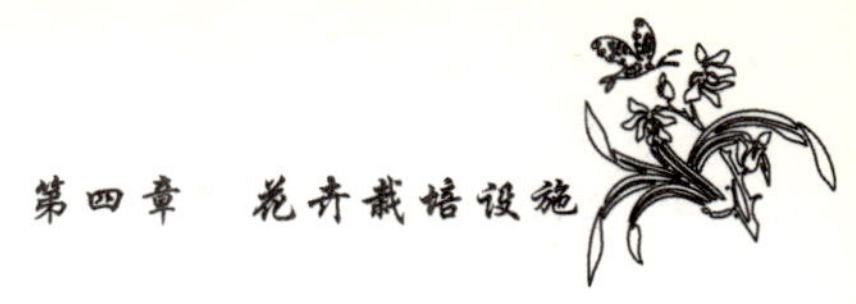

4. 钢木混合结构温室

钢木混合结构温室的中柱、桁条、屋架为钢制，其他为木制，可相对降低成本。

5. 铝合金结构温室

铝合金结构温室的材料全部为铝合金，为国际现代化温室的主要类型之一。其优点是轻、强度大、能建大型温室；缺点是造价高。

6. 钢铝混合结构温室

钢铝混合结构温室的柱、架钢制，门窗等其他构件采用铝合金制成。其优点是造价较铝合金温室低且使用寿命较长，为现代化温室的理想类型。

（六）根据屋面覆盖材料分类

1. 玻璃温室

玻璃温室采光面采用玻璃覆盖，玻璃一般较重而且易碎，但透明度与使用年限成正比。现代化温室多采用玻璃钢覆盖。

2. 塑料温室

塑料温室采光面采用塑料薄膜覆盖，常作临时性温室，一般造价较低。但易被污染且易老化，影响光照及使用年限，需要定期更换。

（七）常用的温室类型

1. 日光温室

日光温室是我国特有的一种南向采光温室，大多以塑料薄膜作为采光覆盖材料，以太阳辐射为热源，依靠最大限度采光、加厚的墙体和后坡、防寒沟、保温材料室以及防寒保温设备等来最大限度地吸收热能、减少散热，一般不需人工加温，防寒保温性能好，适合于我国北方使用，如图 4-2 所示。常见的类型主要有以下三类。

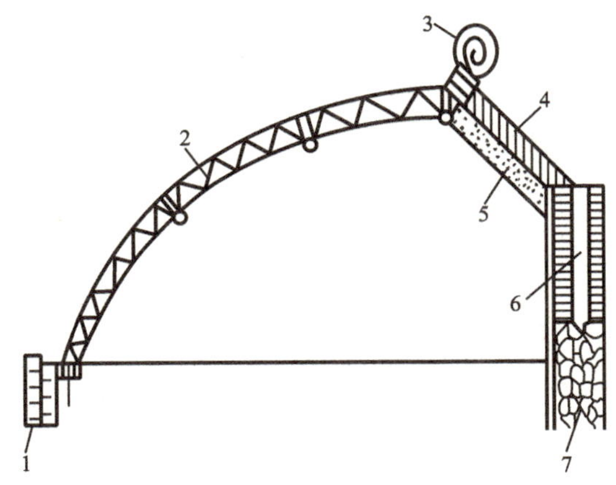

图 4-2 日光温室

1—防寒沟；2—钢结构桁架；3—保温被；4—板皮；5—水泥板；6—保温材料

(1) 山东寿光式日光温室　一般前坡较长、后坡较短，采光面大，增温效果好，适合于园林植物的延迟和提前栽培。

(2) 北方通用型日光温室　一般不设中柱、前柱，后屋面多采用水泥盖板，通常设置烟道加温，适于喜温园林植物的栽培。

(3) 全日光温室　又称钢拱式日光温室、节能日光温室。它主要利用太阳能作热源，采用钢筋骨架，后墙用砖砌成，后屋面可铺泡沫板和水泥板，抹草泥封盖防寒。有条件时也可加设加温设备，多为永久性建筑，坚固耐用，采光性好，通风方便，易操作。但造价较高，适合于喜光盆花的栽培养护及鲜切花生产。

2. 现代化温室

现代化温室也称为连栋温室或智能温室，是花卉栽培设施中较高级的类型。设施内的环境采用计算机自动控制，可自动调节温度、湿度、营养、CO_2浓度和光照等。其内还配备自动化的作业机具，如土壤和基质消毒机、喷雾机械、采摘机械和授粉机械等，如图 4-3 所示。一般针对不同的气候目标参数，可采用不同的控制设备。

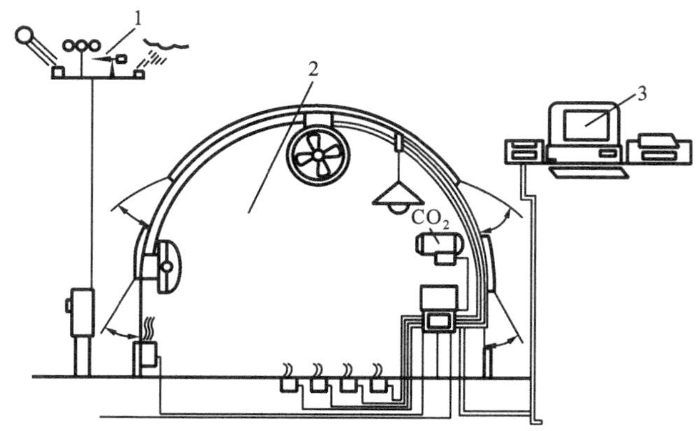

图 4-3　现代化温室

1—小型气象台；2—温室(含加温、调湿、补光、二氧化碳调节等装置)；3—计算机

现代化温室内环境基本不受自然气候条件的影响，能周年全天候进行园林植物的栽培，适于工厂化生产，特别是鲜切花和名特优盆花的栽培养护，按屋面特点又可分为以下两类。

(1) 屋脊型温室　一般以玻璃作为透明覆盖材料，主要应用于欧洲，如荷兰的芬洛型温室。

(2) 拱圆型温室　以塑料薄膜为透明覆盖材料。采用这种温室的国家有法国、以色列、美国、西班牙和韩国等。我国目前自行设计建造的现代化温室也多为拱圆形。

二、温室设计的基本要求

(一) 符合当地的气候条件

不同的地区气候条件各异，温室的性能只有符合使用地区的气候条件，才能充分发挥其作用。例如，在我国南方地区夏季潮湿闷热，若温室无侧窗或采用湿帘降温系统则难以维持适宜的温度，易导致花卉生长不良；在昆明地区四季如春，一般只需简单的冷室设备即可进行花卉生产，若建成加温设施完善的温室则易造成浪费。因此，必须根据当地的气候条件来设计建造温室。

(二) 满足栽培花卉的生态要求

不同的花卉生态习性不同，如仙人掌及多浆植物多原产沙漠地区，喜强光、耐干旱，而蕨类植物多生于阴湿环境，要求空气湿度大又适度蔽荫的环境。同时，花卉在不同的生长发育阶段对环境条件的要求也不同。温室的设计必须能最大限度地满足栽培植物的生态要求，如温度、湿度、光照和水分等均要符合栽培花卉的生态习性，才能保证其科学性和实用性。因此，设计温室时除了了解温室设置地区的气候条件外，还应熟悉各种花卉的生长发育规律和不同生长发育阶段对环境的要求，并运用建筑工程学等学科原理和技术，才能设计出结构良好、投资少且经济适用的温室。

（三）建造场地的选择

温室一般一次建造、多年使用，必须慎重选择场地。温室的建造多选择向阳避风的地块，最好在北面和西北面有山、高大建筑物或防护林遮挡，以防寒防风。另外，场地一般要求地势高、土壤排水良好且无污染。同时要求水源丰富、清洁，用电和交通方便，以保证生产的正常进行。

（四）场地的规划与温室的排列

在进行花卉规模化生产时，温室一般要求连片配置、集中管理，对于温室群的排列以及冷床、温床、荫棚等附属设备的设置应有全面的规划。规划时应首先考虑避免温室之间的相互遮荫，但为充分利用土地也不可相距过远。温室间的合理距离一般取决于温室的高度以及各地纬度，当温室为东西向延长时，南北两排温室间的距离通常为温室高度的 2 倍；当温室为南北向延长时，东西两排温室之间的距离一般应为温室高度的 2/3；当温室高度不等时，一般高的应设置在北面，矮的设置在南面。同时，温室排列时还应考虑采光与通风，一般在高纬度地区宜采用东西向，温室坐北朝南有利于采光蓄热；在低纬度地区宜采用南北向，以利于采光和提高土地利用率。同时，若要求内部设施完善，可采用连栋式温室，但内部分成独立单元以栽培不同种类的花卉，工作室和锅炉房等则一般设置于温室北面或东西两侧。

（五）温室屋面角度的确定

太阳辐射是温室的基本热源之一，吸收太阳辐射的多少主要取决于太阳高度角、采光屋面的倾斜度和透光率。太阳光线与采光屋面垂直时光能利用率最高，交角越小则光能利用率越低。一般以冬至中午的太阳高度角来确定温室玻璃屋面的倾斜度。不同地区纬度不同，太阳高度角也不同，一般随着纬度的增高而减小，必须根据各个地区冬至中午太阳的投射角来确定采光屋面的角度，以获得最大的太阳辐射热。

三、温室的建造

（一）建筑材料的选择

温室的建筑材料包括筑墙材料、屋面骨架材料和覆盖材料等。建筑材料的选择除需考虑墙体及骨架的强度及耐久性外，更重要的是考虑其保温性能。目前，常用的筑墙材料主要有黏土（夯土墙和草泥垛墙）、红砖（黏土砖）和空心砖等。一般山墙、后墙最好用土打成或用草泥垛成，这样既可方便取材、节约成本，又具有较好的保温效果，为方便建造也可选用黏土砖或空心砖等筑墙。日光温室的后屋面大多为木结构或钢筋混凝土预制件结构。木结构一般由中柱、柁和檩等构成骨架，并铺草箔，抹草泥，一般保温性能较好；钢筋混凝土预制件有预制柱和背檩等，后屋面盖预制板，一般较坚固耐久。采光屋面骨架一般采用竹木支柱架横梁、竹竿做拱杆，也可采用钢筋或钢圆管等构成骨架。连栋式温室大多工厂化配套生产，组装构成，施工简单；生产栽培温室则一般讲求实用，就地取材，以尽量降低造价，以最少的投资获取最大的经济效益。

(二) 覆盖材料的选择

目前温室大多采用塑料薄膜、塑料板材或玻璃覆盖。

1. 聚乙烯(PE)普通薄膜

聚乙烯普通薄膜一般透光性好,红外线透过率高达87%以上;无增塑剂污染,吸尘轻,透光率下降缓慢;耐低温性强,低温脆化温度约为-70 ℃;热导率较高,但夜间保温性较差;透湿性较差,易附着水滴;不耐日晒,高温软化温度约为50 ℃;比重较轻,约为0.92;延伸率达400%左右,弹性差,不耐老化,一般只能连续使用4~6个月,一般适用于春季花卉的提早栽培。日光温室则不宜选用。

2. 聚氯乙烯(PVC)普通薄膜

聚氯乙烯普通薄膜新膜一般透光性好,但随时间的推移,增塑剂渗出,吸尘严重,且不易清洗,透光率锐减;红外线透过率比聚乙烯普通薄膜低10%左右,夜间保温性好;高温软化温度约为100 ℃,耐高温日晒;弹性较好,延伸率约为180%,耐老化,可连续使用一年左右;透湿率比聚乙烯普通薄膜好,雾滴较轻;耐低温性较差,低温脆化温度约为-50 ℃,硬化温度约为-30 ℃;易粘补,比重大,一般适合于长期覆盖栽培。

3. 聚乙烯(PE)长寿薄膜

聚乙烯长寿薄膜又称聚乙烯防老化薄膜,在生产原料中按一定比例加入了紫外线吸收剂和抗氧化剂等防老化剂,以克服普通薄膜不耐高温日晒、不耐老化的缺点,延长使用寿命,一般可连续使用2年以上。聚乙烯长寿薄膜的其他特点与聚乙烯普通薄膜相同,可用于北方寒冷地区的长期覆盖栽培。但应注意清洁膜面,以保持较好的透光性。

4. 聚氯乙烯(PVC)无滴膜

聚氯乙烯无滴膜在聚氯乙烯普通膜原料配方的基础上,按一定比例加入了表面活性剂、防雾剂等,薄膜的表面张力与水相同或接近,使薄膜下表面的凝聚水在膜面形成一层水膜,并沿膜面流入低凹处,不滞留于膜的表面形成露珠。薄膜下表面不结露可降低温室内的空气湿度,减轻由水滴侵染的花卉病害。同时,也避免了水滴对阳光的漫射和吸热蒸发的能耗,温室内光照增强,晴天升温快,最适合于花卉的越冬栽培和鲜切花的周年生产。

5. 塑料板材

塑料板材一般有聚乙烯塑料板和丙烯树脂板等类型,厚度约为2~3 mm,有平板和波形板之分。丙烯树脂板以丙烯酸诱导体为主要原料生产而成,具有优良的透光性,其透光率高达92%,紫外线透过率高于普通玻璃,红外线透过率也较高,但大于3 μm以上的长波红外线几乎不能通过。因此,保温性能较好。但是,耐冲击性和耐热性较差,使用寿命约为5年。除普通丙烯树脂板外,还有丙烯硬质塑料板和玻璃纤维增强树脂板等,一般具有高强、轻质、透光性好的特点,使用年限均在7年以上。

利用塑料板材作温室覆盖材料最大的优点是一次建造,多年使用,省工,寿命长,其透光、保温性、抗风雪能力均优于塑料薄膜,是温室覆盖材料的发展方向。

(三) 保温材料的选择

温室的保温材料一般是指不透明覆盖材料,常用的有草苫、纸被和棉被等。

1. 草苫

草苫多采用稻草、蒲草或谷草编制而成,其中稻草苫应用最普遍,一般宽1.5~2 m,厚5

cm，长度一般超过前屋面 1 m 以上，用 5～8 道径打成。草苫材料来源丰富，价格低廉。但保温性一般，寿命较短，而且雨雪天易吸水变潮，降低保温性能，并增大重量，增加卷放的难度，在花卉生产中应酌情选用。

2. 纸被

纸被一般采用 4 层牛皮纸缝制而成，与草苫大小相仿。但由于纸被有几个空气夹层，而且牛皮纸本身热导率低，热传导慢，可明显滞缓室内温度的下降，在严寒的季节应用可弥补草苫保温能力的不足。

3. 棉被

棉被一般采用棉布、包装用布和棉絮缝制而成，保温性能较好，保温能力高于草苫和纸被。但造价高，一次性投资较大。

四、温室内的设施

（一）加温系统

1. 烟道加温

烟道加温一般设置较容易、用费少且燃料消耗少。但温度不易调节，且分布不均，热力供应量小，室内空气干燥，仅适合于在较小温室中采用。

2. 热水加温

热水加温多采用重力循环法，通过热水管加温，一般可借自动调节器来调节温度，温度、湿度均易保持稳定，而且室内温度均匀、湿度较高，最适合于植物的生长发育。但是，当水冷却之后不易使温室温度迅速升高，且热力不及蒸汽力大，一般适用于 300 m^2 以下的温室。

3. 蒸汽加温

蒸汽加温可用于大面积温室，一般加温容易，温度容易调节但分布不均，室内湿度较热水加温的低，易于干燥，近蒸汽管处的植物易受到损伤。另外，蒸汽加温装置费用较大、蒸汽压力较强，要求熟练的加温技术。

4. 热风加温

热风加温系统由加热器、风机和送风管组成，一般在现代化大型温室中使用，并且主要用于低纬度地区做临时加温。其缺点是室温冷热不均，温度容易剧升骤降，需要安装温度自动控制器。

5. 温泉地热加温

温泉地热加温适合于在温泉或地热深井附近建造的温室，可将热水直接泵入温室用以加温，是一种极为经济的加温方法。

6. 酿热物发酵加温

酿热物发酵加温一般是将有机物质埋于培养土下层，利用细菌、真菌、放线菌等微生物活动发酵来提供热能加温，温度可通过有机物质的配比和厚度来控制。相对较粗放，但发酵后的有机物可用来作肥料，而且材料来源广泛、成本低廉。

（二）降温系统

1. 自然降温

自然降温一般采取遮荫、通风、屋顶喷水或屋顶涂白相结合的方法，效果比较显著，也经济实用，如遮荫即可使温室降温 2～3 ℃左右。

2. 机械降温

(1) 压缩式冷冻机制冷　降温效果较好，但是耗能大、费用高，而且制冷面积有限，一般只用于试验研究性温室。

(2) 湿帘降温系统　一般在现代化大型温室中常用，在温室的北墙安装湿帘、南墙安装排风扇，使用时冷水不断淋过湿帘并开动排风扇，随着水的蒸发、吸热及流动而起到降温的作用。但是在空气相对湿度较高的地方水分蒸发困难，降温效果较差。

(三) 光照调节系统

1. 补光

补光主要采用人工光照，通过光源及其密度来控制光质及光强，可用于增加光照时数和光照强度，也可用于调节光周期，从而调节花期、达到周年生产的目的。在温室内安装照明设备时，所有供电线路都必须用暗线，灯罩采用封闭式的，灯头和开关也要选用防水性能好的材料，以防因室内潮湿而漏电。

2. 遮光

遮光主要用于喜阴植物及短日照植物的栽培，常采用覆盖帘子、遮荫网或是屋面涂白、室内外种植藤本植物的方式进行遮光。也可在温室外部或内部覆盖黑色塑料薄膜或外黑里红的布帐，根据不同植物对光照时间的不同要求，在下午日落前几小时放下，以保持一定时间的短日照环境、满足短日照性植物生长发育的需要。

(四) 湿度调节系统

1. 空气湿度

温室内降低空气湿度一般都采用通风法，即打开所有门窗通过空气的流动来降湿。但在雨季室外也处于高温高湿的环境时，则需要用排气扇进行强制通风。温室内提高空气湿度则可采取室内修建储水池、装置人工喷雾设备、室内人工降雨和室外屋顶喷水等方法。

2. 土壤湿度

温室内土壤湿度的调节与花卉栽培相类似，主要包括地表灌水法、底面吸水法、喷灌法和滴灌法等方法。现代化温室多采用滴灌或喷灌，在计算机的控制下，定时定量地供应花卉生长发育所需要的水分，并保持室内的空气湿度，尤其适用于对空气湿度要求大的蕨类、热带兰等专类温室。温室的排水系统，除设天沟落水槽外，还可设立柱为排水管，并在室内设暗沟、暗井，以充分利用温室面积，并降低室内湿度，减少病害的发生。

(五) 附属设备和建筑

1. 通道

观赏性温室的通道一般应适当加宽，约为 1.8～2.0 m，路面可用水泥、方砖或花纹卵石铺设。生产性温室的通道则不宜太宽，以免占地过多，一般为 0.8～1.2 m，多用土路，但永久性温室的路面可适当铺装。

2. 水池

水池可储藏灌溉用水并增加室内湿度，一般可建筑在种植台下，深不超过 50 cm，在观赏温室内的水池可建成观赏性的，配置假山、喷泉和水生植物，并放养一些金鱼，提高观赏性。

3. 种植槽和种植床

(1) 种植槽　在观赏性温室中采用较多，一般用于栽植高大的植物，可限制其营养面积和植物根的伸展，以控制其高度。

(2) 种植床　又称栽培床，是温室内花卉栽培的设施，如用于月季、香石竹、菊花、紫罗兰、百合和鹤望兰等的切花栽培等。与温室地面相平的称为地床，高出地面的称为高床。高床四周一般由砖或混凝土筑成，其中填入培养土或基质。种植床一般土层深厚、易于保持土壤湿润，适合于生产深根性及多年生花卉，而且设置简单、用材经济、投资少、管理方便、节省人力。但通风不良、日照较差，难以严格控制土壤的温度。

4. 台架

台架主要用来摆设盆栽花卉，可以更经济地利用空间，使花卉充分接受光照，使室内通风良好、排水通畅，并易于调节土壤温湿度，台下还可设水池、暖气管或放置耐荫花卉等。一般观赏性温室的台架为固定式，而生产性温室的台架则多为活动式。台架的结构可为木制、钢筋混凝土或铝合金等，有平台和级台两种形式。

(1) 平台　平台一般高 80 cm，宽 80～200 cm，常设于单屋面温室南侧或双屋面温室的两侧，在大型温室中也可设于温室中部。

(2) 级台　在单屋面温室常靠北墙，台面向南，在双屋面温室常设于温室正中。级台可充分利用温室空间，通风良好，光照充足而均匀，适用于观赏性温室。但不便管理，不适于大规模生产。

5. 繁殖床

繁殖床主要用于温室内扦插、播种和育苗等繁殖工作，多采用水泥结构，并常配有自动控温、自动间歇弥雾等装置。以南向采光为主的温室，繁殖床多设于北墙，大小视需要而定，一般宽约 1 m，深约 40～50 cm，其中填入栽培基质即可。

6. 温室的附属建筑

(1) 工作房　花卉生产中有许多细致的室内工作，如盆花的翻盆、上盆与换盆，花卉的嫁接繁殖，切花的分级、包装，种子的分选等，均需在与温室相连的工作房中进行。

(2) 种子房　花卉种类繁多，根据种子储藏的要求设置种子房，以保持种子的生命力。种子房一般要求通风干燥，蔽荫冷凉，最好有空调设备，便于调节储藏温度，还需设有装盛种子的容器和储藏架等。

(3) 晒场　一般选择温室南侧的空旷地段，设一水泥地作为晒场，对盆花用土进行暴晒、消毒，并进行种子采收后的晾晒、干燥等。

(4) 工具材料仓库　花卉生产需要多种工具，包括大大小小的生产工具、机具设备、各种肥料和花盆等，均需要井井有条地储藏于工具材料仓库中，以方便生产利用。

第二节　花卉的其他栽培设施

一、塑料大棚

塑料大棚是采用薄膜覆盖、不加温的简易栽培设施，一般造价低、搭设简便，适合于园林植物的越冬栽培。在夏季还可拆掉薄膜作露地栽培场或覆盖遮光网作荫棚使用。

（一）塑料大棚的规格和类型

塑料大棚的面积一般都在 300 m^2 以上，宽约 10～20 m，长约 30～50 m，中高约 1.8～2.5 m，边高约 1.0～1.5 m，目前多用角钢或圆钢焊接做骨架，并用螺栓连接在钢管或钢筋混凝土柱上，但也可采用竹、木、铝合金或水泥架做骨架，其主要类型如下。

1. 根据屋顶形状分类

与温室相类似，可分为拱圆形塑料大棚和屋脊形塑料大棚两种。其中，拱圆形塑料大棚面积可大可小，可单栋也可连栋，搬迁方便，成本较低；屋脊形塑料大棚多为连栋式，且一般为固定式大棚，可长年使用，如图 4-4 所示。

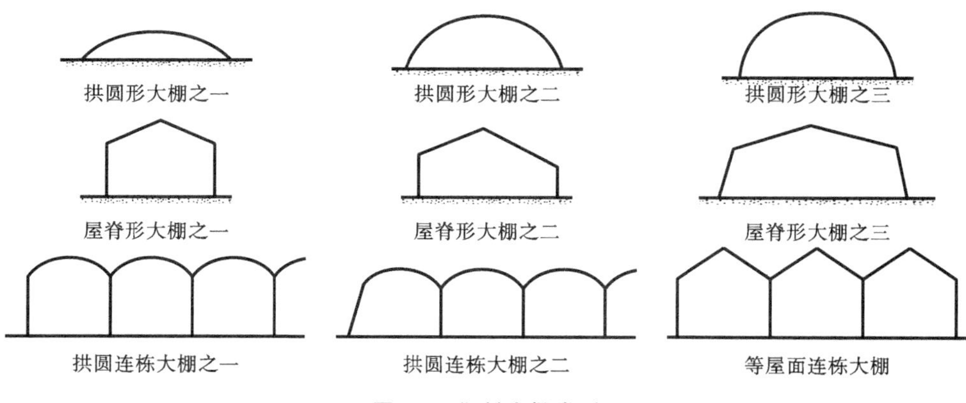

图 4-4　塑料大棚类型

2. 根据大棚结构分类

可分为单栋式大棚和连栋式大棚，建造及应用与温室相类似。

3. 根据骨架材料分类

与温室相类似，可分为竹木结构、钢架混凝土柱结构、钢架结构、钢竹混合结构等。

4. 根据耐久性分类

可分为固定式塑料大棚和简易式塑料大棚。其中，固定式大棚多采用钢管做骨架，可连续使用 2～3 年，且一般面积较大，适合于切花、盆花等的规模化生产；简易式大棚一般采用竹、木、圆钢、铝合金等轻便材料做骨架，搬迁方便，多用于园林植物的扦插繁殖、促成栽培和越冬防寒等。

5. 根据覆盖材料分类

与温室相类似，覆盖材料一般可分为聚氯乙烯薄膜、聚乙烯薄膜和醋酸乙烯薄膜等。其中，聚氯乙烯薄膜覆盖一般适合于长期覆盖栽培；聚乙烯薄膜覆盖一般适合于春季园林植物的提早栽培；醋酸乙烯薄膜覆盖则具有扩张力强、耐污染、无毒、耐气候性强等优点，是比较理想的覆盖材料，但价格相对较高。

（二）塑料大棚的建造与覆盖

塑料大棚的建造与温室相类似，其塑料薄膜的覆盖方式主要包括以下几种。

1. 四块薄膜拼接

四块薄膜拼接方便通风换气，一般适合于比较矮的大棚，主要由两块裙膜和两块棚膜构成。一般裙膜宽约 1.5 m，先在其上部卷入一条绳子并焊接成筒，固定于大棚四周，覆盖在拱架或山墙立柱外侧的下部，下端埋入土中；棚膜上端同样入一条绳子并焊接成筒，固定于大棚顶部，一般上端重合约 10 cm，下端与裙膜重合约 30 cm。

2. 三块薄膜拼接

由两块裙膜和一块棚膜构成，拼接方法同上，适合于比较高大的大棚。

3. 一块薄膜满盖

适合于较小的拱棚，一般覆盖方便，但通风及管理不便。

二、荫棚

（一）荫棚的作用

荫棚是用于遮光栽培的设施，如图 4-5 所示在以盆花生产为主的花场里，荫棚一般应用面积较大，其主要作用如下。

图 4-5　荫棚的构造

(1) 养护荫性和半荫性观赏植物及一些中性植物。

(2) 养护刚刚上盆的或翻盆的苗木和老株。

(3) 养护嫩枝扦插的观赏植物。

(4) 栽培部分露地切花。

(5) 用于夏季花卉栽培的遮荫降温。

（二）荫棚的类型

荫棚的形式多样，大致可分为永久性和临时性两类。

1. 永久性荫棚

永久性荫棚多设于温室近旁，用于温室花卉的夏季遮荫，但在江南地区栽培杜鹃、兰花等喜阴植物时也常设永久性荫棚。永久性荫棚多选择温室近旁不积水且通风良好的地方建造，一般高 2～3 m、宽 6～7 m，用钢管或水泥柱构成，棚架过去多用苇帘、竹帘等覆盖，现多采用遮阳网覆盖，也可采用葡萄、凌霄、蔷薇等攀缘植物遮荫，这样既实用又有自然情趣。但需经常管理和修剪，以调整遮光率，其遮光率应视栽培花卉的种类而定。盆花栽培时应置于花架或倒扣的花盆上，若放置于地面上，则应铺以陶粒、炉渣或粗沙，以利排水，并防止下雨时污水溅污枝叶及花盆。

2. 临时性荫棚

临时性荫棚多用于露地繁殖床和切花栽培，一般较低矮，高度约为 50～100 cm，上可覆盖 2～3 层遮阳网。栽培时一般应逐渐减少覆盖，增强光照，以促进植物的生长发育。

另外，荫棚还可分为生产性荫棚和展览性荫棚，与温室相类似。

（三）荫棚的建造

荫棚的建造与塑料大棚相类似，一般应选在地势高燥、通风和排水良好的地段，以保证雨季棚内不积水，有时还需在棚的四周开小型排水沟。

三、风障

风障是我国北方地区常用的简易保护设施之一，可降低风速、使风障前近地层气流比较稳定。同时，能充分利用太阳辐射能、增加风障前附近的地表温度和气温，并能保持风障前的温度。一般在有风晴天增温效果最显著，无风晴天次之，阴天不显著，距离风障愈近，温度越高。风障还有减少水分蒸发和降低相对湿度的作用，从而相对改善植物的生长环境，常用于二年生花卉的越冬或一年生花卉的露地栽种，也可对新栽植的园林植物进行挡风瓮中保护，以提高移栽成活率。

风障主要由基埂、篱笆和披风三部分组成。篱笆是风障的主要部分，一般高约 2.5～3.5 m，通常采用芦苇、高粱秆、玉米秸和细竹等制成，以芦苇最好。设置时先在地面沿东西向挖宽约 30 cm 的长沟，栽入篱笆，向南倾斜，与地面成 75°～80°，填土压实后在距地面 1.8 m 处扎一横杆，形成篱笆；基埂是风障北侧基部培起来的土埂，通常高约 20 cm，既可固定篱笆，又能增强保温效果；披风是附在篱笆北面的柴草层，用来增强防风、保温的功能，常以稻草、玉米秸为宜，其基部与篱笆基部一并埋入土中，中部用横杆缚于篱笆上，高度约 1.3～1.7 m。两风障之间的距离一般以其高度的 2 倍为宜，由多个风障组成的风障区，则需在风障区的东、南、西三面设围篱，以增强防护功能。

四、冷床与温床

（一）冷床

冷床又称阳畦，不需人工加温，直接利用太阳能，在风障的基础上增加了床框以及床面覆盖物，保温效果更好，多用于秋播花卉的越冬以及春播花卉的提早栽培。

（二）温床

温床在冷床的基础上增加了人工加温设施，多用于温室花卉繁殖、一、二年生草花的提前播种和耐寒性花卉的促成栽培。

温床有单面式、双面式和不等式三种，单面式温床最常见，由床框、床孔及玻璃窗组成。床框一般宽约 1.3～1.5 m、长约 4 m，前框高约 20～25 cm，后框高约 30～50 cm，可做成拆卸式的；床孔是在床框下挖出的空间，大小与床框一致，深度依床内所需温度及酿热物填充量而定；玻璃窗用以覆盖床框，床框及玻璃窗框均应刷以油漆或桐油防腐，也可采用塑料薄膜代替玻璃覆盖。

温床常借助酿热物发酵产生的热量来提高床土温度。但是现在多采用电热加温，电热加温具有调节灵敏、发热迅速、加热均匀、使用方便等优点。电热加温的加热线要选用电阻适中、外包以耐高温塑料绝缘的专用加热线，铺设前先在床底填 10～15 cm 厚的炉渣，其上覆以 5 cm 厚的沙，整平后铺设加热线即可；也可取 2 根与床面长边近等长的木方钉上铁钉、间距 15 cm 平行固定于距床面边 10 cm 的沙面上，使木方上表面与沙面相平，然后将加热线通过铁钉平行铺设在沙面上，最后填入 15 cm 厚的床土进行栽植。此外，还应装置自动调节器以维持所需的温度，若不能达到所要求的温度，床面上还可加以覆盖保温。

五、地窖

地窖又称冷窖，是园林植物冬季防寒越冬的临时性保护场所，在我国北方地区应用较多。地窖具有保温性能较好、建造简便易行的特点，常用于不能露地越冬的宿根、球根、水生及木本花卉等的保护越冬。

地窖通常深约 1～1.5 m、宽约 2 m，一般应设于避风向阳、光照充足、土层深厚、地下水位较低的地段。根据其与地表的相对位置，可分为地下式和半地下式两类。地下式保温性能较好，但窖内较低，不便管理，通常建成死窖；半地下式窖内较高，常设门，管理方便，通常建成活窖。窖顶有人字式、平顶式和单坡式 3 种形式，通常采用木料做支架，上覆高粱秆或玉米秸、稻草等，厚度约 10～15 cm，再覆土封顶，一般开始时覆土宜薄，随气温降低应逐渐加厚，大雪后应注意及时清扫。地窖最低温度一般应高于 0 ℃，园林植物在出入地窖前应进行锻炼，以免造成伤害。

六、其他设施

(一) 冷库

冷库是指人为地调低温度以储藏种子、球根、鲜花等花卉产品的设施，通常保持 0～5 ℃的低温，或按需要调节温度，多用于花卉的促成和抑制栽培，也用于鲜切花的保鲜。冷库大小可视生产规模和应用目的而定，最好设内、外两间，内间为低温储藏间，保持 0～5 ℃；外间为缓冲间，保持 10 ℃左右，在将花卉出入时可避免温度骤变的伤害。同时也可用于催延花期。

(二) 小拱棚

小拱棚是利用塑料薄膜和竹竿、毛竹片等易弯成弓形的支架材料做成的低矮保护设施，一般高约 1 m，长宽视栽培需要而定。小拱棚一般结构简单、体形较小、取材方便、负载轻、搬迁方便，棚内温度随环境温度的变化而变化，且变化幅度较大，多用作临时性栽培的简单保护设施。

第三节 花卉栽培常用工具

一、花盆

花卉栽培的容器也称花盆，为了满足盆栽花卉在生产、观赏和陈设时的不同需要，花盆的外形、质地和大小等有许多不同的类型，在生产时应注意选择。

(一) 根据质地分类

1. 素烧盆

素烧盆俗称瓦盆，以黏土烧制，有红盆和灰盆两种，通常为圆形，盆底或两侧留有小洞孔，以排除多余水分，而且通气性能良好，价格便宜，是花卉生产中常用的容器。但是，其制作较为粗糙，易生青苔，色泽不佳，欠美观，且易碎，运输不便，不适于栽植大型花木。

2. 陶瓷盆

陶瓷盆由高岭土烧制而成，外形多样，上釉者称为瓷盆，不上釉者称为陶盆，多为紫褐色或赭紫色，具有一定的排水、通气性。陶瓷盆盆底或侧面通常留有小洞，以利排水，但进行水培则无洞；一般带有彩色绘画，外形美观。但通气透水性不良，不适于花卉栽培，一般作套盆或短期观赏用，适于室内装饰及展览。

3. 木盆或木桶

木盆和木桶由木料与金属箍、竹箍或藤箍圈制而成，形状一般上大下小，以圆形为主，也可制成方形或长方形；盆的两侧一般设把手，以便搬动；盆下设短脚，或垫以砖或木块，以免盆底直接着地而腐烂；用材宜选择质坚而又不易腐烂的红松、栗杉木、柏木等，外部刷油漆，内面用防腐剂涂刷，盆底设排水孔；多用作栽植高大、浅根性观赏花木，如棕榈、南洋杉、橡皮树、桂花等，但木质易腐烂，使用年限较短。

4. 紫砂盆

紫砂盆形式多样，有圆、正方、长方、椭圆形、六角形、梅花形等；质地有紫砂、红砂、白砂、乌砂、春砂、梨皮砂等种类；一般造型美观，外部常有刻字装饰，古朴大方，色彩调和。但是，其透气性能稍差，多用来养护室内名贵盆花以及栽植盆景。

5. 塑料盆

塑料盆一般形状各异，色彩多样，外形美观，轻便耐用，携带方便。但是，其排水和透气性不良，在生产中可通过改善培养土的物理性状、使之疏松通气来克服；塑料花盆一般为圆形，高腰、矮三脚或无脚，底部或侧面留有孔眼，以利浇灌吸水及排水，也可不留孔作水培或套盆用；在家庭或展览会上，可在底部加一托盘，承接溢出水。也可用塑料花盆种植花卉，吊挂在室内作装饰，或在苗圃中制成不同规格的育苗塑料盘，也称为穴盘，非常适于花卉种苗的工厂化生产。

6. 纸盆

纸盆一般仅供培养幼苗时用，特别适合于不耐移栽的花卉育苗，如香豌豆、香矢车菊等，在定植时可直接移栽。

7. 金属盆和玻璃盆

金属盆和玻璃盆多用于水培、种植水生花卉植物或实验室栽培。

（二）根据用途分类

1. 水养盆

水养盆专门用于水生花卉或水培花卉的栽培，一般盆底无排水孔，盆面阔大而较浅，球根水养多采用陶制或瓷制的浅盆，风信子栽培也可采用特制的风信子瓶。

2. 兰盆

兰盆专门用于气生兰以及附生蕨类植物的栽培，一般盆壁有各种形状的孔洞，以便空气流通，也常采用各种形状的竹篮或竹框代替。

3. 盆景盆

盆景盆主要分为树桩盆景盆和水石盆两类。树桩盆底部有排水孔，形状多样，有方形、长方形、圆形、椭圆形、八角形、扇形、梅花形、菱形等，一般色彩丰富、古朴大方。水石盆底部无孔，一般为浅口盆，形状以长方形和椭圆形为主；盆景盆的质地除泥、瓷、釉和紫砂外，还有水泥、石质等。一般以洁白、质细的汉白玉和大理石为上品，多用以制成长方形、椭圆形浅盆，适合于水石盆景使用。

二、其他栽培工具

（一）花卉生产工具

1. 浇水壶

浇水壶有喷壶和浇壶两种，喷壶一般用来为花卉枝叶淋水除去灰尘，增加空气湿度。喷嘴有粗、细之分，可根据花卉种类及其生长发育阶段、生活习性等灵活取用；浇壶不带喷嘴，直接将水浇在盆内，一般用来浇肥水。

2. 喷雾器

喷雾器一般用于防虫、防病时喷洒药液，或作温室小苗喷雾、以增加湿度，或作根外施肥、喷洒叶面等等。

3. 修枝剪

修枝剪一般用以整形修剪、以调整株形，也可用作剪截插穗、接穗和砧木等。

4. 嫁接刀

嫁接刀用于嫁接繁殖，有切接刀和芽接刀之分。切接刀一般选用硬质钢材，是一种有柄的单面快刃小刀；芽接刀一般较薄，刀柄的一端带有一片树皮剥离器。

5. 切花网

切花网一般用于切花栽培，以防止花卉植株倒伏，通常采用尼龙制成。

6. 遮阳网

遮阳网又称遮荫网、寒冷纱等，是高强度、耐老化的新型网状塑料覆盖材料，具有遮光、降温、防雨、保湿、抗风及避虫防病等多种功能。在生产中应根据花卉种类选择不同规格的遮阳网，以调节、改善花卉的生长环境，实现生产优质花卉的目的。

7. 覆盖物

覆盖物一般用于冬季防寒，如草帘、无纺布制成的保温被等，覆盖于栽培设施的屋顶，与屋面之间形成防热层，以有效地保持室内温度，保证花卉的正常生长发育。

8. 塑料薄膜

塑料薄膜主要用来覆盖温室和塑料大棚等，具有质轻、柔软、容易造型、价格低的优点，适合于大面积覆盖。塑料薄膜种类繁多，有聚氯乙烯薄膜、聚乙烯薄膜和聚氟乙烯薄膜等。在生产中应根据不同的栽培设施、栽培季节和花卉种类采用不同的薄膜。

此外，花卉栽培过程中还需要竹竿、棕丝、铝丝、铁丝、塑料绳等用于绑扎支柱，还有各种标牌、温度计和湿度计等器材。

（二）花卉生产机具

现代化花卉生产中机具的应用越来越多，常用的有播种机、球根种植机、上盆机、穴盘播种机、收球机、球根清洗机、球根分级机、切花去茎去叶机、切花分级机、切花包装机、盆花包装机、温室计算机控制系统和花卉冷藏运输车等。

复习思考题

1. 常见的保护地栽培设施主要有哪些？各有何特点？
2. 列举温室的常见类型。

3. 温室加温、保温和降温的设施主要有哪些?

4. 温室光照调节的设施主要有哪些?

5. 温室湿度调节的设施主要有哪些?

6. 简要说明温室的设计与建造要求。

7. 简要说明塑料大棚的特点及其覆盖方法。

8. 简述荫棚在保护地栽培中的作用。

9. 简述花卉栽培容器的类型及其特点。

10. 列举花卉栽培的常用工具与机具。

实训六　花卉栽培设施的使用与维护

一、目的要求

通过调查公园及各花卉生产基地的栽培设施,熟悉花卉栽培设施的种类与使用、维护方法,了解当地花卉栽培设施的应用现状,并学会使用与维护。

二、材料及地点

1. 实训材料:公园及生产基地的花卉栽培设施与设备等。

2. 实训地点:当地公园及各生产基地。

三、实训内容

通过教师现场讲解各种栽培设施的类型、特点以及使用与维护等,指导学生学习掌握并进行示范性操作与维护。

1. 调查:对栽培设施种类进行调查,并了解其类型及应用特点。

2. 观察:观察栽培设施的设计、建造、内部的设施、设备以及附属设施等等。

3. 操作:对栽培设施进行示范性操作与维护。

四、实训结果

对所识别的花卉栽培设施进行总结,并概括当地花卉栽培设施的使用与维护特点。

第五章　花卉的栽培

第一节　露地花卉的栽培

露地花卉栽培是指将花卉直播或移栽到露地栽培的方式。露地花卉又称地栽花卉，整个生长发育至开花的过程是在露地完成，冬季不加保护设施而自然越冬。露地花卉种类繁多，主要指用于花坛、花镜及园林绿地的花卉，包括一、二年生花卉、宿根花卉、球根花卉及园林绿地栽植的各类木本花卉。

一、露地花卉的特点

（1）露地花卉种类繁多，各类花卉有不同的生态习性，对环境条件要求各异。所以，要根据各地的气候等条件确定适当的栽培季节与栽培方式。

（2）露地花卉生理现象符合自然气候特点，表现为夏季生长发育，秋冬季种子成熟和落叶休眠。

（3）露地花卉适应性强，能自行调节水、肥、温、气等栽培条件，管理粗放，栽培容易。

（4）露地花卉在园林绿地应用中，既能直播又能移栽，利用率高，能长期展示观赏效果。

二、露地花卉栽培方式

（一）直播栽培

将种子或其他繁殖材料直接播种于花坛或花池内而生长发育至开花的过程称直播栽培。

（二）育苗移栽

先播种培育花卉幼苗，长至成苗后，按要求定植到花坛、花池或各种园林绿地中的过程称育苗移栽。

三、露地花卉管理措施

（一）整地做畦

整地的目的在于改良土壤的物理结构，使其具有良好的通气和透水条件，便于根系伸展，还能促进土壤分化，有利于微生物活动，从而加速有机肥分解，便于花卉的吸收利用。同时，还可将土壤中的病菌及害虫等翻于地表，经日晒及严寒而杀灭，有预防病虫害发生的效果。

整地深度是由花卉的种类和土壤状况而决定的，一、二年生花卉的生长期短，根系分布浅，一般深耕 20 cm 左右即可；球根花卉由于地下部分肥大，对土壤的要求较严格，需深耕 30 cm左右；宿根花卉根系较大，需深耕 40～50 cm。另外，整地深度也因土壤质地不同而有差异，一般沙土宜浅耕，黏土宜深耕。

花卉在圃地栽培时多用畦栽方式，各地区由于降雨量不同，又有高畦和低畦之分。高畦高出地面20～30 cm，以便排水，宽度为100 cm，畦两边排水沟兼作步道，宽度为50 cm左右。低畦的畦面低于畦梗10～20 cm，畦面宽100～120 cm，畦梗宽30 cm左右，低畦有利于灌水保湿。

（二）间苗

主要指播种苗而言，播种后出苗稠密，影响幼苗健壮生长时，应进行间苗，以扩大株距，保证花苗有足够的空间和营养面积，利于透风透光，防止幼苗徒长，减少病虫害发生。还可结合间苗选优去杂，间苗应在子叶发出后分数次进行。

（三）移植

露地花卉，除去不宜移植而进行直播的花卉外，大都是先在苗床育苗，经分苗和移植后，最后定植于花坛或花圃中。移植有两种情况：其一，幼苗栽植后不再移植，称为“定植”；其二，栽植后经一定时期的生长，还要再行移植者，称为“假植”。移植包括起苗和栽植两个步骤。

1. 起苗

起苗应在土壤湿润状态下进行。裸根移植的苗，用手铲将苗带土掘起，然后将根群附着的土块轻轻抖落，勿将细根拉断或使受伤，随即进行栽植。带土移植的苗，先用手铲将苗四周铲开，然后从侧下方将苗掘出，保持完整的土球，勿令破碎。有时为保持水分的平衡，在苗起出后，可摘除一部分叶片以减少蒸腾。

2. 栽植

栽植方法可分为沟植法与穴植法。沟植法是依一定的行距开沟栽植；穴植法是依一定的株行距掘穴或以移植器打孔栽植。栽植距离依花卉种类的不同而异。栽植完毕后，以细喷壶充分灌水，定植大苗常采用畦面漫灌的方法。第一次充分灌水后，在新根未生出前，亦不可灌水过多，否则根部易腐烂。小苗组织柔弱，根系较小而地上部分蒸腾量大，移植后数日应遮住强烈日光，以利恢复生长。移植最好在无风的阴天或降雨之前进行。

（四）灌溉

露地花卉灌溉的方法可分为地面灌溉、地下灌溉、喷灌及滴灌等。

灌溉用水以软水为宜，避免使用硬水，最好用河水，其次是池塘水和湖水，不含碱质的井水亦可利用。小面积灌溉亦可利用自来水，但费用较高，常用于花坛及草坪灌溉。

灌水量及灌水次数，依季节、土质及花卉的种类不同而异。夏季及春季干旱时期，应有较多次的灌水。一、二年生花卉及球根花卉容易干旱，灌溉次数应较宿根花卉为多，轻松土质如沙土及沙质壤土的灌溉次数，应比其他较为黏重的土质为多。

灌水时间因季节而异。夏季高温季节，宜在清晨或傍晚灌水，以减少水与土壤之间的温差，对花卉的根系有保护作用。冬季宜中午前后灌水。

（五）施肥

1. 肥料的种类及施用量

花卉不同种或品种，对于肥料的要求亦不一样。一般草花类与球根类的施肥量大致如表5-1所示。各种肥料的具体施用量，可按其中含有的各项营养成分算出。

表 5-1 花卉的施肥量(kg/100 m²)

肥料 / 花卉类别	N(氮肥)	P_2O_5(磷肥)	K_2O(钾肥)
草花类	0.94～2.26	0.75～2.26	0.75～1.69
球根类	1.50～2.26	1.03～2.26	1.88～3.00

2. 施肥的方法

花卉的施肥可分基肥和追肥两大类。

(1) 基肥 一般常以厩肥、堆肥、油饼或粪干等有机肥料作为基肥。基肥对改进土壤的物理性质有重要的作用。厩肥及堆肥多在整地前翻入土中,粪干及豆饼等则在播种或移植前进行沟施或穴施。目前花卉栽培中已普遍采用无机肥料作为部分基肥,与有机肥料混合施用。基肥与追肥的施用量相比较,基肥中的氮、磷、钾的总量宜多于追肥。而宿根花卉和球根花卉则要求更多,在 100 m² 地面上,宜施厩肥 113～225 kg。以化学肥料作基肥时,应注意三种主要肥分的配合,可在整地时混入土中。但不宜过深,亦可在播种或移植前,沟施或穴施,上面盖一层细土,再行播种或栽植。目前,国外多用颗粒状化学肥料作基肥,肥分在土壤中可以缓慢释放。大致施肥量如表 5-2 所示。

表 5-2 花卉的基肥施用量(kg/100 m²)

肥料 / 花卉种类	硝酸铵	过磷酸钙	氯化钾
一年生花卉	1.2	2.5	0.9
多年生花卉	2.2	5.0	1.8

(2) 追肥 在花卉栽培中,为补充基肥的不足,满足花卉不同生长发育时期对营养成分的需求,常进行追肥。一、二年生花卉在幼苗时期的追肥,主要是为了促进茎叶的生长,氮肥成分可稍多一些。但在以后的生长期间,磷、钾肥应逐渐增加。生长期长的花卉,追肥次数应较多一些。多年生花卉(宿根与球根)追肥次数较少,一般追肥 3～4 次,第 1 次在春季开始生长后;第 2 次在开花前;第 3 次在开花后;秋季叶枯后,在株旁补以堆肥、厩肥、豆饼等有机肥料,进行第 4 次追肥。一些开花期长的花卉,如美人蕉、大丽花等,在开花期间亦应适当给予追肥。

追肥除常用粪干、粪水及豆饼外,亦可施用化学肥料,各种肥分施肥量的配合,依花卉种类不同而异。大致施肥量如表 5-3 所示。

表 5-3 花卉的追肥施用量(kg/100 m²)

肥料 / 花卉种类	硝酸铵	过磷酸钙	氯化钾
一年生花卉	0.9	1.5	0.5
多年生花卉	0.5	0.8	0.3

追肥的施用方法依肥料种类及植株生长情况而定。植株较大、距离较远,施用粪干或豆饼时,可采用沟施或穴施;施用人粪尿或化学肥料时,常随水冲施;化学肥料亦可按株点施,

或按行条施，施后灌水。

（六）防寒越冬

我国北方冬季寒冷，冰冻期又长，露地生长的花卉采取防寒措施才能安全越冬。

1. 覆盖法

在霜冻来到之前，在畦面上覆盖干草、落叶、马粪、草帘等，直至翌年春晚霜过后去除覆盖物。

2. 培土法

冬季将地上部分枯萎的宿根、球根花卉或部分木本花卉，壅土压埋或开沟覆土植物茎进行防寒，待春暖后将土扒开，使其继续生长。

3. 熏烟法

当低温来临或霜冻来临时，在圃地面点燃干草或木锯末粉发烟能减少地面散热，防治地温下降，也可使气温升高，防止霜冻。

4. 灌水法

在严冬来临之前灌冬水后能提高土壤导热量，使深土层的热量容易传导到地面，从而提高近地表空气温度。

四、花卉修剪技术

通过修剪可使花卉植株枝叶生长均衡，协调丰满，花繁果硕，有良好的观赏效果。修剪包括摘心、抹芽、折枝捻梢、曲枝、剥蕾、修枝等。

（一）摘心

摘除枝梢顶芽称为摘心。摘心可促进分枝生长，增加枝条数目，以达到花繁株密的目的。幼苗期间早行摘心促进分枝，可使全株低矮，株丛紧凑。摘心可以抑制枝条徒长，如菊花摘心后，可使枝条充实；牵牛花摘心后，可促使早生花蕾等。但是，花穗长而大或自然分枝力强的种类则不宜摘心，如鸡冠花、凤仙花、罂粟类、紫罗兰、麦秆菊等。

（二）去芽

去芽的目的在于剥去过多的腋芽，限制枝数的增加和过多花朵的发生，使所留的花朵充实，大而美，如菊花和大丽花在栽培中过多的腋芽须及时除去。

（三）折梢及捻梢

“折梢”是将新梢折曲，但仍连而不断；“捻梢”是将枝梢捻转。两者的目的均为抑制新梢的徒长，而促进花芽的形成，牵牛、茑萝可用此法。将新梢切断时，常使下部腋芽受刺激而萌动抽枝，起不到抑制徒长的作用。

（四）曲枝

为使枝条生长均衡，将生长势强的枝条向侧方压曲，弱枝则扶持直立，可得抑强扶弱的效果。大立菊整形时常用此法。

（五）去蕾

通常指除去侧蕾而留顶蕾，以使顶蕾开花美大。芍药、菊花、大丽花等常用此法。此外，为使球根肥大，在球根生产过程中，常将花蕾除去，不使其开花，以免消耗养分。

（六）修枝

剪除枯枝、病虫害枝、位置不正而扰乱株形的枝、开花后的残枝等，改善植株通风透光条件，减少养分的消耗。

五、露地球根花卉栽培管理要点

球根花卉栽培地不能有积水，否则球根易腐烂。栽培球根花卉所施用的有机肥必须充分腐熟，否则会导致球根腐烂。磷肥对球根的充实及开花极为重要，常用骨粉与其他肥料混合一起作基肥，钾肥需量中等，氮肥不宜过多。在我国南方及东北等地土壤呈酸性反应的地区，还需施用适量的石灰加以中和。

球根栽植的深度因土质、栽植目的及种类不同而异。黏重土壤栽植应略浅，疏松土壤可略深。为繁殖而要多生子球，或每年掘起采收的球根，栽植宜稍浅；如需开花多和大，或准备多年采收的，可略深。栽植深度，大多数为球高的 3 倍。但晚香玉及葱兰以覆土至球根顶部为适度；朱顶红需要将球根的 1/4～1/3 露于土面之上；百合类的多数品种，要求栽植深度为球高的 4 倍以上。球根较大或数量较少时，常采取穴栽的方式；球小而量多时，多开沟栽植，穴或沟底要平整，不宜过于狭窄而使球根底部悬空。床土在整地后应适当予以镇压，使栽后不致下陷，如需在穴或沟中施基肥，应适当增加穴或沟的深度，撒入基肥后，应覆上一层园土后再栽植球根。

株行距视植株大小而异，如大丽花为 60～100 cm，风信子、水仙为 20～30 cm，葱兰、番红花等仅为 5～8 cm。

球根花卉栽培管理的要点除上述各点以外，尚有如下几点注意事项。

(1) 球根栽植时应分离侧面的小球，另行栽植，以免分散养分致使开花不良。

(2) 球根花卉的多数种类，因吸收根少且脆嫩，碰断后不能再生新根，故球根一经栽植后，在生长期不可移植。

(3) 球根花卉大多叶片甚少或有固定叶数，栽培中应注意保护，避免损伤，否则影响养分的吸收与合成，不利于开花和新球的成长，也有碍观赏。

(4) 切花栽培时，在满足切花长度要求的前提下，剪取时应尽量多保留植株的叶片。

(5) 开花后应及时剪除残花不使结实，以减少养分的损耗，有利于新球的充实。在球根生产栽培中，看见花蕾发生就立即除去，不使其开花。对枝叶稀少的球根花卉，花梗常予以保留，因为花梗还可合成一些养分，供给新球的生长。

(6) 开花后正值地下新球膨大充实之际，须加强水肥的管理。

六、露地花卉介绍

（一）一串红

一串红，又称墙下红、撒尔维亚、爆竹红、西洋红，唇形科、鼠尾草属，原产于南美巴西，现世界各地广泛栽培。

1. 形态特征

茎直立，光滑，多分枝，有四棱，高 30～80 cm。叶对生，卵形至心脏形，叶柄长 6～12 cm，先端渐尖，叶缘有锯齿。顶生总状花序，有时分枝达 5～8 cm，花 2～6 朵轮生，花瓣唇形，苞片红色，萼钟状 2 唇、宿存，与花冠同色；花冠唇形有长筒伸出萼外。花有鲜红、粉红、

图 5-1　一串红

紫、淡紫、白等色。花期 7 月至 10 月。种子生于萼筒基部，成熟种子为卵形浅褐色，种子千粒重 2.8 g。如图 5-1 所示。

2. 生态习性

喜温暖和阳光充足环境，不耐寒，耐半阴，忌霜雪和高温，怕积水和碱性土壤，喜向阳和疏松肥沃土壤。

3. 繁殖方法

(1) 播种繁殖的播种期以开花期而定，在 3 月下旬至 6 月均可进行，北京地区"五一"用花需温室秋播；"十一"用花可早春 2 月下旬或 3 月上旬在温室或阳畦中播种。每克重的种子有 260～280 粒。种子发芽喜弱光，覆土不要过厚，发芽适温为 21～23 ℃，播后 10 d 发芽。

(2) 扦插繁殖以 5 月至 8 月为好，可结合摘心剪取枝条先端 5～6 cm 的枝段进行嫩枝扦插，保持株距 4～5 cm，温度 20 ℃左右，庇荫养护，10 d 左右发根，20 d 后分苗上盆，正常生长30～40 d 即可开花。

4. 栽培管理

(1) 播种苗具 2 片真叶或叶腋间长出新叶的扦插苗应及时盆栽。传统栽培中用摘心来控制花期、株高和增加开花数。

(2) 幼苗移栽后，待生出 4 片真叶时进行第一次摘心，促使分枝。生长过程中需进行 2～3 次摘心，使植株矮壮，茎叶密集，花序增多。但最后一次摘心必须在盆花上市前 25 d 结束。盆栽一串红，盆内要施足基肥。生长前期不宜多浇水，可两天浇一次，以免叶片发黄、脱落。进入生长旺期，可适当增加浇水量，开始追肥，每月施 2 次，见花蕾后增施 2 次磷钾肥，可使花开茂盛，延长花期。每次摘心后应施肥，用稀释 1500 倍的硫铵，以改变叶色，效果好。

(3) 地栽一串红时，株行距要保持 30 cm。夏初开花后的植株可做强修剪，9 月上旬又可长成新枝再次开花。在生长旺季除防止干旱及时浇水外，应每隔 15 d 左右追施 1 次有机液肥。如果保留母株作多年培养，应在 10 月上旬进行重剪，然后移入高温温室。

(4) 一串红种子成熟变黑后会自然脱落。因此，应在花冠开始退色时把整串花枝轻轻剪取下来，晾晒，种子晒干后要妥善保管，防止鼠害。

5. 园林用途

宜植于花坛、花境，也可作盆栽。

(二) 矮牵牛

矮牵牛，又称碧冬茄、草牡丹、灵芝牡丹，茄科、碧冬茄属，原产于南美，现各地区广为栽培。

1. 形态特征

图 5-2　矮牵牛

矮牵牛为一年生或多年生草本。株高 10～60 cm，全株被腺毛，茎稍直立或倾卧，叶片卵形，全缘，近无柄，互生，嫩叶略对生。花单生于叶腋或枝端。花萼五裂，裂片披针形，花冠漏斗形，花瓣有单瓣、重瓣、半重瓣。瓣缘皱褶或呈不规则锯齿。花径 5～8 cm，花色丰富有白、红、粉、紫及中间各种花色，还有许多镶边品种等。蒴果尖卵形，二瓣裂，种子细小，千粒重 0.16 g。如图 5-2 所示。

2. 生态习性

性喜阳光充足、温暖、湿润的气候和通风良好的环境条件；喜疏松肥沃的微酸性土壤；不耐高温、干旱，忌荫蔽，忌涝，生长适温为 18～28 ℃。

3. 繁殖方法

以播种繁殖为主，也可扦插育苗。

播种繁殖可春播也可秋播。播种时间因气候及开花日期而有变化。北方地区以冬、春季节在温室播种为主。如 5 月需花，应于 1 月温室播种；10 月用花，需在 7 月播种。矮牵牛种子细小，每克种子有 9000～10000 粒；播后不需覆土，轻压一下即行；发芽适温为 20～22 ℃，约 10 d 左右发芽。当出现真叶时，室温以 13～15 ℃为宜。南方地区则以夏末、初秋播种，冬、春开花应用。

对于不易收到种子的品种可用扦插繁殖。扦插育苗在 5 月至 6 月和 8 月至 9 月成活率高。适宜用母株剪掉老枝后根际新萌的嫩枝作插穗。

4. 栽培管理

(1)一般当播种苗出苗后，有 2～4 片真叶时需移植一次，有 6～8 片真叶时即可上盆，用 10～14 cm 直径盆。需摘心的品种，在苗高 10 cm 时进行。促使侧枝萌发，增加着花量。露地定植株距 30～40 cm。

(2) 上盆初期，气温保持在 18～20 ℃，随后可以降至 12～16 ℃。温度低有利于植株的养分积累，使其基部分枝增多。生长初期可以适当多给水分，但在出圃前一周左右宜保持干燥，防止徒长。矮牵牛需要在长日照条件下开花，短日照会抑制花芽分化，可提供 13 h 的日照长度。当光照较弱、日照较短时，补充光照会有利于开花。

(3) 为使植株根系健壮和枝叶茂盛，应注意适量施肥。生长季节应每 15～20 d 施 1 次稀薄的饼肥水。开花期间需多施含磷钾的液肥，使之开花不断。

(4) 矮牵牛在夏季高温、多湿条件下，植株易倒伏，注意修剪整枝，摘除残花，达到花繁叶茂。

(5) 矮牵牛在市场调运过程中，要防止风吹，以免造成茎叶脱水、花朵吹裂，影响盆花质量。集装箱运输时，在装箱前除盆内浇足水外，在上市前 15 d 喷洒 0.2～0.5 mol/L 硫代硫酸银，可抑制盆栽植物乙烯产生，减少花朵脱落。

5. 园林用途

适宜布置花坛，也可用于盆栽或做切花。

（三）三色堇

三色堇，又称人面花、猫脸花、阳蝶花、蝴蝶花、鬼脸花，堇菜科、堇菜属，原产于欧洲，现世界各地均有栽培。

1. 形态特征

三色堇为多年生草本，作二年生栽培，北方常作一年生花卉栽培。植株高 10～30 cm，茎光滑，分多枝。叶互生，茎生叶，披针形，具钝圆状锯齿，基生叶卵形，有叶柄，叶基部羽状深裂，托叶宿存。花大、腋生、下垂、花瓣 5 枚。花冠呈蝴蝶状，花色通常为黄、白、紫三色，或单色还有纯白、浓黄、紫堇、蓝、青、古铜色等。花形美，花色鲜艳，花期 3 月至 8 月。蒴果椭圆

形，呈三瓣裂，种子倒卵形，果熟期5月至7月，种子千粒重1.16 g。如图5-3所示。

图5-3　三色堇

2. 生态习性

喜欢比较凉爽的气候，较耐寒，不耐暑热。要求有适度的阳光照晒，能耐半阴，要求肥沃、疏松的沙质壤土。

3. 繁殖方法

通常秋天播种。

4. 栽培管理

喜肥，生长期间薄肥勤施，注意排水防涝。

5. 园林用途

宜植于花坛、花境、花池，也可盆栽或做切花。

（四）羽衣甘蓝

羽衣甘蓝，又称叶牡丹、花包菜，十字花科、芸薹属，原产于西欧，现各地普遍栽培。

1. 形态特征

二年生草本植物，无分枝，株高可达30～60 cm，叶平滑无毛，呈宽大匙形，且被有白粉，外部叶片呈粉红、蓝、绿色，边缘呈细波状皱褶，内叶的叶色极为丰富，通常有白、粉红、紫红、乳黄、黄绿等颜色。叶柄比较粗壮且有翼。总状花序着生茎顶，花葶比较长，有小花20～40朵。花期4月。长角果，细圆柱形，种子球形，千粒重1.6 g。如图5-4所示。

图5-4　羽衣甘蓝

2. 生态习性

喜冷凉温和气候，耐寒，苗期较耐高温，冬季耐寒、耐冻；喜阳光充足；极喜肥，生长期间必须有充足的肥料才能生长良好。对土壤适应性强，以耕层深厚、土质疏松肥沃、有机质丰富的壤土为好。气温低，叶片更好看，只有经过低温春化的羽衣甘蓝才能结球良好，次年抽薹开花。

3. 繁殖方法

羽衣甘蓝常用播种繁殖，不同种类可春播和秋播。北方春播1月至4月在温室播种，南方8月秋播。覆土要薄，以盖住种子为度。种子发芽的适宜温度为20～25 ℃，4～6 d可发芽，播后3个月即可观赏。

4. 栽培管理

苗床播种苗一般在长出4～5片真叶时分苗一次，6～8片真叶时可定植或上盆。花坛定植株行距为30×30 cm，定植后要充分给水。不耐涝，雨季应注意排水。叶片生长过密可适当剥离外叶。

5. 园林用途

宜植于花坛、花境，也可用做盆栽。

（五）芍药

芍药，又称将离、婪尾春、余容、犁食、没骨花，芍药科、芍药属，原产于中国北部、日本及西伯利亚，现世界各地广为栽培。

1. 形态特征

多年生宿根草本，茎丛生高 60～120 cm。具粗壮肉质纺锤形的块根，并于地下茎产生新芽，新芽于早春抽出地面。初出叶红色，茎基部常有鳞片状变形叶，基下部为二回三出羽状复叶，枝梢部分成单叶状，小叶通常三深裂、椭圆形、狭卵形至披针形，全缘，单花着生枝端或顶部 2～3 叶腋处。有长花梗及叶苞片、苞片三出，花瓣白、粉、红、紫等，花期 4—5 月。蓇葖果，种子多数呈球形黑色。如图 5-5 所示。

图 5-5 芍药

2. 生态习性

适应性强，耐寒健壮，我国各地均可露地越冬。忌夏季炎热酷暑，喜阳光充足，也耐半阴；要求土层深厚、肥沃而又排水良好的沙壤土。北京地区 3 月底到 4 月初萌芽，4 月上旬现蕾，10 月底至 11 月初地上部枯死，在地下茎的根颈处形成芽，芽以休眠状态越冬，次年春回大地即出土开花。

3. 繁殖方法

芍药可通过分株、扦插及播种繁殖，通常以分株繁殖为主。

(1) 分株常于 9 月初至 10 月下旬进行，不能在春季分株，我国花农有"春分分芍药，到老不开花"的谚语。分株时先将根丛掘起，阴干 1～2 d 再顺纹理切开，每株丛需带 2～5 个芽，在伤口处涂以草木灰，放背阴处稍阴干待栽。切花或花坛应用时 6～7 年分株一次。

(2) 根插可将根分成 5～10 cm 切段，种于苗圃，覆土 5～10 cm，注意上下不能颠倒，浇透水，次年萌发新株；枝插是在春季花前两周，选成熟新枝，取中部充实的部分剪段，每段带两个芽，沙藏于沙床中，保湿遮荫，一般 30～45 d 可生根，第二年春萌芽后定植。

(3) 播种繁殖常用于培育新品种，种子成熟后随采随播，也可短期沙藏。当年秋播，翌年春出土，精心培育可 4～5 年开花。

4. 栽培管理

(1) 定植宜选阳光充足、土壤疏松、土层深厚、富含有机质、排水通畅的场地。定植前深耕，花坛种植株行距为 70×90 cm，田间栽培株行距为 50×60 cm，注意根系舒展，覆土时应适当压实。

(2) 芍药喜肥，每年追肥 2～3 次。第一次在展叶现蕾期；第二次于开花后；第三次在地上枝叶枯黄前后。开花前将侧蕾摘除，开花后应立即剪去残枝。高型品种做切花栽培易倒伏，需设支架或拉网支撑。

(3) 芍药促成栽培可于冬季和早春开花，抑制栽培可于夏、秋开花。肉质根株丛，应于秋季休眠期挖起，储藏在 0～2 ℃冷库中，用潮湿的泥炭或其他吸湿材料包裹保护，适期定植。切花在花蕾未开放时剪切，水养在 0 ℃条件下可储藏 2～6 周。

5. 园林用途

常布置专类园，配置花境，也可做切花。

(六) 大丽花

大丽花，又称大丽菊、天竺牡丹、大理花、西番莲，菊科、大丽花属，原产于墨西哥、哥伦比亚、危地马拉等国，现在世界各地广泛栽培。

图 5-6 大丽花

1. 形态特征

多年生草本，地下部分具粗大纺锤状肉质块根。茎高为 40～150 cm，中空直立或横卧，光滑，多分枝。叶对生 1～2 回羽状分裂，裂片卵圆形或椭圆形，边缘有粗钝锯齿，表面深绿色，背面灰绿色。头状花序生于枝端具总长柄，外周舌状花中性或雌性，总苞片鳞片状，两轮，外轮小多呈叶状。瘦果黑色，长椭圆形。如图 5-6 所示。

2. 生态习性

原产于墨西哥及危地马拉海拔 1500 m 以上的山地，喜干燥凉爽、阳光充足、通风良好的环境；不耐严寒与酷暑；忌积水，不耐干旱，以富含腐殖质的沙壤土为最宜。但花期避免阳光过强，生长最宜温度为 10～25 ℃，经霜枝叶枯萎，以其根块休眠越冬。春季萌芽生长，夏末、秋初气温渐凉花芽分化并开花，秋末经霜后，地上部分凋萎停止生长，冬季进入休眠。

3. 繁殖方法

一般以扦插及分株繁殖为主，亦可进行嫁接和播种繁殖。

(1) 早春扦插最好，将根丛在温室内囤苗催芽，待新芽高至 6～7 cm，基部一对叶片展开时，剥取扦插。扦插以沙质壤土加少量腐叶土或泥炭土为宜，保持室温白天 20～22 ℃，夜间 15～18 ℃，2 周后生根，便可分栽。

(2) 培育新品种以及矮生系统的花坛品种，多用播种繁殖。

(3) 分株繁殖多在春季 3—4 月间，取出块根，将每一个块根及附生于根颈上的芽一齐割下，切口处涂草木灰防腐，另行栽植。

4. 栽培管理

(1) 露地栽培宜选通风、向阳和干燥地，充分翻耕，施入适量基肥后做成高畦以利排水。生长期应注意整枝、修剪及摘蕾。大丽花喜肥，但忌过量，生长期每 7～8 d 追肥一次，但夏季超过 30 ℃时不宜施肥。立秋后生育旺盛，可每周增施肥料 1～2 次。常用稀释的液态有机肥。

(2) 盆栽宜选用扦插苗，盆土配制以底肥充足、土质松软、排水良好为原则，由腐叶土、园土以及沙土等按比例混合。浇水以“不干不浇、间干间湿”为原则。

5. 园林用途

适宜花坛、花境或庭前丛植，也可用于制作切花。

(七) 美人蕉

美人蕉，又称宽心姜、小芭蕉，美人蕉科、美人蕉属，原产于热带美洲，现世界各地广为栽培。

1. 形态特征

多年生草本。株高可达 80～150 cm，具有肉质根茎，地上茎肉质不分枝；茎叶具白粉，叶片阔椭圆形。绿色或红褐色，互生全缘。总状花序顶生，花单生或双生，花稍小，淡红色至深红色，唇瓣橙黄色上有红色斑点。蒴果，种子黑色。如图 5-7 所示。

图 5-7 美人蕉

2. 生态习性

性喜温暖、湿润气候和阳光充足环境，不耐寒，在原产地无休眠现象，周年生长开花。适应性强，生长旺盛，不择土壤，最宜湿润肥沃的深厚土壤，稍耐水湿。生育适温较高，25～30 ℃为宜。

3. 繁殖方法

三倍体美人蕉不结实，以分株繁殖为主。春季切割分栽根茎，注意分根时每丛需带有2～3个芽眼，直接栽植，当年开花。二倍体美人蕉能结实，可种子繁殖。播种前需将种皮刻伤或用温水浸泡，发芽适温为25 ℃以上，经2～3周可发芽。

4. 栽培管理

一般春季栽植，暖地宜早，寒地宜晚。选阳光充足的地块，栽前充分施基肥，栽植丛距30～40 cm，覆土约10 cm。生育期间还应多追施液肥，保持土壤湿润。暖地不起球时，冬季齐地重剪，最好每2～3年分株一次，采收后的根茎放于潮湿的沙中或堆放在通风的室内，保持室温5～7 ℃可安全过冬。

5. 园林用途

宜植于花坛、花境、花带，也可盆栽。

（八）金盏菊

金盏菊，又称黄金盏、金盏花，菊科、金盏菊属，原产于欧洲南部，现世界各地都有栽培。

1. 形态特征

金盏菊株高30～60 cm，为二年生草本植物，全株被白色茸毛。单叶互生，椭圆形或椭圆状倒卵形，全缘，基生叶有柄，上部叶基抱茎。头状花序单生茎顶，形大，4～6 cm，舌状花一轮，或多轮平展，金黄或橘黄色，筒状花，黄色或褐色。也有重瓣（实为舌状花多层）、卷瓣和绿心、深紫色花心等栽培品种。花期12月至6月，盛花期3月至6月。瘦果，呈船形、爪形，果熟期5月至7月。园艺品种类型较多，有重瓣、托桂，舌状花舌片反卷等品种；花色也有乳白、浅黄或橙红等色。如图5-8所示。

图5-8　金盏菊

2. 生态习性

喜阳光充足环境，能耐－9 ℃低温，怕炎热天气。不择土壤，以疏松、肥沃、微酸性土壤最好，能自播。金盏菊的适应性很强，生长快，较耐寒。能耐瘠薄干旱土壤及阴凉环境，在阳光充足及肥沃地带生长良好。

3. 繁殖方法

9月初将种子播于露地苗床，覆土略厚，以不见种子为度。保持床面湿润，约经7 d发芽出苗。春季播种也能出苗，但花小又不结实。

4. 栽培管理

幼苗生长迅速，应及时间苗、移植、定苗，11月初将幼苗定植园地，株距40 cm。定植成活后加强水肥管理，使植株生长旺盛并产生分枝，寒冬来临时已形成较大株丛，增强抗寒力，也利于翌春增多花量。早春，松土除草，增施磷钾肥；春雨较多地区要理清排水系统，做到雨过地干，保证生长健壮、花繁叶茂。花期中选择留种母株，用挂牌作标志；视果实转黄白色时

于上午采收，经晒干、脱粒，储藏好种子，以备秋播用。

5. 园林用途

植株强健，叶茂花繁，花大色艳，属优良的春季观赏花卉，是布置春季花坛、花境、花台的主要种类。亦常盆栽用于装饰和点缀；还可做切花栽培。

（九）金鱼草

金鱼草，又称龙头花、龙口花，玄参科、金鱼草属，原产于地中海，现世界各地广泛栽培。

图 5-9　金鱼草

1. 形态特征

属多年生草本植物，常做一、二年和一年栽培。株高 20～70 cm，叶片长圆状披针形。总状花序，花冠筒状唇形，基部膨大成囊状，上唇直立，2 裂，下唇 3 裂，开展外曲，有白、淡红、深红、肉色、深黄、浅黄、黄橙等色。花期 5 月至 6 月。蒴果孔裂，种子细小、多数，果熟期 6 月至 7 月。园艺品种极多，按植株高度分有高型种、中型种和矮型种；按花形分有金鱼形（花形正常）和钟形（花形似钟）；还有单瓣和重瓣之分。如图 5-9 所示。

2. 生态习性

较耐寒，不耐热，喜阳光，也耐半阴。生长适温，9 月至翌年 3 月为 7～10 ℃，3 月至 9 月为 13～16 ℃，幼苗在 5 ℃条件下通过春化阶段。高温对金鱼草生长发育不利，开花适温为 15～16 ℃，有些品种温度超过 15 ℃，不出现分枝，影响株态。金鱼草对水分比较敏感，盆土必须保持湿润，盆栽苗必须充分浇水。但盆土排水性要好，不能积水，否则根系腐烂，茎叶枯黄凋萎。土壤宜用肥沃、疏松和排水良好的微酸性沙质壤土。

3. 繁殖方法

8、9 月将种子播于露地苗床，略覆土，保持床面湿润，发芽迅速，出苗整齐。将种子置于 2～5 ℃低温中储存约 5 d，则能提高种子的发芽率。优良品种常在生长期选取枝条扦插，经 2 周能生根成活。

4. 栽培管理

播种苗发芽后 6 周即可移栽上盆。生长期保持温度 16 ℃，盆土湿润和阳光充足。有些矮生种播种后 60～70 d 可开花。高秆和中秆品种通过摘心，促使多分枝，多开花。至今，较多使用生长调节物质来矮化植株和调节花期，在摘心后 10 d 喷洒 0.05%～0.1%比久，有显著矮化效果。幼苗期喷洒 0.25%～0.4%比久，可提早开花，花朵紧密。若喷洒 0.4%～0.8%比久 2～4 次，可推迟开花。生长期每半月施肥 1 次。开花后及时打顶，并增施肥料，气温在 13～16 ℃，能继续开花不断。金鱼草易自然杂交，为了做到品种纯正，留种母株需隔离采种。当然许多重瓣和杂种 1 代金鱼草就很难收到种子。

栽培注意问题如下。①品种选择。盆栽的金鱼草宜选择植株低矮、花繁的品种，以提高盆栽的观赏价值。②盆与盆土选择。盆栽的容器宜用盆径为 15 cm 左右的泥盆或塑料盆，但透气性要好。栽培基质应选择疏松、肥沃、排水良好的培养土或用腐叶土、泥炭、食粮草木灰均匀混合。种植前施些干畜粪或饼肥末，稍加骨粉或过磷酸钙作为基肥。③浇水与施肥。种植后浇透水，之后盆土见干即浇。在生长期间每 10 d 施 1 次以氮、钾肥为主的稀薄液肥，孕蕾期喷施 0.1%磷酸二氢钾，使花色艳丽。平时要防止盆土积水，注意经常松土。④修剪。开花后，可齐土剪去地上部分，浇 1 次透水，约经一周后便可萌发新枝，然后每隔 10 d 左右施

1次稀薄液肥至花蕾形成。平时需注意适量浇水，夏天要适当遮荫降温，这样秋天又可开花。

5. 园林用途

植株强健，花形别致，色彩丰富，宜布置夏季花坛、花境。高型种可做切花，矮型种点缀岩石园或盆栽观赏。

第二节　温室花卉的栽培

一、培养土的要求

温室花卉种类很多，习性各异，对栽培土壤的要求也不同。为适合各类花卉对土壤的不同要求，需配制多种多样的培养土。

一般花卉培养土的要求：①疏松、空气流通，以满足根系呼吸的需要；②水分渗透性能良好，不会积水；③能固持水分和养分，不断供应花卉生长发育的需要；④培养土的酸碱度适合栽培花卉的生态要求；⑤没有有害微生物和其他有害物质的滋生和混入。

在培养土中含有丰富的腐殖质，是维持土壤良好结构的重要条件。因此，腐殖质是培养土中重要的组成成分。

二、培养土的配制

常见的温室用土有田园土、塘泥、黄沙、砖渣、木屑、腐熟有机肥、腐叶土、山泥、砻糠灰等。

田园土　即耕种过的田园、菜园、花圃地等耕作层的熟化土壤，这是配置培养土的基本材料。应用经过堆积、曝晒、压碎、过筛，形成均匀、干燥的土粒和配制培养土的园土成分，通常经如此处理的园土，储藏、备用。

塘泥、湖泥　即池塘、湖泊中的沉积土，含有丰富的有机质。一般于秋、冬季挖出，经晾晒、冻裂、敲碎成1～2 cm长的块粒，备用。也可以单独使用这类塘泥、湖泥，盆栽花卉。

黄沙　是配制培养土的疏松物质，常自矿中开采，经粉碎、过筛，备用。也常单独使用作扦插介质，重复使用时要经消毒、杀菌等处理后，才能继续应用。

砖渣　将清洗过的碎砖、瓦片等粉碎，用粗孔筛子过筛后得到所需粒径的砖渣，再淋洗干净，收储备用。砖渣可以填入花盆底层，作排水透气层，栽培兰花类、仙人掌类常必须这样做。

木屑　经1～2年堆积腐烂发酵后的锯木屑，经实践表明是较好的栽培基质，可与园土等体积配制，适宜栽培各类盆花。

腐熟有机肥　以充分腐熟的厩肥、饼肥、堆肥，以及禽畜粪肥，配入培养土后作为盆花盆土中的底(基)肥，视各种花卉需肥的特性而决定腐熟有机肥的比例和用量。

腐叶土　又称腐殖土。加工方法：秋季收集阔叶树的落叶、杂草、秸秆等与园土分层堆积，同时浇入适量的粪尿或其他氮素肥料。堆积时其高、宽度各约1 m，长度视需要而定，半年翻堆1次，次年春季即可腐熟，然后摊开、晒干，过筛后收储备用。腐叶土是配制培养土的材料，腐殖质含量高，透水性、持水性都较好，一般呈微酸性反应。

山泥　我国南部山地阔叶林下的表土即为山泥，质地疏松，属天然的腐叶土呈酸性反应。山泥很适宜栽培兰花(地生兰)、杜鹃花、山茶等。

砻糠灰　即积壳灰,是积壳燃烧后的产物呈微碱性反应,能使培养土起疏松、通气、透水的作用。新鲜砻糠灰碱性强不宜用,常需经约 3 个月的堆积,日晒、雨淋后的陈灰用于配制培养土。砻糠灰含有钾、钙等矿质营养元素。

除此外,国内外还广泛使用无机物基质,如蛭石、珍珠岩、岩棉等。蛭石和珍珠岩分别为火山岩和云母状硅酸盐的矿物,在短时间内迅速地加热到 1000 ℃而形成的膨体物质,通气、透水性能良好,两者均可作为无土栽培的基质。蛭石持水性强,并含有植物能利用的镁和钾,但长期使用后其膨体结构容易崩溃,降低其排水、透水性能。珍珠岩排水性能好,持水性差。实践表明,将蛭石和珍珠岩以体积等量混合作基质,栽培花卉效果良好。岩棉是由 60% 的辉绿岩或 20%的石灰岩,再加 20%的焦炭约在 1600 ℃高温下熔化而成,趁液状时喷成直径为 0.005 mm 的纤维,也适宜作无土栽培花卉的基质。

各地区培养土的配制多有不同,上海多用砻糠灰、草木灰、塘泥及黄泥等配制;华东常用腐叶土;华南多用塘泥;武汉用煤渣土;福州采用烧结土等。虽然各有不同的应用习惯,但配制出来的培养土都要符合栽培花卉的生长发育需要。

温室花卉中几乎全部的种类都要求酸性或弱酸性土壤,花卉的种类不同,对酸性与碱性的适应能力有较大的差异,现列举部分温室花卉适宜的酸碱度如表 5-4 所示。

表 5-4　对部分温室花卉的适宜酸碱度表

名　称	适宜 pH 值	名　称	适宜 pH 值
蒲包花	6.0～6.5	蟆叶秋海棠	6.3～7.0
彩叶草	4.3～5.2	蹄纹天竺葵	5.0～7.0
瓜叶菊	6.5～7.5	八仙花	4.0～4.5
仙客来	5.5～6.5	仙人掌	5.0～6.0
大岩桐	5.0～6.5	兰科植物	4.5～5.0
天冬草	6.5～7.5	凤梨科植物	4.0
文竹	6.0～7.0	棕榈科植物	5.0～6.3
四季报春	6.5～7.0	蕨类植物	4.5～5.5
倒挂金钟	5.5～6.5		

我国一些地区土壤为碱土,灌溉用水亦呈碱性,因此一些严格要求酸性土的盆栽花卉,如果在这样一些地区生长,会因此生长极度不良或逐渐死亡,如八仙花、白兰、黄兰、栀子、茉莉等。

三、培养土的消毒

使用培养土之前应先对其进行消毒、杀菌处理。常用的方法有日光、加热和药物消毒三种。

(一) 日光消毒

将配制好的培养土摊在清洁的水泥地面上,经过十余天的高温和烈日直射,利用紫外线杀菌、高温杀虫,从而达到消灭病虫的目的。这种消毒方法不严格,但有益的微生物和共生菌仍留在土壤中。

（二）加热消毒

培养土的加热消毒有蒸汽、炒土、高压加热等方法。只要加热 80 ℃，连续 30 min，就能杀死虫卵和杂草种子。如加热温度过高或时间过长，容易杀灭有益微生物，影响它的分解能力。

（三）药物消毒

药物消毒主要用 40%的福尔马林溶液和 0.5%高锰酸钾溶液。在每立方米栽培用土中，均匀喷洒 400～500 mL，然后把土堆积，上盖塑料薄膜。经过 48 h 后，福尔马林化为气体滁去薄膜，等气体挥发后再装土上盆。

四、花卉盆栽的方法

（一）上盆、换盆与翻盆、转盆

1. 上盆

这是指将从苗床育苗器皿中取出的幼苗，栽植到花盆中的操作。具体做法是按幼苗的大小选用相适应规格的花盆，用一块碎盆片盖于盆底的排水孔上，将凹面向下，盆底可用由培养土筛出的粗粒或碎盆片、砂粒、碎砖块等填入一层排水物，上面再填入一层培养土，以待植苗。用左手拿苗放于盆口中央深浅适当位置，填培养土于苗根的四周，用手指压紧，土面与盆口应有适当距离，栽植完毕后，用喷壶充分灌水，暂置阴处数日缓苗。待苗恢复生长后，逐渐放于光照充足处。

2. 换盆与翻盆

随着幼苗的长大，需将花苗脱出换栽入较大的花盆中，这个过程称换盆；花苗植株虽未长大，但因盆土板结、养分不足等原因，需将花苗脱出修整根系，重换培养土，增施基肥，再栽回原盆（或同样大小的新盆），这个过程称翻盆。

各类花卉盆栽过程均须换盆或翻盆。温室一、二年生花卉生长迅速，一般到开花前要换盆 2～4 次，宿根、球根花卉成苗后 1 年换盆 1 次，木本花卉小苗每年换盆 1 次，木本花卉大苗多 2～3 年换盆 1 次。

换盆与翻盆的时间多在春季进行。多年生花卉和木本也可在秋季生长将要停止时进行；常绿观叶植物宜在空气湿度较大的春夏间进行；观花花卉除花期不宜换盆外，其他时间均可进行。

换盆后浇透水，置阴处缓苗数日，待植株恢复生长后，进行正常水肥管理。

3. 转盆

在光线强弱不均的花场和日光温室中，因花苗向光性的作用而偏方向生长，以致生长不良或降低观赏效果，应经常转动花盆的方向，这个过程称转盆。有些花卉如果不经常转动，就会出现枯叶、偏头甚至死苗现象，如仙客来、瓜叶菊、杜鹃、山茶等。

（二）浇水

1. 浇水的原则

盆花浇水的原则是盆土见干才浇水，浇水就应浇透，要避免多次浇水不足，只湿及表层盆土，形成“腰截水”，下部根系缺乏水分，影响植株的正常生长。此外，还应根据花卉的不同种类、不同生长时期和不同季节采取不同的浇水措施。如有些阴湿植物，不能缺水，要“宁湿勿干”;大部分植物,保持土壤湿润,干湿相间,即“间干间湿”;木本植物,入冬盆花,浇透一次后,干透再浇即“干透浇透”;仙人掌、肉质类花卉则应“宁干勿湿”。当花卉进入休眠期时,浇水量应依花卉种类的不同而减少或停止。从休眠期进入生长期,浇水量逐渐增加。生长旺盛时期,浇水量要充足。开花前浇水量应予适当控制,盛花期适当增多,结实期又需要适当减少浇水量。春季草花每隔 1～2 d 浇水 1 次,花木每隔 3～4 d 浇水 1 次;夏季宜每天早晚各浇水 1 次;秋季浇水量可减至每 2～3 d 浇水 1 次;冬季浇水次数依花卉种类及温室温度而定,低温温室的盆花每 4～5 d 浇水 1 次;中温及高温温室的盆花一般 1～2 d 浇水 1 次;在日光充足而温度较高之处,浇水要多些。花盆的大小及植株大小对盆土的干燥速度有影响,盆小或植株较大者,盆土干燥较快,浇水次数应多些,反之宜少浇。

2. 浇水的方式

(1) 浇水　用浇壶或水管放水淋浇盆土,要浇透,不窝水,不能浇半水(拦腰水)。

(2) 找水　寻找个别缺水盆花进行浇水。

(3) 勒水　对水分过量的盆花停止浇水,松盆土或脱盆散发水分的措施。

(4) 放水　结合追肥对盆花加大浇水量的方式。

(5) 喷水　喷叶面而不浇水,对长势慢,下层盆土仍含水,每 4～6 d,间隔浇透一次。

(6) 扣水　换盆伤根易烂的种类,用湿润的盆土上盆、换盆或翻盆,不浇水,使盆花进行干旱锻炼的方式称扣水。有时可采取扣水措施促进花芽分化,如梅花、叶子花等木本花卉。

五、温室花卉

(一) 四季海棠

四季海棠,又称秋海棠、虎耳海棠、瓜子海棠,秋海棠科、秋海棠属,原产巴西,多年生草本植物。

图 5-10　四季海棠

1. 形态特征

多年生常绿草本,茎直立,稍肉质,高 25～40 cm,有发达的须根;叶卵圆至广卵圆形,基部斜生,绿色或紫红色;雌雄同株异花,聚伞花序腋生,花色有红、粉红和白等色,单瓣或重瓣,品种甚多。如图 5-10 所示。

2. 生态习性

四季海棠性喜阳光,稍耐荫,怕寒冷,喜温暖和稍阴湿的环境及湿润的土壤,但怕热及水涝,夏天注意遮荫,通风排水。

3. 繁殖方法

(1) 播种繁殖　四季海棠易收到大量种子,而且发芽力很强,一般多采用种子繁殖。种子采收后,随即播种(强调)。一般 8 月至 9 月播于浅盆中,注意表土宜细,因种子细小,发芽力又强,播时不要太密。播后不覆土,将盆土浸湿,盖上玻璃,置半阴处,保持一定湿润,一周后可出苗。

(2) 扦插繁殖　在 8 月至 12 月进行扦插。8 月扦插,约 20 d 左右可生根。移栽一次后,约 4 d 后定植。一般每 10 d 施一次稀薄液肥,浇水要充足,保持土壤湿润。如果想使株丛较大,开花繁茂,应多次摘心,一般留两个节,把新梢摘去,促进分枝而开花多。盆栽的 6 月下旬就要开始遮荫避暑,并防止盆内积水,否则易烂根死亡。

4. 栽培管理

光、水、温度、摘心是种好四季海棠的关键。定植后的四季海棠，在初春可直射阳光，随着日照的增强，须适当遮荫。同时应注意水份的管理，水分过多易发生烂根、烂芽、烂枝的现象；高温、高湿易产生各种疾病，如茎腐病。定植缓苗后，每隔 10 d 追施一次液体肥料。及时修剪长枝、老枝而促发新的侧枝，加强修剪有利于株形的美观。栽培的土壤条件，要求富含腐殖质、排水良好的中性或微酸性土壤，既怕干旱，又怕水渍。

5. 园林用途

叶色翠绿有光泽，花色鲜艳悦目，是常见的花叶兼赏盆花，供周处观赏。

（二）何氏凤仙

何氏凤仙，又称玻璃翠，凤仙花科、凤仙花属，原产非洲热带，现广泛栽培于世界各地。

1. 形态特征

多年生常绿草本。其特点为花瓣平展，不同于其他凤仙花。株高 20～40 cm，茎稍多汁；叶翠绿色；花大，直径可达 4～5 cm，只要温度适宜可全年开花。花色有白、粉红、洋红、玫瑰红、紫红、朱红及复色。如图 5-11 所示。

图 5-11　何氏凤仙

2. 生态习性

性喜冬季温暖，夏季凉爽通风的环境，不耐寒，越冬温度为 5 ℃左右，喜半阴，适宜生长的温度为 13～16 ℃，喜排水良好的腐殖土，种子寿命可达 6 年，2～3 年发芽力不减。

3. 繁殖方法

常用扦插法繁殖，也可用播种繁殖。扦插繁殖全年均可进行，但以春、秋季为最好。一般选取 8～10 cm 带顶梢的枝条，插于沙床内，保持湿润，约 3 周左右即可生根。也可进行水插，播种繁殖于 4 月至 5 月在室内进行盆播，保持室温 20 ℃，约 1 周左右即可生根，苗高 3 cm 左右时即可上盆。

4. 栽培管理

幼苗经 2～3 次摘心，促其分枝，使株形更丰满、优美。喜充足的阳光和温暖的环境。适于中小盆栽植，生长时期每 1～2 周施一次追肥。越冬温度在 16 ℃以上可以开花；低于 12 ℃叶片变黄，下部脱落。冬季应放在向阳的窗边，5 月至 10 月可移至室外阳光下栽培。

5. 园林用途

枝叶碧绿，花色鲜艳、美丽，盆栽观赏。夏季凉爽地区也可植于露地，布置庭园、点缀景观。

（三）天竺葵

天竺葵，又称洋绣球、入腊红、石腊红、日烂红、洋葵，牻牛儿苗科、天竺葵属，原产南非，现世界各地广泛栽培。

1. 形态特征

株高 30～60 cm，全株被细毛和腺毛，具异味。茎肉质。叶互生，圆形至肾形，通常叶缘内有马蹄纹。伞形花序顶生，总梗长，花有白、粉红、肉红、淡红、大红等色，有单瓣重瓣之分，还有叶面具白、黄、紫色斑纹的彩叶品种。花期 5 月至 6 月，除盛夏休眠外，如环境适宜可不

图 5-12　天竺葵

断开花。如图 5-12 所示。

2. 生态习性

天竺葵原产非洲南部。喜温暖、湿润和阳光充足环境。耐寒性差，怕水湿和高温。生长适温的要求：3 月至 9 月为 13～19 ℃，冬季温度为 10～12 ℃。6 月至 7 月间呈半休眠状态，应严格控制浇水。宜肥沃、疏松和排水良好的砂质壤土。冬季温度不低于 10 ℃，短时间能耐 5 ℃低温。单瓣品种需人工授粉，才能提高结果率。开花后约 40～50 d 种子成熟。

3. 繁殖方法

扦插繁殖　除 6～7 月植株处于半休眠状态外，均可扦插。以春、秋季为好。夏季高温，插条易发黑腐烂。选用插条长 10 cm，以顶端部最好，生长势旺，生根快。剪取插条后，让切口干燥数日，形成薄膜后再插于沙床或膨胀珍珠岩和泥炭的混合基质中，注意勿伤插条茎皮，否则伤口易腐烂。插后放半阴处，保持室温 13～18 ℃，插后 14～21 d 生根，根长 3～4 cm时可盆栽。扦插过程中用 0.01%吲哚丁酸液浸泡插条基部 2 s，可提高扦插成活率和生根率。一般扦插苗培育 6 个月开花，即 1 月扦插，6 月开花；10 月扦插，翌年 2 月至 3 月开花。

4. 栽培管理

天竺葵每年 8 月在休眠期换盆，用加肥培养土并垫蹄角片或粪干作底肥。喜旱怕涝，在春、秋生长期内掌握见干浇水，雨季及时排水的原则。

5. 园林用途

花色丰富，花期又长，是常见的盆花；如能将不同花色的植株盆栽在一起，则花期五彩缤纷、引人注目。在冬暖夏凉地区可植于露地，点缀景色。

（四）火鹤花

火鹤花，又称红鹤芋、火鹤芋、火烛，天南星科、花烛属，原产于南美洲热带，现在欧洲、亚洲、非洲皆有广泛栽培。

1. 形态特征

多年生附生常绿草本植物。叶革质丛生，长圆披针形，先端尖，基部圆形。根肉质，节间短；叶常绿，革质，长椭圆状心脏形。佛焰苞直立开展，肉穗花序无柄，圆柱形，先端黄色，下部白色，花两性，小浆果内有种子 2～4 粒，粉红色，密集于肉穗花序上。花期 2 月至 7 月，如温度和湿度适宜则可常年开花。如图 5-13 所示。

图 5-13　火鹤花

2. 生态习性

喜高温，并喜湿润环境，忌日光直射，要求较精细的栽培。22 ℃以上才能良好生长，超过 30 ℃又容易引起叶腐病。盆土应干湿相间，长期处于水湿状态容易烂根。因此，最好要栽培在肥沃、疏松的培养土里。一般以腐叶土、树蕨碎渣、碎木炭等混合的培养土为佳。生长季节每个月应施一次液肥。越冬温度应在 10 ℃以上，并控制浇水。生长适温 25～28 ℃。不喜灌水过多，土质要求排水良好，而空气湿度宜高。全年宜于适当遮荫的光下栽培。培养

土以富含腐殖质、疏松而排水良好的壤土最好。

3. 繁殖方法

常用分株和扦插、播种繁殖。

(1) 春季选择3片叶以上的子株，从母株上连茎带根切割下，用水苔包扎移栽于盆内，经34周发根成活后重新栽植。

(2) 播种繁殖的红鹤芋，出苗后，需经3～4年培育才能开花。若用分株繁殖，培养1年后即可产花。露地栽培，夏季产花，着花时间可2个月，控制环境条件，可实现周年开花。

4. 栽培管理

宜在半阴环境下栽培，但冬季需要充足阳光。在5月至9月生长旺盛期，每半月施肥1次。4月至10月为生长期。每周施追肥一次，现蕾后开花前更不能缺肥。休眠期要节制浇水。观花品种喜半阴环境，早晚需要阳光照射，否则难以开花，观叶品种应避免直射阳光。盆栽时，培养土以富含腐殖质、疏松而排水良好的壤土最好。

5. 园林用途

叶色绚丽，花序苞片色泽鲜艳，是世界著名的花叶兼赏花卉，也是国际上受欢迎的盆花和切花，切花水养保鲜期达1个月之久。

（五）绿萝

绿萝，又称黄金葛、魔鬼藤、石柑子，天南星科、喜林芋属，原产中美、南美的热带雨林地区，现广泛栽培。

1. 形态特征

大型常绿藤本植物。热带地区常攀缘生长在鱼林的岩石和树干上，可长成巨大的藤本植物。绿色的叶片上有黄色的斑块。其缠绕性强，气根发达，既可让其攀附于用棕扎成的圆柱上，摆于门厅、宾馆，也可培养成悬垂状置于书房、窗台，是一种较适合室内摆放的花卉。绿萝藤长数米，节间有气根，随生长年龄的增加，茎增粗，叶片亦越来越大。叶互生，绿色，少数叶片也会略带黄色斑驳，全缘，心形。如图5-14所示。

图5-14 绿萝

2. 生态习性

性喜温暖、潮湿环境，要求土壤疏松、肥沃、排水良好。盆栽绿萝应选用肥沃、疏松、排水性好的腐叶土，以偏酸性为好。绿萝极耐阴，在室内向阳处即可四季摆放，在光线较暗的室内，应每半月移至光线强的环境中恢复一段时间，否则易使节间增长，叶片变小。绿萝喜湿热的环境，越冬温度不应低于15℃，盆土要保持湿润，应经常向叶面喷水，提高空气湿度，以利于气生根的生长。旺盛生长期可每月浇一遍液肥。长期在室内观赏的植株，其茎干基部的叶片容易脱落，降低观赏价值，可在气温转暖的5、6月份，结合扦插进行修剪更新，促使基部茎干萌发新芽。

3. 繁殖方法

绿萝主要用扦插法繁殖。春末、夏初剪取15～30 cm的枝条，将基部1～2节的叶片去掉，用培养土直接盆栽，每盆3根至5根，浇透水，植于阴凉通风处，保持盆土湿润，一月左右即可生根发芽，当年就能长成具有观赏价值的植株。春、夏季用枝条扦插容易生根；作图腾柱时，必须用带大叶片的顶尖扦插，这样成型比较快。绿萝还可水栽，但与土栽相比植株较小。

4. 栽培管理

绿萝生长较快，栽培管理粗放。在管理过程中，夏季应多向植物喷水，每 10 d 进行 1 次根外追肥，保持叶片青翠。

5. 园林用途

叶色美丽，常盆栽赏叶；也可作吊挂或向上攀缘栽植。华南地区可定植于大树、墙壁、棚架旁，让其攀缘，增添庭园景色，悦目怡神。

（六）花叶竹芋

花叶竹芋，又称麦伦脱，竹芋科、竹芋属，原产南美巴西，现广泛栽培。

图 5-15　花叶竹芋

1. 形态特征

高约 25 cm，茎较短，从膨大的茎基部生出分枝。叶片披针状，椭圆形，长约 15 cm，宽 10 cm 左右，表面光亮，呈深绿色，沿主脉为浅绿纹带，在主脉之间有紫红色的斑纹，十分绚丽悦目。花小，不显著，白色、不甚美丽。但叶形、叶色很好看，深受人们的喜爱。如图 5-15 所示。

2. 生态习性

喜阴、喜疏松、肥沃、排水性能良好的微酸性沙质壤土。盆栽用土可用腐叶土 3 份、草炭土 3 份、河沙 1 份、细煤渣粒 1 份、腐熟的有机肥末 2 份混合配制成盆栽培养土，盆栽时再在盆底部适量放些牲畜蹄角片作基肥，会使其生长健壮，叶色绚丽。盆栽花叶竹芋在每年的春季发芽前进行换土、换盆一次。换盆时应将根部的陈土抖去一部分，换上新的营养丰富的培养土，可使其生长更好。

3. 繁殖方法

花叶竹芋通常用分株和扦插法繁殖。4 月中旬结合春季换土、换盆，将换盆的栽培两年以上的植株从盆中磕出，将根部的土全部抖掉，根据植株大小，可以分成二至数丛，使每丛带有新芽，分别栽植，即成为新的植株；生长健壮的花叶竹芋每年从基部生出许多新枝，待新枝生长成熟后可以截取其上部枝条作插穗，扦插在温度为 25～30 ℃的苗床上，保持较高的空气湿度，3～4 周可以生根成活，另移栽其他盆中成新的植株。

4. 栽培管理

栽培花叶竹芋用腐叶土、泥炭及砂配制的培养土，生长期每周施肥 1 次，夏季少施肥，每月 2 次，生长季节要注意每天给 1 次水，宜多喷水，保温。冬季盆土宜保持较干燥，不宜过湿。夏季遮阴，冬季需阳光充足。

5. 园林用途

叶形优美，色彩多变，是优良的供周年常叶的小型盆花。也作室内绿化装饰的材料。

（七）五彩凤梨

五彩凤梨，又称彩叶凤梨，凤梨科、凤梨属，原产巴西，现广泛栽培。

1. 形态特征

植株高 25～30 cm，茎短。叶呈莲座状互生，长带状，长 20～30 cm，宽 3.5～4.5 cm，顶端圆钝，叶革质，有光泽，橄榄绿色，叶中央具黄白色条纹，叶缘具细锯齿。成苗临近开花时花心叶变成猩红色，甚美丽。穗状花序，顶生，与叶筒持平，花小，蓝紫色。如图 5-16 所示。

图 5-16 五彩凤梨

2. 生态习性

性喜温暖、半荫蔽的气候环境，在疏松、肥沃、富含腐殖质的土壤中生长最好。开花后老植株萌蘖芽后死亡。五彩凤梨耐荫蔽和干旱，怕涝，不耐高温，生长适温为 18～25 ℃。

3. 繁殖方法

主要用分株繁殖。花期后从母株旁萌发出蘖芽，待蘖芽长成 10 cm 高小株时，剥取另行栽植。

4. 栽培管理

五彩凤梨夏季应在半荫蔽条件下养护，防雨水过多，防止因高温、高湿而诱发的心腐病，尤其是幼苗。

5. 园林用途

开花后，绚丽夺目，盆栽观赏，观赏期长达 3 个月，是世界上盛行温室观叶花卉。

（八）瓜叶菊

瓜叶菊，又称瓜叶莲、千日莲，菊科、瓜叶菊属，原产西班牙加那利群岛，现广泛栽培。

图 5-17 瓜叶菊

1. 形态特征

全株密生柔毛，叶具有长柄，叶大，呈心状卵形至心状三角形，叶缘具有波状或多角齿。形似葫芦科的瓜类叶片，故名瓜叶菊。有时背面带紫红色，叶表面浓绿色，叶柄较长。花为头状花序，簇生成伞房状。花有蓝、紫、红、粉、白等色。其中以矮生类型，株矮花多，观赏价值最高。如图 5-17 所示。

2. 生态习性

性喜温和、湿润、通风的环境，冬季需要充足的光照，不耐寒，忌夏季高温和雨涝；要求肥沃、排水良好的土壤。

3. 繁殖方法

瓜叶菊的繁殖以播种为主。对于重瓣品种，为防止自然杂交或品质退化，也可采用扦插或分株法繁殖。播种一般在 7 月下旬进行，从播种到开花约半年时间。也可根据所需花的时间确定播种。发芽的最适温度为 21 ℃。为延长花期，可每隔 10 d 左右盆播 1 次。重瓣品种不易结实，可用扦插。瓜叶菊开花后在 5～6 个月间，常于基部叶腋间生出侧芽，可将侧芽除去，在河沙中扦插，约 20～30 d 可生根，培育 5～6 个月即可开花。若母株没有侧芽长出，可将茎高 10 cm 以上部分全部剪去，以促使侧芽发生。亦可用根部嫩芽分株繁殖。

4. 栽培管理

播种后约经 20 d，幼苗可长出 2～3 片真叶，此时应进行第一次移植。移植时根部多带宿土以利于成活。移栽后用细孔喷水壶浇透水。幼苗真叶长至 5～7 片时，要进行最后定植。瓜叶菊喜肥，瓜叶菊在生长期内喜阳光，不宜遮荫。要定期转动花盆，使枝叶受光均匀。每半月施液肥 1 次，在花芽分化前 2 周，停止施肥，减少灌水。花朵萎谢后植株仍需适度光照，以适应种子发育。瓜叶菊在 3～4 个月间种子易成熟。留种植株在炎热的中午前后要适度遮荫，否则结实不良。种子成熟后于晴天采下晾干，储藏备用。种子储藏要做好品种标记。

5. 园林用途

株形圆满，花朵美丽，是冬季和早春的优良盆花，常用于点缀厅、堂、馆、室；也可脱盆移栽于露地布置早春花坛。也可作花篮、花环的材料。

（九）一品红

一品红，又称圣诞花、猩猩木、象牙红，大戟科、大戟属，原产于墨西哥塔斯科（Taxco）地区，我国两广和云南地区有露地栽培。

图 5-18　一品红

1. 形态特征

直立灌木，株高可达 6～7 m，茎光滑含乳汁，少分枝。单叶互生，叶片卵状椭圆形，边缘有浅裂，先端三角状；叶柄短；枝顶叶片狭而全缘，开花时呈绯红色。杯状花序着生茎顶，总苞淡绿色，腺体黄色。花小，无花被，单性同株；雌花单生总苞中央，子房有柄，雄花丛生于雌花周围。花期 12 月至翌年 2 月。蒴果。如图 5-18 所示。

一品红的变种常见有一品白，其花序下面的叶片呈白色；而一品红花序下面的叶片呈粉红色，色泽不艳；重瓣一品红的花序下面的叶片和瓣化的花序形成多层呈重瓣状，红色、鲜艳，观赏价值较高。

2. 生态习性

性喜阳光充足、温暖和湿润的环境，短日照条件下才能开花，不耐寒；要求疏松、肥沃的微酸性土壤。

(1) 喜阳光。一品红为短日照植物。在茎叶生长期需充足阳光，促使茎叶生长迅速繁茂。要使苞片提前变红，将每天光照控制在 12 h 以内，促使花芽分化。如每天光照 9 h，5 周后苞片即可转红。土壤以疏松肥沃，排水良好的砂质壤土为好。盆栽土以培养土、腐叶土和沙的混合土为佳。

(2) 喜温暖。一品红的生长适温为 18～25 ℃，4 月至 9 月为 18～24 ℃，9 月至翌年 4 月为 13～16 ℃。冬季温度不低于 10 ℃，否则会引起苞片泛蓝，基部叶片易变黄脱落，形成“脱脚”现象。当春季气温回升时，从茎干上能继续萌芽抽出枝条。

(3) 喜湿润。一品红对水分的反应比较敏感，生长期只要水分供应充足，茎叶生长迅速，有时出现节间伸长、叶片狭窄的徒长现象。相反，盆土水分缺乏或者时干时湿，会引起叶黄脱落。因此，水分的控制直接关系到一品红的生长和发育。

3. 繁殖方法

以扦插为主，选取嫩枝或休眠枝均可作插穗。5、6 月间剪取长约 10 cm 的充实嫩枝，洗去切口流出的乳汁，晾干，涂上草木灰或土霉素片粉末，保留上部的 2 枚叶片再插入苗床中。苗床介质由园土和稻壳灰各半混合而成，平整后其上覆盖约厚 3 cm 的中性培养土，这种插床既利插穗生根又利于移苗。扦插后经庇荫、保湿，在 20 ℃温度下，约 20～30 d 就能生根成活。

4. 栽培管理

扦插苗生长期给予充足光照和适度水分；生长适温白天 25～30 ℃，夜间约 18 ℃，夏季天气炎热定期向叶面洒水。深秋入中温温室养护，仍正常地水肥管理，当日照缩短至8～9 h，经1月余就现蕾、开花，顶叶转红。花后常有落叶现象并进入休眠状态，越冬温度15 ℃以上。春季出房后对主干进行短截重剪，促使形成分枝，剪口用烧灼法、滴蜡法封住防止组织液外流。成龄植株每隔2～3年进行换盆。

一品红是短日照植物，利用短日照处理可提前开花；而利用长日照处理，又可延迟开花。

5. 园林用途

一品红是冬春重要的盆花和切花材料。其花色艳丽，花期很长，又正值圣诞节、元旦、春节开放，故深受国内外群众的欢迎。常用它布置花坛、会场；或装饰会议室、接待室等。又可做切花材料，制作花篮、花圈、插花等。在云南、广东、广西等地可以露地栽植，布置花坛、花篱或作基础栽植。采用花期调控可在“七一”、“八一”、“十一”等节日开花，满足节日布置。

第三节　花期调控

一、花期调控的意义

花期调控技术俗称催延花期。根据植物生长发育规律，人为地改变花卉生长环境条件，同时采取某些特殊的技术措施，使之提早或延缓开花，称为花期控制。比自然花期提前开花的为促成栽培，较自然花期推迟开花的为抑制栽培。为了丰富人们的生活，满足节日、庆典等大型活动的需求，为了花卉市场的供需平衡，为了杂交育种培育新品种的需要，使不同花卉提前或延迟开花，以满足人们的需要，是时代发展的要求，是物质文明和精神文明建设的重要内容，具有特殊意义。

二、花期调控的原理

花期调控的基本依据，一是通过对植物成花与开花机制的了解，改变或干预一些已经清楚的、与成花时间、开放过程有关的内因或生态因素，主要是通过调控外部因素，从而控制开花的时间。目前已知，一切影响花卉生长发育的生态因素都会影响花期。与植物开花相关的重要因素主要是开花前的营养生长、养分供应情况、体内水分状况、温度、光周期和生长调节物质。不同的花卉决定开花的主导因素不同。二是通过对植物休眠机制的了解，控制影响休眠的内外因素，延迟或打破休眠，控制生长节律，实现花期控制。影响开花过程和休眠的主要外部因素有温度、光周期、施用生长调节物质等。

（一）温度与开花

温度对植物有两方面的作用——量的作用和质的作用。所谓温度质的作用，是指温度对植物打破休眠和春化作用，即植物在一定的温度条件下才能开始生长和花芽分化。这是温度对植物质的、变化性发育发生的作用。温度量的作用，是指植物可以在比较宽的温度条件下开花和生长，而温度将影响生长速度，从而影响开花的迟早。例如，由于高温或低温促进或抑制生长，使花期提前或推迟。

在花期调节方面，质的作用比较受重视，但在园林花卉实际促成和抑制栽培中，利用温度质的作用的同时，也在广泛地利用温度量的作用。

植物的发育受昼夜或季节的温度变化影响，尤其是原产于温度有季节性变动地区的植物，这种现象称为温周期现象。利用温度进行花期调控，就是利用温周期现象，人为控制温度，让植物提前生长、开花或者推迟生长、开花。

1. 休眠和莲座化的诱导

某些植物存在着生长暂时停止和不进行节间伸长两种状态，一般称这样的情况为休眠和莲座化。植物进入休眠状态时，生长点的活动完全停止；而莲座化植物的生长点还是继续分化，只是节间不伸长，也就是说莲座化是植物处于低生长活性状态。通常意义上讲，影响伸长和生长停滞的原因有两种，一种是由恶劣的环境条件导致的植物不进行生长和伸长（强迫休眠），比如低温和干旱；另一种是由植物内在的生长节律引起的休眠和莲座化（生理休眠），即使在适宜的环境条件下，也不伸长和生长。由生长节律决定休眠的典型花卉是唐菖蒲和小苍兰，它们在球根形成的时候开始进入休眠，高温和低温都不能阻止休眠的发生。大丽花和秋海棠是典型的由外界环境诱导休眠和莲座化的植物。它们在 13 h 以上的长日照下可以不断的生长和开花；一旦移到 12 h 以下的短日照条件下，则生长停止，不久进入休眠，即使回到长日照条件，也不能恢复生长。种子、球根、芽等都可以具有休眠性。休眠有不同的阶段，由内在的生长节律引起的休眠，其阶段性更为明显。

2. 打破休眠和莲座化状态

休眠有不同的阶段，一般处于休眠初期和后期时，容易被打破，而处于中期的深休眠状态不易被打破。强迫休眠较生理休眠易于打破。

能够有效地打破植物休眠和莲座化的温度，因植物的种类不同而异。比如，小苍兰和荷兰鸢尾等初夏休眠的植物，需高温打破休眠；而大丽花、桔梗等秋季休眠的多数植物，需低温打破休眠。低温打破休眠的有效温度一般是 10 ℃以下，接近 0 ℃最有效。打破休眠和莲座化的低温，也因植物的种类、品种和植株苗龄而不同。

3. 春化作用

低温对植物成花的促进作用，称为春化作用。根据植物可以感受春化的状态，通常分为种子春化，如香豌豆；器官春化，如郁金香；植株整体春化，如榆叶梅。春化作用的温度范围，不同植物种类之间差异不大，一般是－5～15 ℃左右，最有效温度一般为 3～8 ℃。但是，最佳温度因植物种类的不同而略有差异。不同花卉要求的低温时间长短也有差异，在自然界中一般是几周时间。

从整体上看，需要春化才能开花的植物主要是典型的二年生植物和某些多年生植物。大苗和多年生植物接受低温时最适温度偏高。例如，麝香百合和鸢尾的最适温度为 8～10 ℃。一般而言，必须秋播的二年生花卉种子有春化现象，一年生和多年生草花种子一般没有春化现象。但也有例外，如勿忘我虽然是多年生草本，种子却有春化现象。

春化作用过程没有完全结束前，就被随后给予的高温抵消，此种现象称为脱春化。但是如果给予了充分的低温，一般不会发生脱春化现象。

4. 花芽分化的温度

香石竹或大丽花只要在可生长的温度范围内，或早或晚，只要生长到某种程度就进行花芽分化而开花。月季也可在一个很广泛的温度范围内进行花芽分化。但是，它们的花芽正常发育需一定的温度，温度太低会导致盲花。与之相反，夏菊花芽分化需要一定的低温，温度高于临界低温，则只生长，不开花。一般春、夏季进行花芽分化的植物，需要特定温度以上方能花芽分化。秋季进行花芽分化的植物，需要温度降至一定温度之下才能花芽分化。

5. 花发育的温度条件

对一般植物而言，花芽可以在诱导花芽分化的温度条件下顺利发育而开花。但是，有些植物花芽分化后，要接受特定的温度，尤其是低温，花芽才能顺利发育开花，如裸菀、花菖蒲、芍药等。因此，很多春季开花的木本花卉和球根花卉，花芽分化往往发生在前一年的夏、秋季。有些植物在进行促成栽培时，如果低温处理的时间不够，则导致花茎不能充分伸长。如荷兰鸢尾，在促成栽培时，球根冷藏时间过长，花茎长比叶长显著增加，切花品质降低；反之，如果低温冷藏时间不足，则花茎过短，达不到切花的要求。

（二）光周期与开花

一天内白昼和黑夜的时数交替，称为光周期。植物某个发育现象的发生需要一定的光周期，称为光周期现象。根据植物成花对光周期的反应，可以将其分为三种类型：短日照植物、长日照植物、日中性植物。短日照植物要求光照长度短于一定时间才能成花，如秋菊、蟹爪兰、一品红等；长日照植物要求光照长度长于一定时间才能成花，如矢车菊、草原龙胆、蓝花鼠尾草等；日中性植物对光照长度没有一定的要求，这类植物有扶桑、香石竹、百日草等。

植物的光周期反应与植物的地理起源有着密切的关系，通常低纬度起源者多属于短日照植物；高纬度起源者多属于长日照植物。

短日照植物和长日照植物都可以利用日照长度调节花期。利用光周期调控植物的花期，是周年生产最常利用的手段。例如，要使短日照植物秋菊在长日照季节开花，需进行遮光，缩短其光期，这种处理称为短日照处理；在秋冬短日照季节抑制其花芽分化，采用灯光照明以加长光期，这种处理称为长日照处理。

（三）植物生长调节物质

植物生长调节物质是一些调节控制植物生长发育的物质，可分为两类：一类称为植物激素（在植物体内合成，能从产生之处运送到起作用处，对生长发育产生显著效果的微量有机物），对花期控制有重要作用的主要是赤霉素及6-苄基嘌呤；另一类称为植物生长调节剂（一些具有植物激素活性的人工合成物质），主要有乙烯利和矮壮素（CCC）、琥珀酰胺酸（B9）、多效唑、缩节胺等生长抑制剂。在花期调控中，植物生长调节物质的主要作用如下。

1. 代替日照长度，促进开花

有许多花卉植物在短日照下呈莲座状，只有在长日照下才能抽薹开花。而赤霉素有促使长日照花卉在短日照下开花的趋势，如对紫罗兰、矮牵牛的作用，但不能取代长日照。赤霉素促进长日照花卉在非诱导条件下形成花芽，起作用的部位可能是叶片。对大多数短日照植物来说，赤霉素起着抑制开花的作用。

2. 代替低温打破休眠

对一些花卉而言，赤霉素有助于打破休眠，可以完全代替低温的作用。例如，处于休眠各阶段的桔梗，其根系浸于赤霉素溶液中，都可以打破休眠。同样的方法处理蛇鞭菊，则只对处于休眠初期和后期的花卉起作用。用赤霉素处理处于休眠初期或后期的芍药，也可以打破休眠。对杜鹃花来说，赤霉素处理比低温储藏对开花更有利。每周用赤霉素（100 mg/L）喷杜鹃花植株1次，约喷5次，直到花芽发育健全为止，可以有效地控制杜鹃花期达5周，并能保持花的质量，使花的直径增大，且不影响花的色泽。仙客来在开花前60～75 d用赤霉素处理，即可达到按期开花的目的。用赤霉素浸泡郁金香鳞茎，可以代替冷处理，使之在温室中开花，并且加大花的直径。

乙烯可以打破小苍兰、荷兰鸢尾等一些夏季休眠性球根的休眠，但却促进夏季高温后莲座化菊花的莲座化状态。

一些人工合成的植物生长调节剂，如萘醋酸（NAA）、2，4-二氯苯氧醋酸（2，4-D）、苄基腺嘌呤（BA）等都有打破花芽和储藏器官休眠的作用。如苄基腺嘌呤（BA）可以打破宿根霞草的莲座状态。

3. 促进或延迟开花

在花卉生产中，利用植物生长抑制剂来延迟开花及延长花期是屡见不鲜的。植物生长抑制剂已广泛用于木本花卉，如杜鹃花、月季花、茶花等。用B9喷洒杜鹃花花蕾，可延迟杜鹃花开花达10 d。用萘醋酸及2，4-D处理菊花，可以延迟菊花的花期，若与赤霉素混用，效果则大为提高。

三、花期调控的方法

（一）植株的选择

（1）木本植物必须是进入生殖期的；

（2）选择开花习性对光周期及温度敏感的花卉，有利于催、延花期；

（3）选择生长健壮，节间短，花芽分化多的植株。

（二）技术措施

1. 光处理

（1）增光　长日性花卉在秋冬开花，可进行人工补光，在夜间给予3～4 h光照；短日性花卉增加光照，则可延迟开花。如菊花，在9月花芽分化前每日给予6 h辅助光照，则可推迟花期至元旦开放。

（2）减光　即对植物进行遮光处理。如使菊花、一品红、叶子花在国庆开放，一般提前50～60 d进行遮光处理，可使其在国庆放花。遮光时数及天数因品种而异。

（3）光暗倒置　昙花是夜间开放，开放仅2～3 h。采用白天遮光，夜间补光，可使之白日开放。

（4）调节光照强度　花卉植物在开花前，通常需要较强的光照，如月季、香石竹等。但在花开后，需减弱光照强度，延长鲜花的观赏期并保持较好的质量。

2. 温度处理

（1）增温　一些木本花卉如西府海棠、云南素馨、榆叶梅在15～20 ℃条件下经10～15 d即可开花；桃花、牡丹在此温度下则需要50～60 d才能开花。

（2）降温　如使大花萱草、芍药、春鹃、夏鹃、金银花、锦带花、榆叶梅、桃花、西府海棠等9月中旬至10月上旬开花，可于2月至3月中旬将其放入冷库，芍药、春鹃、夏鹃、金银花、锦带花可于8月下旬至9月初出库；桃花、榆叶梅宜9月初出库；西府海棠则在9月中旬出库为宜。出库后先放在半荫环境，每日在植株上喷水3～4次即可。

3. 生长调节剂处理

赤霉素可使20多种二年生草花不经春化阶段，而促进花芽分化而开花；茶花于7月底花芽分化已完成进入休眠期。如果以500～1000 ppm浓度涂抹花芽，则经2～4周即可开花；含笑以同样浓度处理，经45 d即可开放，对仙客来、郁金香也有效果。

其他如乙烯利、萘醋酸、B9等也可调控花期。海棠、苹果用萘醋酸、B9喷射植株，可推迟落果，萘醋酸可促使凤梨花芽形成而提早开花。

4. 栽培技术

(1) 调整播种、扦插期 一年生草本花卉播种后 45～90 d 即开花。根据不同的生物学习性调节播种期，如要使其在 9 月下旬至 10 月上旬开花，其播种期：一串红 4 月上旬，黄秋葵、红秋葵 4 月中旬，半支莲 5 月上旬，鸡冠花 6 月上旬，翠菊、美女樱、银边翠、旱金莲、茑萝、万寿菊 6 月中旬，百日草、孔雀草、凤仙、千日红、小向日葵则于 7 月上旬播种。如使一串红、藿香蓟于 4 月下旬至 5 月上旬开花，则可于 1 月上旬在温室扦插，保持 25 ℃温度；如使 9 月下旬至 10 月上旬开花，则可在 5 月中旬扦插；美女樱、孔雀草 6 月下旬至 7 月上旬扦插也可在国庆期间开花。

(2) 摘心与修剪 一串红、藿香蓟摘心后 25～35 d 即可开花；月季、象牙红修剪后 45 d 即可开花。

在具体操作时，栽培技术调控花期应根据植物的生长习性及对外界环境条件的需求，夏季炎热时应进行遮荫保湿，秋冬气温较低时则应采用大棚增温。在管理上应根据苗木生长状况，在水、肥管理上掌握适度原则，一般以薄肥勤施为宜。

第四节 无土栽培

一、无土栽培的定义

无土栽培是以草炭或森林腐叶土、蛭石等轻质材料做育苗基质固定植株，让植物根系直接接触营养液，采用机械化精量播种一次成苗的现代化育苗技术。选用苗盘是分格室的，播种一格一粒，成苗一室一株，成苗的根系与基质互相缠绕在一起，根坨呈上大下小的塞子形，一般称为穴盘无土育苗。

二、无土栽培的特点

无土栽培之所以能迅速在全世界范围内发展，是因为这种新的栽培技术与常规土壤比较有许多优点。

(一) 产量高、品质好

无土栽培能充分发挥作物的生产潜力，与土壤栽培相比，产量可以成倍或几十倍地提高。无土栽培不仅产量高而且品质好。例如，番茄的外观、形状和颜色好，维生素 C 的含量可增加 30%，矿物质含量增加近一倍。

花卉无土栽培也有成效。香石竹的香味变得浓郁、花期长，开花数多。单株开花数为 9 朵，土培只有 5 朵。无土栽培时香石竹裂萼率仅 8%，而土培高达 90%，明显提高了商品品质。

(二) 节约水分和养分

土壤种植时灌溉的水分、养分大量流失、渗漏、浪费很多；无土栽培可以避免养分、水分的流失和渗漏，充分被作物吸收和利用。

(三) 清洁卫生

无土栽培施用的是无机肥料，没有臭味，也不需要堆肥场地。

(四) 省力省工、易于管理

无土栽培不需要中耕、翻地、锄草等作业,省力省工。浇水追肥同时解决,由供液系统定时定量供给,管理十分方便。

(五) 避免土壤连作障碍

设施栽培中,土壤极少受自然雨水的淋溶,水分养分运动方向是自下而上。土壤水分蒸发和作物蒸腾,使土壤中的矿质元素由土壤下层移向表层,长年累月、年复一年,土壤表层积聚了很多盐分,对作物有危害作用。而应用无土栽培后,特别是采用水培,则从根本上解决了此问题,而且避免或从根本上杜绝土传病害的发生。

(六) 不受地区限制、充分利用空间

无土栽培使作物彻底脱离了土壤环境,因而也就摆脱了土地的约束。

(七) 有利于实现农业现代化

无土栽培使农业生产摆脱了自然环境的制约,可以按照人的意志进行生产,所以是一种受控农业的生产方式。较大程度地按数量化指标进行耕作,有利于实现机械化、自动化,从而逐步走向工业化的生产方式。

三、无土栽培的方法

无土栽培的方式方法多种多样,不同国家、不同地区由于科学技术发达水平不同,当地资源条件不同,自然环境也千差万别,所以采用的无土栽培类型和方式方法各异。目前比较普遍的分类方法,是根据作物根系的固定方法来区分。大体上可以分为无基质(也称介质)栽培和有基质栽培两大类。

(一) 水培

水培是指植物根系直接与营养液接触,不用基质的栽培方法,通过营养液直接向植物提供其生长所需要的矿物质。理想的水培法种植技术循环使用每一滴水,没有残液和施用有机肥料。

(二) 雾(气)培

雾(气)培又称气增或雾气培。它是将营养液压缩成气雾状而直接喷到作物的根系上,根系悬挂于容器的空间内部。通常是用聚丙烯泡沫塑料板,其上按一定距离钻孔,于孔中栽培作物。两块泡沫板斜搭成三角形,形成空间,供液管道在三角形空间内通过,向悬垂下来的根系上喷雾。一般每间隔 2～3 min 喷雾几秒钟,营养液循环利用,同时保证作物根系有充足的氧气。但此方法设备费用太高,需要消耗大量电能,且不能停电,没有缓冲的余地,目前还只限于科学研究应用,未进行大面积生产。

(三) 基质栽培

基质栽培是无土栽培中推广面积最大的一种方式。它是将作物的根系固定在有机或无机的基质中,通过滴灌或细流灌溉的方法,供给作物营养液。栽培基质可以装入塑料袋内,或铺于栽培沟或槽内。基质栽培的营养液是不循环的,称为开路系统,这可以避免病害通过营养液的循环而传播。

基质栽培缓冲能力强,不存在水分、养分与供氧之间的矛盾,且设备较水培和雾培简单,甚至可不需要动力,所以投资少、成本低,生产中普遍采用。从我国现状出发,基质栽培是最有现实意义的一种方式。

欧洲许多国家目前应用较多的基质是岩棉，它是由 60%的辉绿岩、20%石灰石和 20%的焦炭混合后，在 1600 ℃的高温下煅烧熔化，再喷成直径为 0.005 mm 的纤维，而后冷却压成板块或各种形状。岩棉的优点是可形成系列产品（岩棉栓、块、板等），使用搬运方便，并可进行消毒后多次使用。但是使用几年后就不能再利用，废岩棉的处理比较困难，在使用岩棉栽培面积最大的荷兰，已形成公害。所以，日本现在有些人主张开发利用有机基质，使用后可翻入土壤中做肥料而不污染环境。

复习思考题

1. 露地花卉的特点是什么？
2. 露地花卉栽培管理措施有哪些？
3. 什么是培养土？有哪些特点？
4. 花卉盆栽的浇水方式有哪些？
5. 花期调节需要掌握哪些基本理论知识？
6. 要使菊花、一品红在“十一”开花，如何进行控制？
7. 无土栽培有哪些优点？
8. 无土栽培的方法有哪些？

实训七　花卉的间苗、移栽与定植

一、目的要求

通过起苗、间苗、移植、定植的操作，掌握不同花卉移植定植的时间和操作技术。

二、材料与工具

1. 材料：春播（或秋播）花卉的播种苗。
2. 工具：小花铲、竹签、喷水壶等。

三、实训内容

1. 间苗：苗床过密时分两次间苗。第一次间出的苗可以利用。间苗前勿使苗床过干，浇水呈湿润状态时，用竹签轻轻挑起，根部尽量带土，以提高成活率。

2. 移植：

(1) 移栽前先炼苗。

(2) 幼苗展开 2～3 片真叶时进行。

(3) 移栽露地时，整地深度根据幼苗根系而定。

(4) 移栽时的操作同“间苗”，用花铲将苗挖起时要尽量多地保护好根系，以利移植成活。

(5) 移植后注意管理。

3. 定植：最后一次移植或开花前最后一次换盆，称定植。

四、实训结果

1. 写出你实习的某种花卉的移栽与定植方法与步骤。
2. 影响花卉移植次数和时期的主要因素是什么？举例说明。

实训八　培养土的配制

一、目的要求

花卉种类繁多，生态习性各异，对栽培基质的要求就各不相同。满足花卉生长发育的基本条件，必须配制合适的培养土。通过实验，要求学生了解各类(或各种)花卉常见的栽培用土，掌握一般培养土的配制方法。

二、材料与工具

1. 材料：园土、落叶、厩肥、人粪尿、河沙、堆肥土、泥炭、蛭石、水藓、椰子纤维、骨粉、砻糠灰、塘泥、针叶土等。

2. 工具：铁锹、筐、筛子等。

三、实训内容

1. 配制腐叶土。

2. 配制常用盆栽用土。

3. 配制各类花卉培养土(包括一般草花类、一般宿根类、月季类和多浆植物类)。

4. 按不同用途配制介质(包括扦插介质、育苗介质及假植和定植用土)。

四、实训结果

1. 自制表格填写堆肥土、腐叶土、草皮土、针叶土、泥炭土、沙土等类栽培用土的配制成分、形成特点、通透性、养分含量、腐殖质、酸碱度等。

2. 配制不同种类，不同用途介质的依据是什么？

实训九　花卉的上盆与换盆

一、目的要求

通过实验熟练掌握盆花管理中上盆与换盆的基本操作技术。

二、材料与工具

1. 材料：三色堇、孔雀草、一串红等草木花卉的播种苗或扦插苗；白兰、山茶等盆栽花卉(或任选)。

2. 工具：枝剪、铁锹、花铲、各种规格的花盆、喷水壶等。

三、实训内容

1. 上盆

(1) 选 2～3 种播种苗或扦插苗从播种或扦插苗床挖起；

(2) 选择与幼苗规格相应的花盆，用一块碎片盖于盆底的排水孔上，将凹面朝下，盆底可用粗粒或碎盆片、碎砖块，以利排水，上面再填入一层培养土，以待植苗；

(3) 用左手拿苗放于盆口中央深浅适当位置，填培养土于苗根周围，用手指压紧，土面与盆口留有适当高度(3～5 cm)；

(4) 栽植完毕，喷足水，暂置荫处数日缓苗。待苗恢复生长后，逐渐移于光照充足处。

2. 换盆

(1) 选 2～3 种盆栽花卉；

(2) 分开左手手指，按置于盆面植株基部，将盆提起倒置，并以右手轻扣盆边，土球即可

取出(不易取出时,将盆边向他物轻扣);

(3) 土球取出后,对部分老根、枯根、卷曲根进行修剪。宿根花卉可结合分株,并刮去部分旧土;木本花卉可依种类不同将土球适当切除一部分;一、二年生草花按原土球栽植。

(4) 换盆后第一次浇足水,置阴处缓苗数日,保持土壤湿润;直至新根长出后,再逐渐增加浇水量。

四、实训结果

1. 加强上盆与换盆后的植株管理,观察其生长表现。

2. 什么是上盆与换盆?操作中应注意哪些关键环节?

实训十 盆花整形、修剪技术

一、目的要求

利用栽培手段对盆花进行整形处理,使盆花株型结构合理,体态优美或具有特定的形式,以增加其观赏性。通过本次实验,掌握菊花或一般花卉盆花整形的基本手段和方法,以及造型过程中的养护管理。

二、材料与工具

1. 材料:草本花卉或木本花卉。

2. 工具与肥料:细绳、米尺、笤帚、塑料袋、支架、枝剪;有机肥料、化学肥料等。

三、实训内容

1. 根据花卉的种类研究修剪的方案与内容。

2. 具体操作:先修剪枯枝、残花、残叶,再修剪徒长枝、过弱枝、砧木萌蘖。

3. 根据培养计划,去除多余枝叶,根据花枝与花枝数,确定摘心和抹芽。

四、实训结果

盆花造型有哪些方法与途径?

实训十一 花期调节控制技术

一、目的要求

通过本次花期调控实验,掌握花卉期调控的基本方法和途径,为生产和科学研究服务。掌握菊花的花期调控技术。

二、材料与工具

1. 材料:菊花。

2. 工具:剪刀、喷雾器、农具等。

三、实训内容

日长处理对花期的影响。教师现场讲解指导,学生分组完成。

1. 电照

(1) 电照时期依栽培类型和预计采花上市日期而定。11 月下旬至 12 月上旬采收,电照期 8 月中旬至 9 月下旬;12 月下旬采收,电照期间为 8 月中旬至 10 月上旬;1 至 2 月采收,电照期为 8 月下旬至 1 月中旬;2 至 3 月采收,电照期间为 9 月上旬至 11 月上旬。

(2) 电照的照明时刻和电照时间以某一品种为例,分连续照明(太阳落山时即开始)和深夜 12 时开始两种，比较花期早晚。

（3）电照中的灯光设备：用 600 W 的白炽灯作为光源（100 W 的照度），两灯相距 3 m，设置高度在植株顶部 80～100 cm 处。

（4）重复电照，重复电照的时间分 10 d、20 d 和 30 d 三组比较花芽分化早晚及切花品质（如舌状花比例，有无畸变等）。

2. 遮光处理

（1）遮光时期：10 月上旬开花的品种在 8 月下旬，10 月中旬开花的品种在 9 月 5 日，10 月下旬至 11 月上旬开花的品种在 9 月 15 日前后终止遮光。根据基地现有品种进行遮光处理，并比较不同时期、不同品种催花效果。

（2）遮光时间带和日长比较：一般遮光时间设在傍晚或者早晨。分四种情况比较花期早晚：①傍晚 7 时关闭遮光幕，早晨 6 时打开的 11 h 遮光处理；②傍晚 6 时到早晨 6 时遮光的 12 h 处理；③傍晚和早晨遮光，夜间开放的处理；④下午 5 时到 9 时遮光，夜间开放处理。注意用银色遮光幕在晴天的傍晚保持在 0.5～11 Lx 较好，最高照度不超过 21～31 Lx。

四、实训结果

记录操作过程，观察效果并分析原因。完成任务后根据效果进行讲解、点评、考核。

第六章　名花栽培

自古以香、色、姿、韵博得人们的喜爱、富有民族特色、具有一定观赏价值，并且在国内外有较高美誉的花卉，统称为名贵花卉。

1986年，中国第一届花卉博览会评选出十大传统名贵花卉，有梅花、牡丹、菊花、兰花、月季、杜鹃、山茶、荷花、桂花、水仙。它们不仅具有较高的观赏价值，花色丰富，形态美丽，风韵独特，香味清雅，而且都富有民族特色，与中华民族的文化艺术有着密切联系。除了评出的十大名花以外，还有腊梅、紫薇、桃花等都原产于我国，栽培历史悠久，属于名贵花卉的范畴。从古至今，世界上许多名花引入中国，在我国人民的培育下已融入中国的大花园中，成为家喻户晓的名花，如君子兰、郁金香、蝴蝶兰、唐菖蒲、香石竹等。

第一节　牡　　丹

牡丹，又称木芍药、洛阳花，毛茛科、芍药属，为我国特产名花，品种繁多，花大而艳丽，富丽堂皇，为花中之王，中国十大名花之亚军，我国人民将它作为幸福美好的象征。芍药属植物在全世界共35种，其中牡丹组各种及变种全部分布在中国。因此，我国不仅是芍药属的分布中心，而且是牡丹的唯一原产地。牡丹在我国栽培广泛，历史悠久，迄今为止已有2000多年的历史，洛阳牡丹最为著名。牡丹在园林布景中无论孤植、丛植、片植都很适宜，也可作为盆花、切花栽培。丹皮可入药。

唐朝李正封有“天香夜染衣，国色朝酣酒”，赞牡丹为国色天香，寓意雍容华贵，繁荣兴旺。牡丹与吉祥之鸟凤凰组合成“丹凤戏牡丹”的传统图案，与松枝、水仙相配插于古壶之中为“仙壶集庆”，象征吉祥共庆、国泰民安。牡丹与海棠、玉兰、桂花配置，寓意“玉堂富贵”，极具吉祥意义。

一、形态特征及品种

牡丹为落叶小灌木。一般茎高1～2 m，高者可达3 m。枝条从地面丛生而出，节部和叶痕明显。肉质直根系，无横生侧根。二回三出羽状复叶，具长柄。花单生枝顶，大，萼片5，绿色，花瓣原本5～6枚，现栽培品种多为重瓣花，花色丰富，有黄、白、红、粉红、紫、绿等色。花期4月至5月。蓇葖果，种子黑色。如图6-1所示。

图6-1　牡丹

我国栽培牡丹的历史悠久，栽培品种繁多，目前全国牡丹园艺品种总数超过500种。在名品中有姚黄、魏紫、墨魁、豆绿、二乔、白玉、蓝田玉、胡红、脂红、洛阳红、状元红、首案红、一品朱衣、璎珞宝珠、赵粉、露珠粉、娇容三变、酒醉杨妃、白雪塔、昆山夜光、大棕紫、葛中紫、烟笼紫、墨撒金、青龙卧墨池等。关于我国牡丹品种分类的研究，目前还没有一致的看法，有的主张分为3类11型，亦有主张分3类10型。

二、生态习性

牡丹原产于我国西北部，虽能在全国栽培，但以黄河流域、江淮流域栽培为主，尤其是河南洛阳、山东菏泽是我国牡丹的主要生产基地、良种繁育基地和观赏中心。牡丹有“宜冷畏热、喜燥恶湿、栽高敞向阳而性舒”的说法，这基本上概括了牡丹的特点。总的来说，牡丹喜温凉气候，性较耐寒，不耐湿热。但从牡丹在全国的栽培分布来看，已跨越三个气候带，这说明牡丹在长期的栽培过程中，已具有较广的生态适应幅度。

牡丹喜光，也较耐阴。如稍作遮阳(尤其在高温多湿的长江以南地区)，避去太阳中午直射或西晒，对其生长开花有利，也有利于花色娇艳和延长观赏时间。夏秋雨水过多，叶片早落，易发生秋季开花现象。

喜疏松肥沃、通气良好的壤土或沙壤土，忌黏重土壤或低洼积水之地。土壤从微酸性、中性到微碱性均可，但以中性土为宜。

牡丹种子有上胚轴休眠的习性。植株生长缓慢，每年新梢枯萎，还有“退枝”现象，故有“牡丹长一尺，退八寸”之说。实生苗一般 5～6 年开花。南京地区，3 月上旬萌动，4 月上旬现蕾，4 月下旬开花，花期 10 d 左右。

三、繁殖方法

牡丹可以采用分株、嫁接、扦插和播种等多种方法繁殖，其中最常用的是前两种方法。

(1) 分株繁殖　简单易行，但繁殖率较低。通常在秋季进行，先将 4～5 年生的大丛牡丹整株挖出，去掉根上附土，放阴凉处晾 2～3 d，待根稍变软后视其相互连接的情况。找出容易分离之处，用手掰开或用刀劈开，株丛大的每株可分 4～5 株，然后栽植。

(2) 嫁接繁殖　多以芍药根作砧木，选用大株牡丹根际上萌发的新枝或枝干上一年生的短枝作接穗。用劈接法或嵌接法进行嫁接，嫁接于秋季进行。

(3) 扦插繁殖　选择根际萌发的枝条为插穗，长 15 cm 左右，用 300 ppm 吲哚丁酸处理后插于苗床，扦插深度为插穗的 1/3 或 1/2，插后立即浇水，以后经常保持床面湿润。并进行遮阳。

(4) 播种繁殖　用于培育新品种。种子九分成熟时采收即播种，这种方法第二年春季发芽整齐，若种子老熟或播种过晚，第二年春季多不发芽，要到第三年春季才发芽。播种苗床要高，以防积水，播后覆草保持土壤湿润。

四、栽培技术

牡丹为肉质根，栽植时要选择疏松、肥沃、深厚的沙质壤土，并选择地势高燥，排水良好的地方。栽植宜在中秋，俗称“牡丹生日”时进行。挖苗时注意少断细根，宜随挖随栽。如需长途运输，宜先晾根一日，再行打包装运。栽前要对根部进行适当修剪，剪去病根和折断的根，再用 0.1%的硫酸铜溶液或 5%的石灰水浸泡 0.5 h 进行消毒，然后取出用清水冲洗后再栽，栽植深度以根茎交接处与土面齐平为好。

牡丹喜肥，要想使牡丹花大色艳，避免“隔年开花”的现象，每年至少需施 3 次肥：第一次花前肥，在 2 月解冻后；第二次花后肥，5 月上旬；第三次入冬前。为使牡丹生长健壮，年年开花，花多色艳，还要进行整形修剪，包括定干、修枝、除芽、疏蕾等项工作。

牡丹也适宜于促成栽培，通过温度的控制，可使在元旦、春节开花。其方法是将牡丹于节前 35～60 d 上盆，搬入温室后逐步升高温度，白天 20～25 ℃（超过 25 ℃要开窗通风），晚上 10～25 ℃，并增加相对湿度；每隔 10 d 施一次稀薄肥液，也可用 0.2%～0.3%的磷酸二氢钾喷叶面作追肥。如花芽不萌动，可用 300～500 ppm 赤霉素液涂抹鳞芽，可促使萌动，这样经过 40～45 d，最多 60 d 即可开花。如开花提前，可将盆花移入低温（5～15 ℃）室内暂时储放。

五、牡丹与芍药的关系

牡丹和芍药都是我国的传统名花，也是世界的著名花卉。我国不仅牡丹、芍药资源丰富、栽培历史悠久，而且也是世界上芍药属植物的自然分布中心和多样性中心，同时也是栽培品种的艳情源与演化的中心，成为全球种植面积最广、品种最齐全、花文化内涵最丰富最深蕴、表现形式最多样化的牡丹、芍药大国。无论是在园林中或是建筑上、织锦上、工艺品上，还是在绘画、雕刻、诗词歌赋、戏曲、小说中，都有它们的倩影。因此，在历代国人心目中，牡丹被荣尊为花中之王，芍药被尊为一花之下、万花之上的花相（宋·陆佃《婢雅》），并称"花中二绝"，成为家喻户晓、蜚声中外的天都神花（牡丹）和绰约之花（芍药）。但牡丹和芍药毕竟来自两个不同小家族的成员（牡丹组和芍药组），各有各自的具体特征。两者有如下区别。

1. 营养器官的形态特征对比

牡丹小家族的各个种都是落叶灌木或亚灌木植物，地下部分为粗壮的肉质根系，地上部分都为木质化的枝干。如果管理养护得好，可以存活百年以上。芍药的寿命与牡丹相比较短，一般生存数十年。

2. 繁殖栽培技术上的不同点

(1) 牡丹繁殖除播种、分株外，还可采用嫁接、扦插、压条等方法；而芍药除播种、分株外仅可插根繁殖，无法嫁接和压条。

(2) 牡丹在栽培管理中需要按时按植株整形修剪，更新复壮；而芍药则勿需要整形修剪，只是待花蕾出现后及时剥除侧生幼蕾而已。

(3) 除常规栽培外，牡丹已形成了成熟的促成或抑制栽培技术，并逐步走向专业化和商品化生产；而芍药虽有促成或抑制栽培技术，但尚缺乏稳定与成熟。

第二节 中国兰花

中国兰花，又称山兰、幽兰，兰科、兰属。兰花是我国传统十大名花之一，被誉为"天下第一香"，它被看做是高洁、典雅的象征，并与梅、竹、菊并列，合称"四君子"，用以题诗作画，风韵尤绝。

一、形态特征及品种

兰花是一类地生或附生的多年生草本植物，在形态、构造上变化甚大。丛生须根，粗壮肥大，肉质，分枝较少，有菌根与之共生。茎有两种形式：一是根茎，就是在根、叶相接处有一膨大多节的假球茎。二是花茎，又称花草或花梗，其外围着生花和数层苞叶。叶也有两种形式：一是从假球茎抽生的寻常叶，带形或线形，革质，具平行脉，常簇生成束，每束 3～7 片不等；另一种是着生在花茎上的变态叶。兰花单生或由多数花柄长短略等的花着生在花梗上，成总状花序，花瓣向上翻卷似僧帽，有红、白、紫、橙红以及红边白心、深红斑点等颜色，芳香。

图 6-2　兰花

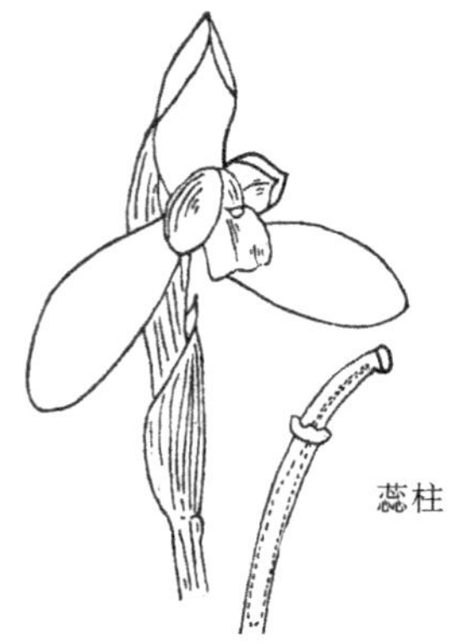

图 6-3　兰花花部与蕊柱

蒴果球形，种子微小如粉末状，每果常合种子数万至数十万粒之多。如图 6-2 所示。

兰花有独特的花部结构，如图 6-3 所示。

(1) 花萼　3 枚，中间 1 枚为中萼片，俗称“主瓣”，两侧各有 1 枚侧萼片，俗名“副瓣”，以绿色无杂色为贵，两枚侧萼片的着生情况在观赏价值上有重要意义。两枚侧萼片若向下侧垂，俗称“落肩”，不能入选；侧萼片排成一字，名为“一字肩”，观赏价值较高；如两枚侧萼片向上翘起，称之“飞肩”，极为名贵。

(2) 花瓣　花萼之内为 3 枚花瓣。两枚侧花瓣俗名“捧心”。中间的花瓣特化为唇瓣，俗称“舌”，唇瓣 3 裂，中裂片常反卷，唇瓣上有斑点和各种色彩，因种而异。唇瓣中部有两条突起的褶片，互相平行。花色不带红色的称之素心，带红色的称之彩心。以素心为贵。

(3) 蕊柱　是雄蕊花丝和雌蕊花柱合生而成，俗称“鼻头”，兰花有 3 枚花药，2 枚退花，1 枚发育具 4 个花粉块，由一个黄色药帽盖住，近蕊柱顶端前侧有一腔穴，是授粉的柱头。称为药腔或药穴。

(4) 苞片　每朵花的花梗下都有 1 枚苞片，有保护花蕾的作用。

(5) 鞘　俗名“壳”，鞘色和花色常相关。

兰花种类繁多，我国传统栽培的兰花，大致分以下四大类。

(1) 春季开花类　春兰、春箭等。

(2) 夏季开花类　惠兰、台兰等。

(3) 秋季开花类　建兰、漳兰等。

(4) 冬季开花类　墨兰、寒兰等。

二、生态习性

兰花原产于我国。喜温暖湿润，特别以冬暖夏凉最为理想，切忌高温干燥。冬季要求以不结冰为好，保持 3～7 ℃最宜，夏季以 25～28 ℃为合适。在自然分布中，兰花产地旁有溪涧，常年承受雨露，且年降雨量要求在 1000 mm 以上。要求上层深厚、腐殖质丰富，呈黑褐色的疏松肥沃、透水保水性能良好的微酸性土壤 pH 值为 5～6.5，忌积水。

兰花喜阴，要求日照时间短，在自然分布中表明，春兰要求树荫郁闭度在 0.7～0.95；惠兰要求 0.5～0.8，光照时间较春兰稍长；建兰、墨兰、寒兰也要求大的郁闭度庇荫。兰属植物在原产地区有休眠的习性，这取决于雨季和旱季。通常旱季在冬天，是兰花的休眠期，雨季在春夏季，是兰花的生长期，能不断绽蕾开花。

三、繁殖方法

(1) 分株　在春秋两季均可进行，一般每隔三年分株一次。凡植株生长健壮，假球茎密集的都可分株，分株后每丛至少要保存5个连接在一起的假球茎。分株前要减少灌水，使盆土较干。分株后上盆时，先以碎瓦片覆在盆底孔上，再铺上粗石子，占盆深度1/5至1/4，再放粗粒土及少量细土，然后用富含腐殖质的沙质壤土栽植。栽植深度以将假球茎刚刚埋入土中为宜，盆边缘留2 cm沿口，上铺翠云草或细石子。最后浇透水，置阴处10～15 d，保持土壤潮湿，逐渐减少浇水，进行正常养护。

(2) 播种繁殖　兰花种子极细，种子内仅有一个发育不完全的胚，发芽力很低，加之种皮不易吸收水分，用常规方法播种不能萌发，故需要用兰菌或人工培养基来供给养分，才能萌发。播种最好选用尚未开裂的果实，表面用75%的酒精灭菌后，取出种子，用10%次氯酸钠浸泡5～10 min，取出再用无菌水冲洗3次即可播于盛有培养基的培养瓶内。然后置暗培养室中，温度保持25 ℃左右，萌动后再移至光下即能形成原球茎。从播种到移植，需时半年到一年。

(3) 组织培养　有条件的地方可用此法繁殖。

四、栽培管理

(1) 场地选择　要求四周空旷，通风良好，并靠近水面，空气湿润，无煤烟污染。场地的西南面，可种常绿阔叶树，郁闭度应在0.7左右，这样可减少午后阳光照射，调节湿度与温度。

(2) 浇水　以雨水或泉水为宜，不宜用含盐碱的水。如用自来水，应将水搁置数天后使用。浇水要看气温情况而定，春季浇水量宜少，夏季宜多；梅雨季节正值兰花抽生叶芽，盆土宜稍干；秋后天气转凉，浇水量酌减，保持湿润即可。冬季在室内宜干，减少浇水次数，且宜于中午时浇。兰花可淋小雨，但连续下雨或暴雨则易烂心、烂叶，故须注意防雨。

(3) 施肥　栽兰宜用饼肥，以草木灰4份、豆饼10份、骨粉10份混合拌匀，放于缸内，分几次加水，使豆饼浸涨为止，后加盖密封，经一年腐熟，再制成干粒。使用时放于盆面即可。如用全粪，也应经一年腐熟，掺水冲淡滤渣使用。一般从5月开始施肥，至立秋停肥，掌握薄肥多施。施肥应在傍晚进行，第二天清晨再浇1次清水。

(4) 遮阳及防寒　除早春及冬季外，都要放在露天棚下。荫棚要求通风良好，兰花在3～4月间刚出房时，可以多晒太阳，以后蔽荫时间渐增。冬季兰花须搬入室内防寒，室温保持1～2 ℃即可。另外，兰花在春季出房后，秋季进房前，也要注意防霜。

五、艺兰

中国兰花品种很多，根据观赏部位不同分为“花艺”和“叶艺”两大类型。

1. 花艺

花艺主要从兰花的花朵来鉴定兰花的好坏，一般可从四个方面来鉴定：一是兰花的瓣型。按瓣型兰花可分为梅型、荷型、水仙型。其中以梅型、荷型为上档次的品种。梅型的捧瓣起硬点，肉质化；主瓣、副瓣前端窝圆起兜；舌瓣舒直不卷或微卷。荷型的花瓣中前部放宽，并且紧边起兜，状如莲藕花瓣。瓣型花花瓣厚正，性状稳定，不因环境而变化。二是兰花的色彩。在有色彩的兰花中，以红、黄、绿、白为上档次的品种。其中红以艳红、水红、粉红为

好,黄以菜花黄为好,绿以淡绿为好,白以柔白为好。三是素净的兰花。素指白色,净指无杂色。指纯白皓洁的兰花。色彩兰在不同阳光、气候、环境中会发生色变,但素兰始终如一。如云南滇西的莲瓣兰素花品种,净白如羊脂玉,香味清远。四是奇异的兰花。花瓣或多或少,色彩出现明显艺感,有出乎意想的变化美。如蝶型瓣花瓣局部变白变厚,上面有红紫斑点、线条,瓣边出现波状凸凹。

2. 叶艺

叶艺主要分为嘴、边、线、透、斑五类。嘴指兰叶叶尖部分有不同于叶面的异色,有金嘴、银嘴、绿嘴之分;边指兰叶边缘镶有白、黄、绿、紫等色的条边;线为兰叶上有线条般的其他颜色,有长有短,有多有少,有黄、白、绿、红等色;透是指兰叶的前端尾处为绿色,而在叶中骨中间或两侧具有与原叶片不同的色泽;斑是指兰中上带有斑状、点状、块状的排列规则或不规则的色斑。常见的品种有金丝马尾、银边大贡、金边大贡、银边墨兰、金嘴墨兰、达摩兰、鹤之华、大勋、爱国、瑞玉等。

第三节　梅　　花

梅花,蔷薇科、李属,为中国的十大名花之首。梅花是中国特有的花果植物,已有 3000 年的栽培历史。观赏梅花的兴起大致始于汉初,梅花在中国现已广为栽培。云南和四川是野生梅花的分布中心。现在栽培的梅可分为果梅和花梅两大类。梅花在欧美栽培较少,只有在植物园中方可看到,但在日本及朝鲜有一定数量的栽培。梅在园林中主要用于造景,常与松、竹栽培在一起,称之为岁寒三友。现在梅花也用于生产切花。此外,花可入药,梅子可食。

1987 年,上海文化出版社曾主办了"中国传统十大名花评选"活动,其中梅花得票最多。它为什么会获此殊荣,因为它确实超群脱俗,具有如下独到的十大优点。

(1) 花开特早而花期常较长。此花开放季节正值春寒料峭之际。傲雪而开,乃世界植物界奇观。同时,它在较低温度下能着蕾开花,还能在 0 ℃条件下花粉有一定的发芽率。在 0～2 ℃冰箱中,梅与不同近缘种(山桃、杏等)间的授粉表现出亲和力,梅的花粉也能正常发芽。

(2)"隆冬到来时,百花迹已绝。梅花不屈服,树树立风雪"(陈毅诗句)、"一朵忽先变,百花皆后春。欲传春信息,不怕雪埋藏"(陈亮诗句),这些诗句借梅花歌颂了中华民族传统的坚忍不拔和坚贞勇敢精神。梅花的风骨,在毛泽东《卜算子・咏梅》(风雨送春归,飞雪迎春到,已是悬崖百丈冰,犹有花枝俏。俏也不争春,只把春来报,待到山花烂漫时,她在丛中笑。)词中,更得到高度体现。

(3) 我国特产名花。自西藏经滇、川、黔,华中(湖北、湖南、江西),华南(广东、广西、福建),华东(安徽、浙江、江苏)、陕西(南部)直至我国台湾的 15 个省、区,均有野生,在名花中系广布种之一。

(4) 树姿苍劲传神,枝姿有直有垂有曲,花形端雅,花色丰富动人,花香沁人肺腑,可谓神、姿、形、色、香俱美。梅花的美达到了东方审美的最高境界,它贵稀不贵繁,贵老不贵嫩,贵瘦不贵肥,贵合不贵开。而且梅以曲为美,直则无姿;以奇为美,正则无景;以疏为美,密则无态。

(5) 品种繁多。在枝姿、花型、花色、萼色、花瓣等方面均富变化。

(6) 系长寿树种。如云南昆明曹溪寺之元梅，老态龙钟，树龄 700 年，位居国内“梅寿星”之首。我国迄今发现元梅（连曹溪寺者）4 株，树龄 650～700 年；明梅 6 株，树龄 380～500 年。此外，云南、安徽、浙江、湖北等省还有若干百年以上的老梅。

(7) 一般抗性较强，抗旱、耐瘠薄能力尤著。又抗根癌、抗线虫害，绝少毁灭性病虫为害。有一定的抗寒性，一般能耐零下 15 ℃以内低温。对土壤要求不严，多能在不同土质中生长。适应性强，露地栽培分布遍及北京以南各地。近年通过引种、育种，已有若干品种可在三北地区（西北、华北和东北）及京、津地区露地栽培应用。

(8) 国外栽培少。仅在日本、朝鲜、新西兰等国受到一定的重视。

(9) 易于形成花芽，甚至可在老干上缀聚花朵。耐修剪，易于催花（促成栽培），故除在适区露地栽种于园林、风景区外，还可用切花和瓶花、盆花、盆景及催延花期等。干花及根、种仁等入药，果梅（梅子）炮制成乌梅、酸梅膏，均入药，作制菌、止痢剂用。未熟梅子是调味品和催熟剂（炖肉等用），梅果制话梅、青梅、陈皮梅，酸梅汤等食用，国内外供不应求。

(10) 除汉族外，在有梅树野生的白族、纳西族、壮族、瑶族、苗族、藏族、土家族、彝族、高山族等少数民族地区，梅同样也为群众所欣赏。可见此花已拥有多民族的深情，这在观赏树木中还是较为罕见的。

一、形态特征及品种

梅花为落叶小乔木，树冠开张。新梢光滑，通常绿色或带红褐色。叶互生，卵形，先端长渐尖，先叶开花，花着生于一年生枝的叶腋、单生，也有 2 朵簇生，白、红、粉红等色变化较多，芳香，单瓣至重瓣，萼片明显，花后常不反折，雄蕊多数，花丝较长，雌蕊一个或数个，核果近球形，有纵沟，熟时变黄，有香味。如图 6-4 所示。

图 6-4　梅花

我国梅花品种极为丰富，现有 300 多个品种按进化与关键性状可分为 3 系，5 类，16 型。

(1) 真梅系　是由梅花的野生原种或变种演化而来，按其枝姿分为直枝类、垂枝类和龙游类。其中直枝类最常见，品种最多，按其花型、花色、萼色，将其分为江梅型、宫粉型、玉蝶型、朱砂型、绿萼型、洒金型和黄香型。垂枝类分为单粉垂枝型、残雪垂枝型、白碧垂枝型和骨红垂枝型。龙游类现仅有一个型、一个品种，即玉蝶龙游型，龙游梅。

(2) 杏梅系　其形态介于杏、梅之间。仅有一类，即杏梅类，下有单杏型、丰后型、送春型。

(3) 樱李梅系　是宫粉型梅花与红叶李的种间杂种，最早由法国人于 19 世纪末育成，目前仅有美人梅一类一型，下辖“美人梅”一个品种。

二、生态习性

梅花原产我国，喜温暖气候，较耐寒，但一般不能抵抗－15～－20 ℃以下的低温，它对温度很敏感，旬平均气温达 6～7 ℃时即开花，乍暖之后尤易提前开花。梅花喜空气湿度较大，但花期忌暴雨，要求排水良好，涝渍数日即可大量落黄叶或根腐致死。对土壤要求不严，以粘壤土或壤土为佳，中性至微酸性最宜，微碱性也可正常生长。忌在风口栽培。梅是阳性树种，最宜栽植在阳光充足，通风良好之处。否则生长不良，开花稀少甚至全不开花。发枝力甚强，故较耐修剪，老树易于复壮。

三、繁殖方法

最常用的是嫁接，扦插、压条次之，播种又次之。作为梅的砧木，南方多用梅和桃，北方常用杏、山杏或山桃。杏和山杏都是梅的优良砧木，嫁接成活率也高，且耐寒力强。梅本砧表现良好，尤其用老果梅树花作砧嫁接成古梅树桩，更为相宜。通常用切接、劈接、舌接、腹接或靠接，于春季砧木萌动后进行。腹接还可在秋天进行，芽接多于 6 月至 9 月进行。梅树扦插，因品种不同，其成活率差异很大，一般于 11 月份扦插 10～15 cm 一年生枝。插前用 500 ppm 吲哚丁酸作快浸处理，可提高成活率。压条一般于早春进行，将 1～2 年生、根际萌发的枝条用利刀环剥大部，埋入土中深 3～4 cm，平时注意保湿，于秋后割离、分栽。为了培育新品种和砧木，多用播种，6 月收成熟种子，清洗晾干，秋播。如春播，应进行层积处理。

四、栽培管理

梅花的栽培，有园林栽培、切花栽培、盆景栽培以及催延花期栽培等方式。

1. 园林栽培

最重要的是要适地适树，要选择适当的地点，切合其生态要求。一般栽 2～5 年生大苗，栽植方式可用孤植、丛植或群植。栽前要掘树穴，施基肥，栽后要浇透水，加强管理，梅树整形，以自然开心形为宜。修剪一般宜轻度，并以疏剪为主，短截为辅。一年一般应施三次肥，即秋季至初冬施基肥，含苞前尽早施速效性肥，新梢停止生长后（6 月底、7 月初）要适当控制水分，并施过磷酸钙等速效性“花芽肥”，促进花芽分化。

2. 切花栽培

以生产切花为主要目的栽培梅花，多在露地成片栽种，株行距可较小（3×3 m），主干分枝点留低（约 30 cm），并适当重剪，多施肥料，以促进大量生长较长的花枝。做切花栽培的品种，要求长势健旺，而且能年年着花繁密，如宫粉型梅。

3. 盆景栽培

先将苗木经露地栽培数年后，于年底上盆，栽前栽后均要加以整形修剪。必要时可用刀切、棕丝扎、铁丝缠。修剪梅桩、盆梅，应较露地梅花为重。盆梅浇水要适度，太多易落黄叶，太干易落青叶，在新梢达到 30 cm 左右后，约在 6 月间要适当控制水分，并增施追肥，促进花芽分化。花前先置于冷室向阳处，含苞待放时移至室内观赏，花后应进行强度短截，仍移至露地培养，借以恢复元气，增强长势。

4. 催延花期栽培

可令其春节、五一、国庆、元旦等节日开花。因梅花对温度很敏感，要使它在元旦、春节开花，因时间已接近自然花期，很易做到，但要注意增温不宜太猛，要经常洒水，以保持空气湿度，并将其放置于阳光充足处，花蕾露色后，移至低温处，这样可维持正 10～20 d 不开花，若给予 10～15 ℃的条件，则经一周左右即可开花。如要在“五一”开花，可将花芽丰富的盆梅置于略高于冰点的冷室中，至翌年 4 月上中旬逐渐移出室外。若要提前至“十一”开花，则要在抽梢长 30 cm 后及时“扣水”，重施追肥，并摘除全部叶片，再依次给以低温和增温处理，促其新形成的花芽提前于“十一”前夕吐蕊。

第四节 菊 花

菊花，也称艺菊，多年生菊科草本植物，是经长期人工选择培育出的名贵观赏花卉，品种已达千余种。菊花原产我国，据典籍记载已有3000多年的栽培历史。唐代时菊花在中国的栽培已很普遍，而到了宋代更得到了极大的发展，栽培技艺得到极大提高，品种增加了很多。现在全世界的菊花园艺品种约20000～25000个，我国有7000个园艺品种。如此众多的菊花园艺品种，不仅花色各异，而且花形、瓣型、花期、整枝方式以及园林应用方面也有很大差异。菊花由于品种繁多，因此用途也极为多样，可选用早花品种及岩菊布置花坛、花径、岩石园等。菊花是世界上重要的切花品种之一，在切花销售中居首位。此外，切花还可供花束、花园、花篮制作用。杭白菊则可入药。如图6-5所示。

图6-5 菊花

一、形态特征及品种

菊花株高20～200 cm，通常30～90 cm。茎色嫩绿或褐色，除悬崖菊外多为直立分枝，基部半木质化。单叶互生，卵圆至长圆形，边缘有缺刻及锯齿。头状花序顶生或腋生，一朵或数朵簇生。舌状花为雌花，筒状花为两性花。舌状花分为平、匙、管、畸四类，色彩丰富，有红、黄、白、墨、紫、绿、橙、粉红、棕、雪青、淡绿等。筒状花发展成为具各种色彩的“托桂瓣”，花色有红、黄、白、紫、绿、粉红、复色、间色等色系。花序大小和形状各有不同，有单瓣，有重瓣；有扁形，有球形；有长絮、短絮、平絮和卷絮；有空心和实心；有挺直的和下垂的，式样繁多，品种复杂。根据花期迟早，有早菊花、晚菊花、8月菊、7月菊、5月菊等。根据花径大小区分，花径在10 cm以上的称大菊，花径在6～10 cm的为中菊，花径在6 cm以下的为小菊。根据瓣型可分为平瓣、管瓣、匙瓣、桂瓣、畸瓣5类30个花型。

(1) 平瓣型　宽带、荷花、芍药、平盘、翻卷、叠球等。

(2) 匙瓣型　匙荷、雀舌、蜂窝、莲座、卷散、匙球等。

(3) 管瓣型　单管、翎管、管盘、松针、疏管、管球、丝发、飞舞、钩环、璎珞、贯珠等。

(4) 桂瓣型　平桂、匙桂、管桂、全桂等。

(5) 畸瓣型　龙爪、毛刺、剪绒等。

二、生态习性

菊花喜凉爽、较耐寒，生长适温18～21 ℃，地下根茎耐旱，最忌积涝，喜地势高、土层深厚、富含腐殖质、疏松肥沃、排水良好的土壤。在微酸性至微碱性土壤中皆能生长。而以pH值为6.2～6.7最好。为短日照植物，在每天14.5 h的长日照下进行营养生长，每天12 h以上的黑暗与10 ℃的夜温适于花芽发育。

三、繁殖方法

菊花用扦插、分株、嫁接及组织培养等方法繁殖。

1. 扦插

扦插可分为芽插、嫩枝插、叶芽插。芽插，在秋冬切取植株脚芽扦插。选芽的标准是距

植株较远,芽头丰满。除去下部叶片,按株距 3～4 cm,行距 4～5 cm,插于温室或大棚内的花盆或插床中,保持 7～8 ℃室温,春暖后栽于室外。嫩枝插,此法应用最广,多于 4～5 月扦插,截取嫩枝 8～10 cm 作为插穗,在 18～21 ℃的温度下,3 周左右生根,约 4 周即可定植。露地插床,介质以素沙为好,床上应遮荫。全光照喷雾插床无需遮荫。叶芽插,从枝条上剪取一张带腋芽的叶片扦插,此法仅用于繁殖珍稀品种。

2. 分株

一般在清明前后,把植株掘出,依据根的自然形态带根分开,另植盆中。栽植后给枝条喷施新高脂膜,使植株快速成活。

3. 嫁接

为使菊花生长强健,用以做成"十祥锦"或大立菊,可用黄蒿或青蒿作砧木进行嫁接。秋末蒿种,冬季在温室播种,或 3 月间在温床育苗,4 月下旬苗高 3～4 cm 时移于盆中或定植田间,5 月至 6 月间在晴天进行劈接。

4. 组织培养

用组织培养技术繁殖菊花,有繁殖迅速、成苗量大、脱毒及保持品种特性等优点。基本培养基为 MS,附加适量植物激素,pH 值为 5.8。用菊花茎尖、嫩茎或花蕾为外植体,切成 0.5 cm的小段接种。培养室温度为 25 ℃,每日照光 8 h,光强 3000～4000 Lx。经 1～2 个月培养,可诱导成苗。

四、栽培管理

1. 盆栽菊的栽培管理

盆栽菊花大致可归纳为一段、二段和三段根系栽培的三种方式。

(1) 一段根系栽培法　长江、珠江流域及西南地区多用此法。即 5 月扦插,6 月上盆,8 月上旬停止摘心,9 月加强肥水管理,促其生长,10 月至 11 月开花。各地盆栽菊的方法不同,主要有以下五种。①扦插后即上盆,此法优点为根部损伤少,花色正,花期长,但较费工。②瓦筒地植上盆,扦插苗植于三片瓦围成的瓦筒中栽培,待花蕾上色时挖起上盆。此法较前者省工,但挖苗时易伤根,花期与花的品质不如前者。③地植套盆法,扦插苗定植于高畦上,7 月初套上大孔盆,使苗从盆孔伸出,分次加土,现色时铲断地下根部。④盆中嫁接法,3 月间播种育蒿苗,5 月间在蒿苗上嫁接菊花,以后管理同扦插上盆法,用此法繁殖,植株健壮,花大且开花较早,但较费工。⑤地植嫁接套盆法,3 月间将育好的青蒿苗栽于畦中,5 月间嫁接,花蕾现色时移入盆中。其优点管理方便,株植强健,花亦大。缺点是伤根较重。

(2) 二段根系栽培法　此法在东北地区常用,在江西、湖南等地也有应用。在 5 月至 6 月秆插,幼苗成活后上盆,加土至盆深的 1/3～1/2。7 月下旬至 8 月上旬停止摘心。待侧枝长出盆沿后,用盘枝法调整植株的高度,并将枝条加以固定,使其分布均匀,上部加上覆盖,不久盘压的枝上即生出根来。当枝条长到一定高度时,还可再盘枝调整一次,然后加足肥土。应用此法,菊花外形整齐美观,植株较矮,叶片丰满,枝条健壮,花大,花期长。因盘枝上又生根,故称为二段根系栽培法。

(3) 三段根系栽培法　这是华北地区常用的栽培方法。从冬季扦插至次年 11 月开花,需时 1 年。北京艺菊名家总结出以下 4 个阶段,即冬存,秋末冬初选健壮脚芽扦插养苗;春种,4 月中旬分苗上盆,盆上用普通腐叶土,不加肥料;夏定,利用摘心促进脚芽生长,至 7 月中旬出土脚芽长至10 cm左右时，选发育健全，芽头丰满的苗进行换盆定植；秋养，7月上、中旬将选好的壮苗移入直径20～24 cm的盆中，盆土用普通培养土加0.5%过磷酸钙。将小盆中的菊苗连土坨倒出，以新芽为中心栽植，并剪除多余蘖芽，加土至原苗深度压实。换盆后，新株与母株同时生长，待新株已发育苗壮后，将老株齐土面剪去。剪除母本后松土，填入普通培养上，并加20%～30%的腐熟堆肥。这时盆中已有8成满的肥土。1周后第三段新根生出，新老三段形成强大根系，整个栽培过程，换盆1次，填土2次，植株三度发根。

2. 造型菊的栽培管理

将菊花进行艺术加工，构成一种特定的形式。

(1) 悬崖菊　一般选用小菊品种，用一端弯曲的竹片插入盆中，另一端固定于架上，使植株沿竹片生长，与地面呈45°，每2～3节绑扎一次。主枝任其生长，侧枝反复摘心，至9月下旬停止摘心。现蕾后进行几次剥蕾，移入大盆养护。悬崖菊一般主枝长约1.5 m，置于石旁水畔及假山上，枝垂花繁，颇具特色。如制作大悬崖菊，须提前7月至8月间扦插，并于8月至次年3月每日增加光照14 h以上，以抑制当年出现花蕾。因悬崖菊植株长大，故所需水肥较多，应予充分供应。

(2) 大立菊　选用分枝性强，枝条柔软的大花品种，精心培育1～2年，每株可开数十至数千朵花，适于展览会及厅堂用。常用扦插法栽培。特大立菊则常用蒿嫁接，并用长日照处理培养2年即成。扦插法栽培要点:9月间挖5～10 cm长的健壮脚芽插于浅盆中，生根后移于直径12 cm的盆中，室内越冬。次年1月移入大盆。当苗生7～9片叶时，留6～7片叶摘心。上部留3～4个侧枝，以后每侧枝留4～5片叶反复摘心。春暖后定植，以后约每20 d摘心1次，8月上旬停止。植株增插1根细竹，固定主干，四周再插4～5根竹竿，引绑侧枝。至9月上旬移入大盆。立秋后加强水肥管理，经常除芽、剥蕾。当花蕾直径达1～1.5 cm时，用竹片制成平顶形或半球形的竹圈套在植株上，并与各支柱连接绑牢，然后用细铅丝把均匀地系于竹圈上，继续养护。这样培养的大立菊，一株可开花数百朵。

(3) 菊树　将各种不同花型、花色的菊花接在一株3～5 m高的黄花蒿上，砧木主枝不截顶，让其生长，在侧枝上分层嫁接。各色花朵同时开花，五彩缤纷，非常壮观。培养十祥锦菊，在选用接穗品种时，要注意花型、花色、花大小等的协调和花期的相近，以使全株表现和谐一致。

(4) 案头菊　株矮、花大，可布置厅堂、几案。它有占地面积小，生长期短，观赏时间长等优点。案头菊的栽培主要掌握选择品种、适时育苗与激素处理三要点。案头菊宜选用大花、花型丰满、叶片肥大舒展的矮形品种，如绿云、绿牡丹、帅旗、灯下舞娘等。扦插育苗的时间宜在8月至9月间。待根系粗壮时移入直径10 cm的盆中，1周后施完全肥料，以后逐渐加大肥料浓度，至花蕾透色时停止施肥。每次浇肥水，切忌过多。扦插成活后，即用2%矮壮素B9(N-2甲胺基丁二酰胺酸)水溶液处理，以后每10 d处理1次，直至现色为止，总共4～5次，即可实现矮化。

第五节　荷　　花

荷花，我国常见栽培的水生花卉，睡莲科、莲属，该属全世界只有两种，即美国的黄莲以及原产亚洲热带地区和大洋洲的荷花。荷花婀娜多姿，高雅脱俗，是中国十大名花之一，既可观花又可观叶。她“出淤泥而不染”的品格深受人们喜爱。我国栽培荷花的历史非常悠久，远在2500年前的春秋战国时期就已开始栽培。荷花的栽培和传播与佛教有着密切的关系，世界各地佛教两大宗之一的大乘佛教均用荷花作为佛座。中国是栽培荷花的原产地，且品种资源丰富，现有200个左右品种。荷花在园林应用中主要作为水景装饰。

一、形态特征

图6-6　荷花

荷花根茎（藕）肥大多节，横生于水底泥中。叶盾状圆形，表面深绿色，被蜡质白粉，背面灰绿色，全缘并呈波状。叶柄圆柱形，密生倒刺。花单生于花梗顶端、高出水面之上，倒卵形、舟形、端圆钝具明显纵脉。有单瓣、复瓣、重瓣及重台等花型；花色有白、粉红、深红、淡紫色或间色等变化；雄蕊多数；雌蕊离生，埋藏于倒圆锥状海绵质花托内，俗称莲蓬，每一孔洞内生一小坚果（莲子）。花期6月至9月，每日晨开暮闭。果熟期9月至10月。如图6-6所示。

二、生态习性

荷花喜温，春季温度上升至13 ℃，地下茎开始萌动，生长适温为23～33 ℃，耐高温，当气温高达40 ℃左右时，还能花繁叶茂。缸、盆种植，只要容器内有水，－5 ℃左右不致受冻。荷花喜湿，喜相对稳定的静水，整个生长期不能缺水。荷花为阳性植物，喜强光照，极不耐阴。对土壤要求不严，但以pH值为6.5、富含有机质的黏性土壤为佳。

三、繁殖方法

1. 种子繁殖

首先要破壳。5月至6月将种子凹进的一端在水泥地上或粗糙的石块上磨破，浸种育苗。要保持水清，经常换水，约一周左右出芽，两周后生根移栽。每盆栽一株，水层要浅，不可将荷叶淹在水中，90%左右当年可开花，但当年开花不多。实生苗易发生变异，不能保持品种的优良性状，一般多用于培养新品种。

2. 分藕繁殖

3月中旬至4月中旬是翻盆栽藕的最佳时期。过早栽植会有寒流影响，种藕容易受冻害。北方地区遇寒流时可用透明农膜覆盖。栽插前，盆泥要和成糊状，栽插时种藕顶端沿盆边呈20°斜插入泥，碗莲深5 cm左右，大型荷花深10 cm左右，头低尾高。尾部半截翘起，不使藕尾进水。栽后将盆放置于阳光下照晒，使表面泥土出现微裂，以利种藕与泥土完全黏合，然后加少量水，芽长出后，逐渐加深水位，最后保持3～5 cm水层。池塘栽植前期水层与盆荷一样，后期以不淹没荷叶为度。

四、栽培管理

1. 水分管理

荷花是水生植物，生长期内时刻都离不开水。在观赏荷花池塘栽培中，苗期保持10～30 cm浅水为宜。当植株进入生长旺期，此时气温也较高，增加水位起到以水调温的作用，一般以20～40 cm为宜。水位过深，会抑制分枝的形成，减少开花数。缸、盆栽培荷花的水分管理，一般种藕栽培后隔 1 d 浇 2～3 cm 深的水，在钱叶长出时，水深可增至 5 cm，注意清除腐叶。随着立叶抽生，气温上升，逐渐将盆内水加满。当立叶长出 2～3 片时，将残老的浮叶摘除，保持盆面通风透光。高温季节，每天要浇水 2～3 次，保持较深的水位；雨天，也要注意补浇。荷花一旦失水，叶缘很快变枯焦，导致败蕾，至少要半个月养护才能恢复。秋后植株生长缓慢，进入休眠期，盆内维持少量水即可；当气温降到 0 ℃以下时，盆面加盖一层稻草或草帘，以利于安全越冬。

2. 肥分管理

荷花的肥料以磷钾肥为主，辅以氮肥。如果土壤比较肥，则全年可以不必施肥。腐熟的饼肥、鸡鸭鹅粪是最理想的肥料，小盆中半两即可，大盆中最多只能施 50～100 g，切不可多施，并要充分与泥土拌和。在荷花的开花生长期，如发现叶色发黄，则要用尿素、复合肥片等进行追肥，也可用 20～60 ppm 铁锰液叶片喷施，或用 2 ppm 铁锰液作灌施。

3. 越冬管理

荷花地下茎不适合在 0 ℃以下和 12 ℃以上的气温越冬，最适宜的越冬温度是 3～10 ℃。入冬以后，将盆放入室内或埋入冻土层下即可，黄河以北地区除埋入冻土层以下还要覆盖农膜，整个冬季要保持盆土湿润。

第六节　山　茶　花

山茶花，又称曼陀罗树、薮春、山椿、耐冬、晚山茶、茶花、洋茶，是山茶科、山茶属中具有观赏价值种类的统称。山茶属植物约 22 种，其中的山茶花、云南山茶、茶梅以及近年来在我国发现的金茶花都是重要的观赏花木。山茶花花姿丰盈，端庄高雅，为我国传统十大名花之一，也是世界名花之一。

山茶花原产我国，自南朝开始已有山茶花的栽培。唐代山茶花作为珍贵花木栽培。到了宋代，栽培山茶花已十分盛行。南宋时温州的茶花被引种到杭州，发展很快。明代《花史》中对山茶花品种进行描写分类。到了清代，栽培山茶花更盛，茶花品种不断问世。1949 年以来，我国山茶花的栽培水平有了一定的提高，品种的选育又有发展。目前我国山茶花品种已有 300 个以上。在浙江、福建和江苏等地已开始批量生产。目前，已成为花卉市场冬季主要的盆栽观赏花木。

一、形态特征与品种

山茶花为常绿阔叶灌木。叶互生，革质，椭圆形，边缘有锯齿，深绿色。花单生或 2～3 朵着生于枝梢顶端或叶腋间。花单瓣或半重瓣、重瓣。常见品种有单瓣类的晨曦，花皱边，纯白色；赛金光，花白色，被桃红色线条和洒有细点；大花金心，花大红色，花径 6～7 cm；半重瓣类有赛洛阳，花红色，具白斑；大松子，花深红色；醉杨妃，花粉红色；星桃牡丹，花桃红色。重瓣类有白宝珠，花纯白色；红芙蓉，花夹竹桃红色；花芙蓉，花白色，具红色线条；花宝珠，花粉红色，具不规则红条纹；五鹤捧球，花大红色；花佛鼎，花大红色、具少量白斑；红十八学士，花红色；赤丹，花大红色；花鹤翎，花淡红色，具白色斑点。如图6-7所示。

图 6-7　山茶花

二、生态习性

山茶花喜温暖、湿润和半阴环境。怕高温，忌烈日。山茶花的生长适温为 18～25 ℃，3 月至 9 月为 13～18 ℃，9 月至翌年 3 月为 10～13 ℃。当温度在 12 ℃以上开始萌芽，30 ℃以上则停止生长，始花温度为 2 ℃，适宜花朵开放的温度在 10～20 ℃。山茶花的耐寒品种能短时间耐－10 ℃，一般品种－3～4 ℃。夏季温度超过 35 ℃，就会出现叶片灼伤现象。山茶花适宜水分充足、空气湿润环境，忌干燥。高温干旱的夏、秋季，应及时浇水或喷水，空气相对湿度以 70%～80%为好。梅雨季注意排水，以免引起根部受涝腐烂。

山茶花属半阴性植物，宜于散射光下生长，怕直射光暴晒，幼苗需遮荫。但长期过阴对山茶花生长也不利，叶片薄、开花少，影响观赏价值。成年植株需较多光照，才能利于花芽的形成和开花。

露地栽培，选择土层深厚、疏松，排水性好，pH 值为 5～6 最为适宜，碱性土壤不适宜茶花生长。盆栽土用肥沃疏松、微酸性的壤土或腐叶土。

三、繁殖方法

山茶花常用扦插、嫁接、压条、播种和组培繁殖。

1. 扦插繁殖

扦插繁殖以 6 月中旬和 8 月底左右最为适宜。选树冠外部组织充实、叶片完整、叶芽饱满的当年生半熟枝为插条，长 8～10 cm，先端留 2 片叶。剪取时，基部尽可能带一点老枝，插后易形成愈伤组织，发根快。插条清晨剪下，要随剪随插，插入基质 3 cm 左右。扦插时要求叶片互相交接，插后用手指按实。以浅插为好，这样透气，愈合生根快。插床需遮荫，每天喷雾叶面，保持湿润，温度维持在 20～25 ℃，插后约 3 周开始愈合，6 周后生根。当根长 3～4 cm时移栽上盆。扦插时使用 0.4%～0.5%吲哚丁酸溶液浸蘸插条基部 2～5 s，有明显促进生根的效果。

2. 嫁接繁殖

嫁接繁殖常用于扦插生根困难或繁殖材料少的品种。以 5 月至 6 月、新梢已半质化时进行嫁接成活率最高，接活后萌芽抽梢快。砧木以油茶为主，10 月采种，冬季沙藏，翌年 4 月上旬播种，待苗长至 4～5 cm，即可用于嫁接。采用嫩枝劈接法，用刀片将芽砧的胚芽部分割除，在胚轴横切面的中心，沿髓心向上纵劈一刀，然后取山茶接穗一节，也将节下基部削成正楔形，立即将削好的接穗插入砧木裂口的底部，对准两边的形成层，用棉线缚扎，套上清洁的塑料口袋。约 40 d 后去除口袋，60 d 左右能萌芽抽梢。

四、栽培管理

栽培山茶花有地栽和盆栽两种方式。

1. 地栽

首先要选择在适合其生态要求的地段种植。种植时间以秋植较春植好。施肥要掌握好三个关键时期：2 月至 3 月施肥，以促进春梢和起花后补肥的作用；6 月间施肥，以促进二次枝生长，提高抗旱力；10 月至 11 月施肥，使新根慢慢吸收肥分，提高植株抗寒力，为明年春梢生长打下良好基础。山茶不宜强度修剪，只要删除病虫枝、过密枝和弱枝即可。为防止因开花消耗营养过大和使花朵大而鲜艳，故须及时疏蕾，保持每枝1～2个花蕾为宜。

2. 盆栽

(1) 盆子大小与苗木的比例要恰当。所用盆土最好在花园土中加入1/2～1/3的松针腐叶土。

(2) 上盆时间以冬季11月或早春2月至3月为宜，萌芽期停止上盆，高温季节切忌上盆。

(3) 苗新上盆时，水要浇足。以盆底透水力度，平时浇水要适量。要求做到浇水量随季节变化而变化，夏季叶茎生长期及花期可多浇水，新梢停止生长后要适当控制浇水，以促进花芽分化。梅雨季节，应防积水，入秋后应减少浇水。浇水时水温与土温要相近。

(4) 注意遮阳与防害。山茶一般作温室栽培，春天与梅雨期要给予充足的阳光，否则枝条生长细弱，并引起病虫危害。高温期要遮阳降温，冬季要及时采取防冻措施，盆苗在室内越冬的，以保持3～4 ℃为宜，若温度超过16 ℃，就会促使提前发芽，严重时还会引起落叶、落蕾。

(5) 注意病虫害防治。山茶室内栽培时，遇通风不好，易受红蜘蛛、蚧壳虫危害。用常规法防治。梅雨季节空气湿度大，亦常发生病害，可喷波尔多液或25%多菌灵预防。

第七节　杜　鹃　花

杜鹃花，又称映山红，杜鹃花科、杜鹃花属，是我国十大传统名花之一，有“花中西施”之美誉。其栽培历史悠久，园艺品种极其丰富。由于它枝叶稠密、四季苍翠、花色繁多、鲜艳夺目，以之布置园林无处不可，用作盆栽随处相宜，极具观赏价值，深受人们的喜爱。白居易赞誉：“闲折两枝持在手，细看不是人间有。花中此物是西施，芙蓉芍药皆嫫母。”

一、形态特征及品种

杜鹃花有常绿和落叶之分，依不同的花期又可分为春鹃、夏鹃、春秋二季性杜鹃、西洋鹃四大类。杜鹃花多分布于寒带、温带或热带的高山上，在我国广泛分布于长江流域及珠江流域各省区；近年来在北方地区也有了较普遍的栽培。春鹃花花期3月至5月，花色以紫、紫红最多，次为酒色，白色极少，有单瓣和重瓣之分；夏鹃，花期5月至6月，花色多彩艳丽；春秋二季性杜鹃，春鹃开花后，又萌发新枝，秋后继续开花；西洋鹃系外来品种，其花量多、花期长、生长快，是栽培类型中花朵最美丽的品种之一。如图6-8所示。

图6-8　杜鹃花

二、生态习性

杜鹃花喜温暖、凉爽、通风、湿润的环境，好生于疏松、肥沃、富含腐殖质的偏酸性土壤；最适生长温度12～25 ℃，气温超过30 ℃或低于5 ℃则生长停滞，进入休眠状态；生长期需保持60%～70%的空气相对湿度；耐修剪，隐芽受刺激后极易萌发，可借此控制树形。

三、繁殖方法

杜鹃花繁殖可采用压条、扦插、嫁接及播种等方法。播种成苗较慢，除培育新种外，一般不采用。

1. 压条

4 月至 5 月选用植株中部的健壮枝，在分枝点 6～7 cm 处环状剥皮 3～4 cm，以伤及木质部为度。用塑料薄膜包扎呈口袋状，袋内填充培养土，经常保持土壤湿润，一般到 10 月至 11 月便可切割移植。

2. 扦插

6 月至 7 月进行嫩枝扦插。选当年粗壮、节间短的枝，剪成 3～5 cm 长的插条，顶部留叶 2～3 片，扦插在疏松而富含腐殖质的酸性土壤中，插后保持温度 25～30 ℃，并盖帘遮蔽阳光，经 1 个月左右生根。幼苗在次年春天移植上盆，第 3 年即可开花。此法成活率颇高。

四、栽培管理

1. 对土壤及容器的要求

杜鹃花适宜在肥沃、疏松的酸性土壤中生长，要求土壤排水、蓄水、通气良好，腐殖质含量高，有良好的团粒结构，营养丰富，保水保肥，pH 值在 4.5～6.5。杜鹃花培养土可以从森林中选取天然腐殖土，也可用人工的方法配制。配制方法：落叶松 3 份、腐叶或杂草 3 份、草皮土 4 份，将其混合掺拌均匀，堆在一起腐烂而成；也可以到落叶松集中的树林中，挖取表层落叶松腐殖土作为杜鹃花的天然培养土。在露地栽培时，宜选地势稍高而略有倾斜的地方，以利排水；也可与深根性的乔木树种配植，既利于杜鹃花根系生长，也可取得乔木树种的蔽荫。栽植时的苗木必须带土坨，栽植穴宜大，栽时底部和四周多填肥沃腐殖土。

2. 上盆与换盆养护

上盆以 9 月至 10 月（气温在 15～20 ℃时）最适宜，3 月花蕾尚未萌动前也可。上盆后置半阴处，浇透水，保持土壤含水量约 30%较好，若过湿易造成根腐。杜鹃花叶芽萌动前，每隔 20 d 施 1 次稀薄饼肥水；开花后每隔一周补肥 1 次，促进新梢枝叶繁茂。杜鹃花忌阳光直晒和夏季夕阳斜照。初夏至初秋期间，昼温在 27 ℃以上，夜温在 18 ℃的条件下，花芽才能大量形成。杜鹃花根系扩展缓慢，不需年年换盆。但为防止盆土肥力下降，土质结构变差，应每隔 2～3 年换盆 1 次。换盆的时间以 5 月上旬至 6 月下旬最适宜。

3. 浇水

杜鹃花喜湿润怕干旱，不耐渍水，对水分特别敏感。生长期需保持 60～70%的相对湿度，临开花时相对湿度可达 80%左右。因此，莳养杜鹃花时要特别注意控制好水分和空气湿度。浇水以酸性、清洁卫生的河水或塘水为好，原则是见干见湿、重点浇透。要避免多次浇水不足，形成“腰截水”；但也不能过多浇水造成烂根。杜鹃花对空气湿度要求较高，经常向叶面喷水可增加空气湿度、降低温度，在高温季节应增加喷水的次数。

4. 施肥

施肥时掌握薄肥勤施的原则。春季 3～4 月施 1 次磷肥，每 10 d 施 1 次矾肥水；5 月至 7 月可每月施 2 次矾肥水，开花前每 10 d 追施 1 次磷肥，连续进行 2～3 次；花后施 1～2 次氮、磷的混合肥料；盛夏季节，杜鹃花生长逐渐缓慢而处于半休眠状态，为防止老叶脱落、新叶发黄，不宜施肥；进入第二次旺盛生长时期，要追1～2次以磷肥为主的液肥，以满足其生长孕蕾的需要，施肥间隔约半个月，肥料一定要腐熟，并掺水90%。每次施肥以后，都要浇1次清水，并及时进行松土，以利通气。冬季休眠、梅雨季节不可施肥。

5. 防热御寒

杜鹃花既怕酷热又怕严寒，最适生长温度12～25 ℃，气温超过30 ℃或低于5 ℃则生长停滞进入休眠状态。因此，夏季要防晒遮荫，冬季应防寒保暖。夏季为防止阳光直射，人们喜欢将花盆放置于室内，但由于室内光线太弱，通风和湿度不够，有时会大量落叶。因此，白天如放在室内，晚间则应移置室外；冬季露地栽培，夜间应用薄膜遮盖进行防寒，防止发生冻害。

6. 修剪造型

杜鹃花植株低矮，萌芽力较强，自然状态下枝条密集，重叠横生枝较多，不利通风透光，也影响观赏。因此，需通过修剪对植株进行调整，以保持完美株型。

7. 花谢后的管理

杜鹃花谢后应逐步放在有遮荫的地方；花谢后应及时剪去残花和下部老叶，以减少因结果消耗的养分，促进生长及形成新花芽；花谢后根据情况翻盆换土。换盆10 d后，每隔10 d施液肥1次，以氮肥为主、磷肥为辅，宜淡不宜浓；进入11月份后，放入室内向阳处，让它多见日光，并注意通气，不再施肥，盆土保持微湿即可。

第八节　水　　仙

水仙，又称天葱、凌波仙子，石蒜科、水仙属，分布在我国、日本及朝鲜。我国浙江、福建、台湾等地均有野生。因福建漳州有独特的栽培技艺，所以又称漳州水仙。花色乳白，清新高洁，淡雅幽香，沁人心脾。特别适于浅盆水养，点缀书案窗台十分典雅，是我国传统的珍贵花卉，素为人们所喜爱。

一、形态特征及品种

水仙为多年生单子叶草本花卉。球状鳞茎由鳞茎盘及肥厚的肉质鳞片组成，鳞茎皮赤褐色，根白色，多数，不分枝。叶片翠绿色，扁平带状，质软而厚，每芽有4～9片叶子，叶基有明显的环状突起。花茎由叶丛中抽出，直立，高20～30 cm，顶端有花4～8朵，呈伞形花序伸出于膜质佛焰苞外，一般一个鳞茎有花茎3～6枝，花被筒淡绿色，花被裂片乳白色，副花冠浅杯状，鹅黄色。如图6-9所示。

图6-9　水仙

水仙品种按花瓣分类如下。

(1) 单瓣品种：花单瓣，白色，花被6裂，中心有金黄色环状副冠，故称“金盏银台”或“酒杯水仙”。若副冠白色，花多，叶梢细者，则称“银盏玉台”。还有一种单瓣花新类型，花冠白色，六裂，副花冠金黄色，均分三瓣，伞状花序，称“金三角”。

(2) 重瓣品种：花重瓣，白色，花被12裂，卷成一簇，称为“百叶水仙”或“玉玲珑”，花形不如单瓣的美，香气亦较差，是水仙的变种。还有一种重瓣花，花瓣增生，花朵饱满，平放如球，色彩斑斓，伞状花序，状如彩球，称“彩球”。

二、生态习性

水仙生于沿海丘陵和冲积平原地区，性喜温暖、湿润，又要排水良好。以疏松肥沃、土层深厚的冲积沙壤土为最宜，pH 值为 5～7.5 均宜生长。喜阳光充足，蔽荫场所栽种常叶茂而不开花。夏季休眠，6 月上、中旬地上部枯萎进入休眠期，11 月开始萌发生长，次年 3 月开花，一般栽培不结实。

水仙生长发育各阶段需要不同的环境条件，营养生长期喜冷凉气候，适温为 10～20 ℃，可耐 0 ℃低温。鳞茎在春天膨大，干燥后，在高温中(26 ℃以上)进行花芽分化。经过休眠的球根，在温度高时可以长根，但不发叶，要随温度下降才发叶，至温度约 6～10 ℃时抽花茎，在开花期间，如温度过高，开花不良或萎蔫不开花。

三、繁殖方法

最常用的是侧球繁殖的方法。侧球着生在鳞茎球外的两侧，仅基部与母球相连，很容易自行脱离母体，秋季将其与母球分离，单独种植，次年产生新球。

还可采用侧芽繁殖、双鳞片繁殖、组织培养等方法。

四、栽培管理

水仙栽培有旱地栽培，水田栽培与无土栽培三种方法。

1. 旱地栽培

每年挖球之后可将小侧球立即种植，也可到 9 月至 10 月种植。用单球点播，单行或宽行种植，株行距为 6×25 cm 或 6×15 cm。旱地栽培，养护较粗放，除施 2～3 次水肥外，不常浇水。单行种植常与农作物间作。

2. 水田栽培

8 月至 9 月把土地耕松，然后放水漫灌，浸田 1～2 周后，把水排干，再耕翻数次，深度 35 cm 以上，使土壤充分熟化，并施足基肥，作畦，畦宽 120 cm，高 40 cm，沟宽 35 cm 左右，必须流水畅通。9 月底至 10 月种植，株行距随种球大小而异，三年生小鳞茎 15×40 cm，二年生则为 12×35 cm。栽植时要注意芽向，使抽叶后叶子的扁平面与沟相平行。覆土 5～6 cm，泼施腐熟人粪尿，使充分吸收，然后引水入沟，水高至畦腰，水渗透整个畦面后，再排干水，切畦边土覆盖畦面，使畦边垂直，覆盖稻草，使沟内水分可沿稻草而上升畦面，保持经常湿润。

水仙鳞茎极易感染病菌，种植前用 40%的福尔马林 100 倍液浸 5 min 进行消毒。为了使鳞茎球经过最后一次栽培后迅速增大，有利于开花，需对三年生鳞茎在种植前进行“阉割”，即保留鳞茎中心的主芽，挖去两侧腋芽，使养分集中供应主芽，以主芽为中心，重新膨大形成下一年开花的更新鳞茎和分生成数个侧生小鳞茎，在同一鳞茎盘上形成一组笔架形的鳞茎。手术要求在种植前 2～4 d 内进行，先将鳞茎两侧的小鳞茎摘除，再剥去外皮。操作时左手握鳞茎，使鳞茎盘朝外，用金属的锐利薄刀，刀口自上而下向茎盘方向斜切，切入 7～8 层鳞片，挖净腋芽，不可伤及鳞茎盘和主芽。手术后切口流出白色黏液，放阴凉通风处，待干燥后再行栽种。

基肥为主，按种植球的大小，分别每星期或 10 d 或半月追肥一次，初期施人粪尿加少许尿素，后期适当增施磷肥。

生长期间需充足的水分，根冠部分宜浸在水中，鳞茎盘以上需保持土壤湿润，茎叶生长期需较高的大气相对湿度，梅雨季节要注意排水。三年生球要采用串灌，即水从一头引入，另一头流出，使种植畦四周的水长流不息。芒种以后开始放水排干，待地上部枯萎后（约夏至前）起掘，须根留 0.5～1.0 cm，其余剪除，并用泥浆将鳞茎盘和两侧小鳞茎封上，以免小鳞茎脱落，封土后将鳞茎盘朝上铺于干燥地面晒干，然后倒置堆放在阴凉通风的室内储藏。

3. 无土栽培

这种新型栽培方式是地栽方法的改进。栽培需设宽 150 cm、深 30～40 cm 的盛营养液的栽培槽，槽内放蛭石、经腐熟的木屑或珍珠岩。生长期间的营养要全面，pH 值为 6～7。初栽时每周施肥 1～2 次，生长旺盛期，每周施 2～3 次，5 月后停止施肥。

4. 水养

秋冬之际，选健壮饱满的鳞茎，用潮湿砻糠灰或泥炭略加覆盖，放暗处生根，然后以水石养于浅盆中，放阳光充足处，12～20 ℃的条件下，约 4～5 个星期即可开花。阳光不足或温度过高，植株纤弱，花期短暂。每天夜间将盆内水倾出，次晨再添新水，并有充足的阳光、适宜的温度，可使植株矮壮，花期延长。

挑选水仙球主要从看形、观色、按压、问庄四个方面进行。

（1）看形　优质的水仙鳞茎，一般个体大、形扁、质硬，表皮纵脉条纹距离较宽，中膜绷得很紧，皮色光亮，根盘宽大肥厚，主球旁生有对称的小球茎。

（2）观色　从外表看上去，球茎呈深褐色、包膜完好、色泽明亮，无枯烂、虫害的痕迹为上品。

（3）按压　按压是选择、鉴别水仙花箭多少的主要手段。可用拇指和食指捏住球茎，稍用力按压，手感轮廓呈柱状，有弹性，比较坚实的，为花箭；手感松软，轮廓呈扁平状，弹性稍差的，则多为叶芽。

（4）问庄　水仙一般都采用同样大小的竹篓包装，有每篓装 20 个、30 个、40 个和 50 个球茎的四种包装规格，俗称 20 庄、30 庄、40 庄和 50 庄。每篓装的个数越少，其球茎个体就越大。如每篓装 20 个的 20 庄球茎，每个球茎的直径可达 12 cm，为一等品；30 庄的，球茎个体较 20 庄的稍小一些。以上这两种水仙球茎，一般每球可开花 4～7 箭以上，为上品。40 庄和 50 庄的球茎，个体就小得多了，一般只能开 1～3 朵箭的花。

水仙球经过选球、雕刻、组型等艺术加工，可产生各种生动的造型，提高观赏价值。水养的鳞茎开花后，因养分消耗而空瘪，这种鳞茎，没有产生更新鳞茎的能力，来年不能开花。

5. 哑花的产生及预防

水仙在培育、控制花期的过程中，有时会出现哑花（花莛中途夭折），严重地影响观感。因此，要从了解哑花的起因着手，达到预防的效果。

（1）水仙花球质量问题。花球瘦小，营养不足直接影响花莛发育，因而花苞扁小。花农称之为“臭虫花”或“虱母花”。另一种原因是在培育过程中即在田间种植时，受到病虫害危害，如线虫、螨虫等，使生长后期根系早败，叶片早衰，鳞茎底盘损害（俗称漏底）导致根眼稀少，花芽分化受影响，花莛衰弱，花苞空瘪而导致哑花。

（2）叶片、花莛长期浸水或潮湿、不透气霉烂。这是由于鳞茎球置盆水养时覆盖棉花偏多，叶片、花苞均被棉花盖住，潮湿不透气，加之气温稍高就产生霉菌，或是一些特殊造型（如大象）在翻动雕刻的鳞茎球时，使叶、花苞部分浸在水中，从而破坏了花芽的生长造成“哑花”。

（3）水质问题。由于没有经常换水，水质浑浊，影响根须生长、败根、烂茎，大大降低根系吸收能力，造成黄叶、花株生长不良或枯萎，最终导致哑花。

（4）温度、湿度问题。水仙喜温暖、湿润、较耐寒，也耐阴，忌酷暑。所以，在热带高温地区只能长叶、难以开花；北方有暖气的室内培植，虽温度高但湿度低，如没有采取补救措施，也会出现哑花。

（5）刀伤或其他机械损伤过度，也是哑花起因之一。

鉴于上述原因，培育前应选好球进行雕刻水养，质量较差的花球直接上盆种植，利用吸收养分促其开花。尽管选好球进行雕刻水养，但培育过程仍然要注意勤换水，确保水质，如有发现败根、烂球要及时清除消毒，最简单方法即用稀盐水洗涤后继续培育。若在干燥高温条件下，定要人为地创造提高湿度的环境，如勤喷水、用浸水纱布罩盖等，同时还应预防霉烂。另外，雕刻时要细心，尽量减少不必要的刀伤，换水、搬动时要轻取轻放，切勿碰伤或折断花苞、花梗，把哑花的可能性降到最低限度。

第九节　桂　　花

桂花，又称月桂、木樨，俗称桂花树，木樨科、木樨属。我国桂花栽培历史悠久，文献中最早提到桂花的是《山海经·南山经》，谓“招摇之山多桂”。自汉代至魏晋南北朝时期，桂花已成为名贵花木与上等贡品。在汉初引种于帝王宫钳苑，获得成功。唐、宋以来，桂花栽培开始盛行。唐代文人植桂十分普遍，吟桂蔚然成风。宋之问的《灵隐寺》诗中有“桂子月中落，天香云外飘”的著名诗句，故后人亦称桂花为“天香”。唐宋以后，桂花在庭院栽培观赏中得到广泛的应用。桂花的民间栽培始于宋代，昌盛于明初。我国历史上的五大桂花产区均在此间形成。

一、形态特征及品种

图 6-10　桂花

桂花的品种较多，主要有金桂、银桂、丹桂和四季桂等。金桂树身高大，树冠浑圆，叶大浓绿有光泽、呈椭圆形，叶缘波状、叶片厚，花金黄色、香气最浓；银桂叶较小、椭圆形、卵形成倒卵形、较薄，花为黄白色或淡黄色，香味略淡于金桂，花期也比金桂迟 1 周；丹桂叶较小、披针形或椭圆形，先端尖、叶面粗糙，花为橙黄或橙红色、香气较淡；四季桂叶呈椭圆形、较薄，花呈黄色或淡黄色，花期长，除严寒酷暑外，数次开花，但以秋季为多，香味淡，叶较小，多呈灌木状。如图 6-10 所示。

二、生态习性

桂花性喜温暖湿润气候，有一定的抗寒能力，但不耐严寒。喜光，也耐荫，在幼苗时要有一定的遮荫度。对土壤要求不高，喜地势高燥、富含腐殖质的微酸性土壤，尤以土层深厚、肥沃湿润、排水良好的沙质土壤最为适宜。不耐干旱瘠薄土壤，忌盐碱土和涝渍地，栽植于排水不良的过湿地，会造成生长不良、根系腐烂、叶片脱落，最终导致全株死亡。

三、繁殖方法

生产上以扦插和嫁接繁殖最为普遍。

1. 扦插

可在 3 月初至 4 月中旬选 1 年生春梢进行扦插，这是最佳扦插时间；也可在 6 月下旬至 8 月下旬选当年生的半熟枝进行带踵扦插。

2. 嫁接

在清明节前后进行，最常用的方法有劈接法和腹接法。

四、栽培管理

1. 栽植

应选在春季或秋季，尤以阴天或雨天栽植最好。选在通风、排水良好且温暖的地方，光照充足或半阴环境均可。移栽要打好土团，以确保成活率。栽植土要求偏酸性，忌碱土。盆栽桂花盆土的配比是腐叶土 2 份、园土 3 份、沙土 3 份、腐熟的饼肥 2 份，将其混合均匀，然后上盆或换盆，可于春季萌芽前进行。

2. 光照与温度

在黄河流域以南地区可露地栽培越冬。盆栽应冬季搬入室内，置于阳光充足处，使其充分接受直射阳光，室温保持 5 ℃以上，但不可超过 10 ℃。翌年 4 月萌芽后移至室外，先放在背风向阳处养护，待稳定生长后再逐渐移至通风向阳或半阴的环境，然后进行正常管理。生长期光照不足，影响花芽分化。

3. 浇水与施肥

地栽前，树穴内应先搀入草本灰及有机肥料，栽后浇 1 次透水。新枝发出前保持土壤湿润，切勿浇肥水。一般春季施 1 次氮肥，夏季施 1 次磷、钾肥，使花繁叶茂，入冬前施 1 次越冬有机肥，以腐熟的饼肥、厩肥为主。忌浓肥，尤其忌入粪尿。

盆栽桂花在北方冬季应入低温温室，在室内注意通风透光，少浇水。4 月出房后，可适当增加水量，生长旺季可浇适量的淡肥水，花开季节肥水可略浓些。

4. 整形修剪

因树而定，根据树姿将大框架定好，将其萌蘖条、过密枝、徒长枝、交叉枝、病弱枝去除，使通风透光。对树势上强下弱者，可将上部枝条短截 1/3，使整体树势强健，同时在修剪口涂抹愈伤防腐膜保护伤口。

第十节 大花君子兰

大花君子兰，又称君子兰、剑叶石蒜，石蒜科、君子兰属，是著名的温室观赏花卉。据记载，君子兰于 19 世纪初最早由英国人从南非引种到英国邱园，作为温室盆栽观赏。以后传到德国、日本和美国等国家。但栽培并不普遍，主要在一些著名的植物园和皇家庭园中。我国君子兰的来源，有一部分是 20 世纪 30 年代从日本引进，主要供当时在长春的伪满宫廷及官宦宅邸观赏。另外一部分是 20 世纪初由德国引进，主要在青岛的德国租界地内栽培。君子兰的适应性强，观赏价值高，在我国已成为公园和家庭盆栽花卉的主要种类之一。20 世纪 80 年代，全国掀起了一个君子兰栽培热潮。

一、形态特征与品种

君子兰是常绿草本植物。叶基部紧密抱合而呈假鳞茎状，具粗壮而发达的肉质须根。叶两侧相对迭生，呈宽条带状，先端钝圆，具稠密的平行叶脉，草质具有光泽，因品种不同叶长宽不一，长的叶长可达 50 cm，宽约 5～6 cm；短的叶长约25～30 cm，宽可达 10 cm 以上。目前通过人工杂交后在选育实生苗时，都在追求短而宽的叶型。花亭自叶腋间抽生而出，呈扁平状，长 30～50 cm。伞形花序顶生，有数枚近白色的复瓦状佛焰苞片，着花 10 朵以上。花被 6 片，组成狭漏斗状，下面有很短的花被筒，花被合生，橘红色。浆果球形，紫红色，内含球形种子 2～3 粒，花期 1 月至 5 月。如图 6-11 所示。

图 6-11　君子兰

同属观赏品种的还有垂笑君子兰，近来，美国选育出黄色花的垂笑君子兰。

君子兰的优良性状表现：叶片宽、短，先端圆，叶面光亮，叶脉尤其是横向脉鼓起，质地厚实；花色鲜艳，花葶高出叶面花朵挺立；植株叶片 2 列状，侧看一条线、正看如扇面，形整。花期中数十朵花开放整齐。

二、生态习性

君子兰原产非洲南部高海拔地区。喜温暖凉爽环境，生长适温为 20～25 ℃。冬季室温不低于 5 ℃，否则生长受到抑制。如超过 30 ℃，会引起叶片徒长，花葶过长，影响植株姿态。夏季气温过高，必须遮荫、通风、降温。君子兰属中光性植物，生长过程中不需强光，尤其夏季切忌阳光直射。适当遮荫，有利于叶片生长。冬季花期遇强光，会缩短花期。中等光照可延长花期。冬季如需提早开花，可采用短日照处理。君子兰虽适应性较强，耐旱、耐湿。但栽培过程中，要注意土壤水分的掌握。在干旱季节要经常喷水，以免空气干燥，使叶缘干萎。浇水要适量，积水容易烂根，造成整株死亡。君子兰喜疏松肥沃的腐叶土，保水性能好，有利于根系发育。

三、繁殖方法

1. 分株繁殖

从母株的腋叶内抽出腋芽，待长至 6～7 片叶于春季换盆时，将母株周围的子株取出。分株后母株与子株的伤口都要涂细炉灰，以免伤口伤流，使伤口迅速干燥，防止腐烂。如子株根系少，可使用细沙栽植，保持室温 20～25 ℃，有利于根系的萌发和生长。较大的子株养护 1～2 年即能开花。

2. 播种繁殖

播种以春季为好，发芽适温 20～25 ℃，一般播后 10～15 d 长出胚根，30～40 d 长出胚芽鞘，50 d 长出第一片叶子。播后 3 个月幼苗可移栽上盆。播种苗栽培 4～5 年才能开花。

四、栽培管理

1. 盆栽用土

栽培君子兰用土要讲究，以阔叶腐叶土、针叶腐叶土、培养土和细沙的混合土壤为最好，具疏松、肥沃特性，有利于肉质根的发育。

2. 温度

生长适温为 15～25 ℃，当温度低于 10 ℃，植株生长缓慢，温度超过 30 ℃，叶片及花草会徒长，以昼夜温差 10 ℃对君子兰生长发育最为有利。

3. 光照

生长过程中以散射光最好，有利于开花结实。相反，光照太强不利于植株的生长发育和开花结实。

4. 水分

土壤要求不干不湿，空气湿度在 70%～80%，土壤过湿或相对湿度过大，君子兰容易发生病害。

5. 肥分

君子兰是喜肥植物，在换盆时要施足基肥，生长期每月施肥 1 次。但施肥时注意不要玷污叶片，抽花茎前加施磷钾肥 1 次。

6. 防“夹箭”

君子兰在冬季常常出现花葶还没有长出假鳞茎处、小花就开放的“夹箭”现象。其主要原因是出现花葶时，受温度低、土壤湿度小的影响。只要在花葶抽出期适当加温和加大浇水量就可预防“夹箭”现象的发生。

复习思考题

1. 简述牡丹的促成栽培要点。
2. 为什么兰花成为“天下第一香”？
3. 怎样理解“梅、兰、竹、菊”的君子之称？
4. 简述独本菊的栽培要点。
5. 为什么杜鹃花被称为“花中西施”？简述杜鹃花的栽培要点。
6. 结合茶花的生态习性，简述栽培要点。
7. 简述大花君子兰的生态习性。

实训十二　水仙雕刻与水养技术

一、目的要求

通过实验掌握水仙雕刻的基本理论、技术及水养要点。

二、材料与工具

水仙球，圆头雕刻刀（刻鳞片）、尖头和平头窄面刻刀（刻花梗、叶芽），水仙盆或无孔塑料盆，脱脂棉，钩状刀（特殊加工用）。

三、实训内容

1. 基本雕刻要点

(1) 切削鳞片;

(2) 刻叶苞片;

(3) 削叶缘;

(4) 雕刻花梗;

(5) 雕侧球。

2. 水养要点

水育养护与促使花球体态变异、控制开花期紧密相关,养育程度环环紧扣。

(1) 用水净泡;

(2) 盆中定植;

(3) 光照条件。

3. 注意事项

(1) 操作要小心,免伤花芽,否则导致哑花;

(2) 雕刻结合造型持续进行,应边雕、边养、边整型;

(3) 水仙黏液有毒,雕完要清洗。

四、实训结果

1. 写出水仙基本雕刻要点和水养要点内容?

2. 如何防止家养水仙叶片长,花梗短的问题?

实训十三　杜鹃花催花技术

一、目的要求

使学生熟悉杜鹃花促成栽培的原理,掌握杜鹃花促成栽培技术。

二、材料与工具

盆栽杜鹃,枝剪、喷壶、喷雾器、温度计、塑料袋、矮壮素、赤霉素。

三、实训内容

1. 选定品种:选枝条丰满、健壮的盆栽大苗,在 5 月至 6 月施足底肥,修剪造型,9 月份不能修剪,应加强光照、降温培养,拨出新发出的嫩芽。

2. 用 0.3%矮壮素在 10 月份喷两次,如准备在春节开花,则在春节前 50 d,用塑料袋罩住整个植株,气温 10～15 ℃,见光 3～4 h,待出现花蕾时去掉塑料袋,气温保持 15 ℃左右,叶面喷水,春节前开花。

四、实训结果

检查促成栽培的编制计划完成如何,分析原因。

第七章　草坪植物

第一节　草坪的概念

草坪是一类特殊的草地。草地是草本植被的泛称，包括草原、草甸以及人工草地。所谓"特殊"，在古代，草坪是在草食蹄兽群的反复践踏与啃食下形成的；在现代，则是人工草地的反复定期修剪与滚压。剪与压（啃与踏）导致地平、草平的特殊景观。此时，纵观该草地的结构，犹如"植绒地毯"。这种有了新的景观、新的结构，蕴涵新的美感、新的用途的草地，被赋予新的名称——草坪。因此，草坪的概念也可叙述为密植（生）的多年生矮草，经修剪、滚压（或反复啃、踏）而成的平整草地。若未经剪压或啃踏，且不平整，只能称为草地。

阐明草坪的概念，对于草坪的建植与养护管理极具启发。一种或数种草坪草的生存；啃食与剪草；践踏与滚压；并联想草食蹄兽或牧畜群在啃食与践踏过程中的粪便反馈，相当于施用有机肥。粪便中的种子反馈，好比更新复壮。而选用良种、剪草、滚压和每年必须施有机肥、培土一次，以及定期更新复壮，正好都是现代草坪栽培养护中的主要科学技术措施。所以不用化肥、农药、除草剂的"生态（或日环保、无公害）草坪"，是完全可能的。

第二节　草坪的分类

草坪在园林绿化及其他方面用途极为广泛，应用方法灵活多变，其表现形式也是多种多样的，从不同的角度可分为以下类型。

一、根据草坪的用途分类

（一）游憩草坪

游憩草坪指供人们散步、休息、游戏及户外活动用的草坪，多使用在公园、风景区、小区、庭院及休闲广场上。这类草坪在建植时应混入耐践踏品种，要有较强的恢复能力。游憩草坪与人们身体的接触最为密切，草坪在环保和生态上的功效直接作用给人体，尤其是对于城市居民而言，都有想与草坪接触的心理。所以，随着绿化面积的不断扩大、国民素质的不断提高和适宜品种的研究，应该逐渐加大游憩草坪的规划和建植面积。

（二）观赏草坪

观赏草坪指不允许人们进入活动或踩踏而专供观赏的草坪。这种草坪一般从整体布局的角度考虑，多用于广场、建筑、喷泉、水景等周围。这类草坪草种的选用，注重观赏效果，要求有茎叶细密、植株低矮、色泽浓绿、绿期长等特点。

（三）运动场草坪

运动场草坪指专供体育运动的草坪。如足球场、网球场、高尔夫球场、橄榄球场、垒球场等草坪。这类草坪的建植应以耐践踏的品种为主，要有极强的恢复力，同时要考虑草坪的弹性、硬度、摩擦性及其他方面的性能，根据不同运动项目的特点有所侧重。这类草坪一般都采取多个品种混播的方法建植。

（四）防护草坪

防护草坪指在坡地、水岸、堤坝、公路与铁路边坡等位置建植，主要起固土护坡、防止水土流失的草坪。这类草种的选择，主要从其抗性角度考虑。因为这些位置都是立地条件较差，又不易管理的位置，所以应注重它们抗旱、抗瘠薄土壤、耐粗放管理等方面的能力，从而发挥其固土护坡的作用。

（五）环保草坪

环保草坪是指具有严重污染的工矿企业或地区，选用对污染物具有吸收、吸附、净化能力的草种为主体，缀以对污染物具有一定敏感度的即具有指示性能的草种建立的草坪，旨在监测和净化环境。

（六）其他用途草坪

如飞机场、停车场等位置的草坪，具有吸尘、吸收尾气、弱化噪音及防火、防灾等作用。

二、根据草本植物的组合分类

（一）单纯草坪

单纯草坪指由一种草坪草种或品种建植的草坪。其特点是具有高度的均一性，无论从高度、色泽、质地等方面都均匀一致。尤其在特定条件下，如高尔夫球场的发球区等位置。另外，一些公园、广场、庭院、小区中的观赏性草坪也常使用，具有较好的观赏效果。

（二）混合草坪

混合草坪指由多种草坪草种或品种建植的草坪。这类草坪从建植到成坪后效果，充分发挥各个草坪草种或品种的优势和特点，达到成坪快、绿期长、寿命长等特点，并能够满足人们对草坪各种功能上的要求。

（三）缀花草坪

缀花草坪指在草坪上布置少量草本花卉的草坪。这类草坪，花卉种植面积不能超过草坪总面积的1/3，花卉分布疏密有致、自然错落。花卉一般用多年生草本植物，如石蒜、鸢尾、葱兰、韭兰、秋水仙、水仙、萱草及其他适宜花卉。缀花草坪多用于游憩草坪、观赏草坪。

三、根据草坪与树木的组合分类

（一）空旷草坪

空旷草坪指草坪上不栽任何乔灌木。这类草坪一般地形较为平坦、开阔，在艺术效果上单纯而开阔，功能上主要是用于体育活动、游戏等场所。在空旷草坪边缘常布置一些高大的树丛、树群、树带或建筑、山体，通过对比来突出草坪空间的开阔。空旷草坪多用于风景区和大型公园当中。

（二）稀树草坪

稀树草坪指草坪上布置一些孤植和丛植乔木，相互距离较大，而且树林的覆盖面积为草坪总面积的20%～30%。这类草坪，主要是供游憩用，有时则为观赏草坪。

（三）疏林草坪

疏林草坪指草坪上布置一些孤植和丛植乔木，树林覆盖面积为草坪总面积的30%～60%。这类草坪，多布置在公园、风景区当中，适宜于夏季供游人游憩、阅读、野餐、进行空气浴等活动。也有作观赏草坪来使用的。草坪草种选择应具有一定的耐荫性。

（四）林下草坪

林下草坪指布置在树木覆盖面积70%以上的密林地或树群林下的草坪。这类草坪应选择极其耐荫的草种，布置在风景区和大型公园当中，以观赏和防止水土流失为主，一般不允许游人进入。

四、根据规划形式分类

（一）自然式草坪

地形自然起伏，草坪及周围的植物是自然式布置，周围的景物、道路、水体和草坪轮廓线均为自然式布置，这种草坪就是自然草坪。多数游憩草坪、缀花草坪和疏林、林下草坪等都采用自然式草坪。

（二）规则式草坪

地形平整，或具几何形的坡地和台地上的草坪，或草坪与其相配合的道路、水体、树木等均为规则式布置，称为规则式草坪。一般足球场、网球场、飞机场、规则式公园、游园、广场及街道上的草坪，多为规则式草坪。

第三节　草坪的作用

一、环境保护作用

（一）净化空气、净化水源

空气污染是现代社会尤其是大都市面临的严重问题。草坪草与其他绿色植物一样，通过光合作用把大气中的二氧化碳转化成氧气，是空气的天然净化器。25 m^2的草坪就可将一个人呼出的二氧化碳全部吸收，并转化成氧气。草坪还能吸附、吸收、分解大气层中的有毒有害物质。据研究，草坪草能吸附、吸收、稀释、分解或转化氨、氟、硫化氢、二氧化硫、硝酸盐、重金属等有害物质。

草坪能起到净化水源的作用，它像一层厚厚的过滤系统，在降低地表水流速度的同时把大量固体颗粒物沉淀下来。这些沉淀物除了土壤颗粒外，还有对人体有害的物质如重金属元素等。研究表明，草坪中的枯草层对吸附分解除草剂、杀菌剂等农药有特殊作用。草坪对其他的城市污染物，如机油、油漆之类都有一定的吸附作用。这些物质会被吸收到植株体内或固定在土壤里，从而降低地下水资源被污染的可能性。在城市规划中合理地安排草地面积不但起到净化水源的作用，还能够大大地减少污水处理的费用。

草坪还可以减少水的径流损失。由于城市道路水泥、沥青等不透水地面增加，夏季降水主要以径流的形式被排走。我国北方城市大多是缺水的城市，夏季降水绝大部分直接排走实在是极大的浪费。如果增加草坪覆盖，可以尽量拦蓄雨水，减轻内涝并回灌补充地下水。

健康草坪在接纳和吸收雨水方面比农田效率高4～6倍。

（二）改善小气候

夏季在草坪中漫步，可明显感觉到草坪表面舒适、凉爽。与裸地相比，草坪能显著增加空气湿度，减缓气温的日变幅，缩短高温的持续时间，因而提高环境的舒适度。一般来说，城市的气温要比附近乡村的气温高，有时高出5～7℃。太阳照射到地面的热量，约有50%被草坪所吸收。种植草坪的地表温度夏季比裸地地表温度要低得多，有资料报道可低8℃，而冬季则高1～4℃。据测定，夏季当路边或街道的温度越过38℃时，草坪表面温度仅为24℃。健康生长的草坪其含水量多在70%～80%以上，通过草坪草叶片的蒸腾作用可增加空气湿度，一般夏季草坪上空气湿度较裸地要高10%～20%。

（三）降低噪声，减少光和视觉污染

噪声过高能破坏人的神经细胞，引起头昏、头痛、疲劳、记忆力减退。草坪对噪声的吸收能力比其他硬表面（如混凝土）要大得多，正常能多出20%～30%。还有研究表明，多年生草地早熟禾草坪的吸音能力强于加厚的地毯。在高速公路两旁建植的草坪能吸收40%的机动车噪声。飞机场四周建植草坪也会起到类似的效果。乔、灌、草结合，宽40 m的多层绿地，能减低噪声10～15 dB。根据北京市园林研究所测定，20 m宽的草坪，可减低噪声2 dB左右；杭州植物园一块面积250 m^2，四周为2～3 m高的多层桂花树的草坪，测定结果与同面积的石板路相比，噪声减量为10 dB。

光和视觉污染在现代城市中越来越成为一个值得重视的问题。城市中大量使用的水泥、沥青、玻璃等建筑材料在强光的映照下，会反射出刺目的光。而草坪则有柔和的、令人赏心悦目的色泽，这是因为草坪能吸收太阳光并把直射光转成漫射光，从而起到降低视觉污染的作用。由于草坪绿地能减缓太阳反射，减弱太阳光对人眼睛的损伤，因此，可明显地保护人的视力，有效地恢复视神经的疲劳。在校园、工厂、公共场所等，多植绿色草坪有利于保护视力。高速路两侧的护坡草坪不但起到固持表土作用，还能有效地减缓司机的视觉疲劳，保证行车完全。机场建植大面积草坪还能明显地减轻飞机起飞、降落时翻起的尘土对引擎的损害，延长机器使用寿命。值得一提的是，降低噪声、减少光和视觉污染的最佳方案，是在规划设计时把草坪与乔木、灌木丛和谐地结合起来，相互协调、相互补充形成立体的绿色屏障。

（四）保持水土

固定表土、减少尘埃是草坪最重要的生态功能。在日常生活中，人们常常感到空气中的尘土太多，其主要原因就是环境中裸土比例太高。种植草坪是覆盖裸土的有效方法，并使环境显得干净而整洁。如果在庭院、工厂、学校和企业周围的裸地上没有种植草坪，雨后容易变得泥泞，而晴天又会尘土飞扬。无数草坪植物个体组成低矮、密实的草层覆盖着地面，对于抑制和吸附尘土，无疑是简单、经济和有效的手段。草地能控制尘埃、减少水土流失，原因是草的根和茎能固定表土。这些不断更新的根系在地下结织成细密的网络，把表土紧紧地联结在一起，从而起到固定表土的作用。

草坪还能明显地减少地表的昼夜温差，有效地减轻土壤因“冻胀”而引起的土壤崩解作用。常用于梯田、堤岸护坡，效果良好。

（五）改良土壤结构

作为一个有机的生态系统，草坪为大量微生物（如细菌、真菌以及蚯蚓、线虫等）提供了一个良好的生存环境。这些微生物和昆虫能加速植物根、茎、叶的分解。这一过程有效地改善了土壤的物理结构与化学成分，使土壤有机质含量不断提高。正是因为这个原因，美国政府有关部门要求垃圾和矿场在善后处理过程中，覆盖层一律种草。这种成功的例子很多，甚至有些高尔夫球场就是在原垃圾场或废矿场上建立起来的。

（六）杀菌、降尘

许多草坪植物由于体内含有杀菌素而具有杀菌作用，草坪近地层空气中细菌含量仅为公共场所的1/30000。尤其在修剪时，植物受伤后产生杀菌素的作用更趋强烈。禾本科植物以紫羊茅杀菌能力最强。

据测量，草坪叶面各相当于占地面积的20～28倍，所以滞尘量大大超过裸露地面，并随雨水、露水和人工灌水流至土壤中，据测定草坪近地层空气含尘量比裸露地面少30％～40％。

二、美化、绿化作用

（一）“净化”、“简化”、“软化”建筑物

城市的建筑物有高有低，形式各异，色彩繁多，如果有足够面积的绿色草坪，就能对城市杂乱的景象起“净化”、“简化”、统一视觉的作用，就好像建筑图画中的“底色”一样。地面是绿色，有显示和平、舒适的色感。草坪的绿色既能与冷色调的蓝色景物（如蓝色大玻璃）、青色景物（青色的粉刷墙面）相协调，又能与暖色调的红色景物（如红砖建筑等）、黄色植物相辉映，所以草坪最能调和城市景观的色彩美。在一片绿茵草坪上，不论白昼的阳光或夜晚的月光，都能将城市景物投影于其上，形成一幅幅虚幻的黑色风景版画，又可平添不少“影趣”。

城市中到处是建筑物，需要草坪相衬托。草坪对优美的单体建筑物可起“底盘”或“茶托”的作用，以增强其建筑艺术的表现力。如果没有草坪或低矮的地被植物相衬，就好像建筑物干巴巴地“栽”在混凝土地面上一样。栽种在建筑基地四周的草皮，还可起“软化”建筑基础的作用，与建筑物共同构成一幅美丽的画面。草坪与亭台、楼阁、山石、水体、花卉相映衬能形成独具风格的优美景观。以草坪为背景的雕塑、喷泉和花坛，将显得富有生机和活力。

（二）提供开阔而富有变化的空间

草坪植物所占据的空间很低，容易给人产生一种视野开阔的舒畅感觉。它既具备良好的生态功能，又给人类活动提供了最大的活动空间。这是草坪优于灌木、半灌木植物材料之处。虽然森林和灌木丛在环境中提供了垂直方向的绿色景观，而草坪在水平方向上又构成了一片“绿色地毯”。树木、花卉、建筑、草坪、道路等环境要素在垂直、水平方向上的交替变化，会产生一种起伏、一种有张有弛的韵律感，从而形成优美舒展、富有魅力的景观美。

草坪与树木花草及其他园林景物如雕塑、峰石、建筑小品相配置，可以构成具有层次与景深、亲切自然而又富于变化的空间。

（三）协调统一环境中的各个要素

在组成生活环境的人工和自然要素中，建筑、道路、乔木、灌木、花卉等都是相对独立、分散的，草坪像绿色的地毯，将所有这些要素连接起来，并最终形成一个完美、和谐的整体。因此，草坪除了本身是重要的造型语言之外，它与其他的环境要素相结合，具有更加丰富的表现能力，成为环境美中不可替代的协调者。

三、对人类活动的作用

（一）休闲娱乐功能

当代社会的一个重要标志是生活节奏加快。人们在闲暇时间需要更多的体育运动和娱乐休闲来舒缓身心。平坦、密实的草坪给当代蓬勃兴起的体育运动和日常活动提供了优美舒适的活动场所。

优质的运动场草坪是当今许多高水准体育竞赛的必备条件。过去，许多国家和地区的运动场地多为泥土地、沙地。地面坚硬、灰尘大，常给运动员带来伤害。近年来运动场草坪发展迅速，有助于提高竞技水平，推动体育运动的发展。研究表明，使用优质草坪的运动场地，运动员受伤的几率明显下降。国际足联规定所有世界杯的比赛都必须在种植的草坪上进行。现在不仅高尔夫球、橄榄球、足球、曲棍球、板球、马球以及标枪、铁饼等比赛场地用草坪，赛马等大型竞赛也用草坪。在这种场地上，观众不仅欣赏运动健儿的竞技，也享受高质量运动场草坪的舒适和美感。

草坪还可为人们日常的室外娱乐活动和运动提供良好的活动场地。一个凉爽、松软的草坪最能引起孩子们游戏的兴趣。在公园绿地郊游、家庭聚会、野餐将给人以美的享受。人们在草坪上娱乐休闲的同时，享受到置身于大自然的乐趣。尤其对长期居住城市、远离大自然的人们来说，确实是增进体质和促进身心健康的最佳选择。同时，修剪、管理草坪本身也是一种有效地增进体力和健康身心的方式。

（二）医疗保健功能

绝大多数城市居民常留恋带有草坪绿地及花木的市区公园、林地。一片绿茵茵的草地会给人们带来一种宁静、和谐、安逸的感觉，而这种感觉正是我们在繁忙的工作之余所需要的。如果公园中、道路旁、居民区、学校、企业没有绿色的草坪植被，城市会暗淡无色，居民较易患焦虑症和其他身心疾病。草坪的生态效益和美感不仅是外在的，而且可以直透人们的心灵，开阔人的胸怀，陶冶人的志趣。

在医院、疗养院及居民区周围大量栽草种花，可使得病人在室外散步的同时，闻花香、听鸟语、观赏绿色优美的草坪，加快病人的康复。

（三）社会效应

大力发展草坪，美化、绿化环境，可以改变一个企业甚至一个城市的形象，从而为投资环境的改善带来直接的效益。许多房地产开发商，常常在写字楼及居民小区周围栽花种草，以此来吸引顾客，有的干脆称作“某某花园”。据业内人士估计，漂亮的草坪和景观，可使房地产增值5%～10%。

在工厂、企业周围的一片绿地也是一种有形资产，它一方面代表了企业形象，另一方面也表达了对职工和公众负责的态度，职工对企业会抱有信心，生产力也会提高。

第四节　草　坪　草

一、草坪草的概念

一般认为草坪草起源于天然牧草。牧草在特定的环境条件下经长期的自然选择，进一步分化形成了优势种，这些优势种能形成表面平整、矮生密集的草本植物景观。这些植物经人类选择和利用，进一步驯化形成了现在的草坪植物。

凡是适于建植草坪的草本植物都可称为草坪草。草坪草是草坪的基本组成和功能单位，其生物学特征构成了草坪的生物学基础。目前世界各地使用的草坪草有数百种，我国自行生产与引进的有百余种，大部分是禾本科植物。另外，也有一些莎草科、豆科等非禾本科植物。

二、草坪草的一般特征

草坪草的种类极其丰富，归纳起来，草坪草具有以下共同特征。

(1) 植株低矮，分枝(蘖)力强，有强大的根系，覆盖力强。具备这些形态特征的草本植物能够平整地覆盖地表，最具有坪用性。

(2) 地上部分生长点位于茎基部，而且大部分种类有坚韧叶鞘保护，埋于表土或土中，因而修剪、滚压、践踏对草造成的伤害较小，且利于分枝(蘖)和不定根的生长。

(3) 叶直立、细小、数量多，寿命较长。尽管枝叶密度较大，阳光仍可以照射到植株中、下部，老叶能较多、较久地保持绿色，剪草后依旧一片碧绿。

(4) 软硬适度、有一定的弹性，对人畜无害，不具有不良气味和弄脏衣物的汁液等不良物质。

(5) 繁殖力强，种子产量高，发芽率高或具有匍匐茎、根状茎等强大的营养繁殖器官，或两者兼而有之，易于成坪，受损后自我修复能力强。

(6) 大部分种类适应性强，具有较强的抗逆性，易于管理。

(7) 多年生，寿命在三年或以上，若一、二年生应具强的自繁能力。

对于一些双子叶草坪草如豆科植物不完全具备以上特征，但它们的再生能力强。有些种类具匍匐茎，具有耐瘠薄的特点，这也是它们能作为草坪草使用的主要原因。

三、草坪草的种类

植物与环境是统一的整体。在植物的生活环境中，影响最大的主要决定于自然条件，特别是气候条件的作用。植物长期生活在一定的自然条件下，就形成了与之相适应的不同种类，即在地球上不同气候带内形成了与之相适应的不同类型的草坪植物种类。按照草坪草对温度的生态适应性，可分为暖季型草坪草与冷季型草坪草两类。

暖季型草的最适生长温度在 26～32 ℃(或 30 ℃左右)，生长的主要限制因素是低温强度与持续时间，也就是说在夏季生长最为旺盛。而冷季型草是指最适生长温度在 15～24 ℃(或 20 ℃左右)，生长的主要限制因素是最高温强度及持续时间，在春秋季节各有一个生长高峰。在两类草坪草之间的一些中间类型，如高羊茅属于冷季型草，但它的耐热性较强，而马蹄金属于暖季型草，但在冷热过渡地带，冬季以绿期过冬。

冷季型草坪草适宜于我国黄河以北的广大地区种植。在南方越夏比较困难，必须采取特别的管理措施，否则易衰老和死亡。草地早熟禾、高羊茅、多年生黑麦草、细羊茅等都是我国北方地区最适宜的冷季型草坪草。冷季型草坪草耐高温能力差，但有些草种如高羊茅、匍匐翦股颖、草地早熟禾可以在过渡带或南方的高海拔地区生长。

暖季型草坪草仅少数草种可获得种子，因此主要进行营养繁殖。此外，暖季型草坪草均具相当强的长势和竞争力，当群落一旦形成，其他草很难侵入。因此，暖季型草坪草多数单

播，很少混播。

下面介绍几种常用的草坪草。

（一）羊茅属

羊茅属系禾本科，约100种，分布于全世界的寒温带和热带的高山地区。我国有14种，常用作草坪草的有6种：高羊茅、紫羊茅、硬羊茅、羊茅、草地羊茅和细羊茅。其中高羊茅和草地羊茅属宽叶型，其余都是细叶型。下面着重介绍高羊茅。

图7-1　高羊茅

（1）形态特征　分枝类型为疏丛型。高羊茅与同属其他种相比，表现为植株高大，叶宽。茎秆直立、粗壮。叶鞘圆形、开裂，基部红色；叶片扁平、坚硬，长10～30 cm，宽5～10 mm，背面光滑，表面及边缘粗糙，无主脉；叶舌膜质，长0.2～0.8 mm，截平；叶耳小而狭窄；叶环显著，宽大，分开，常在边缘有短毛，黄绿色。圆锥花序，直立或下垂，每节有2～5分枝；小穗长10～15 mm，有4～5朵小花。外稃长圆状披针形，内稃背上具短纤毛。颖果（种子）长3.4～4.2 mm，宽1.2～1.5 mm。显著大于羊茅属其他种。如图7-1所示。

（2）生态习性　高羊茅具有广泛的生态适应性。耐热性较强，在高温炎热的夏季，许多冷季型禾草都进入休眠期，但它不休眠，这是十分可贵的生物学特征。高羊茅耐寒性差，在温带较冷地区，当受到低温危害后，往往只成活几年便逐渐退化。耐干旱，又耐潮湿；耐酸又耐碱；pH值为4.7～9.0的土壤上都能生长；具有较强的耐践踏性；耐荫性中等。

（3）栽培管理　通常采用播种方式建坪，成坪速度较快。播种量20～40 g/m^2，单播、混播均可。与草地早熟禾等草种混播时，高羊茅所占的比例不应低于70%。高羊茅不耐低修剪，修剪高度以5～8 cm为宜。虽然高羊茅能耐低肥，但适度施肥会使其生长良好。

（4）使用特点　耐粗放管理，耐践踏，可用于高尔夫球场球道、赛马场和机场草坪，以及园林中只要求绿化，不要求观赏的大片空地或斜坡的种植材料。虽然高羊茅的适应范围很广，但叶片比较粗糙，所以一般只用来建植中、低质量的草坪。

（5）常见品种　高羊茅的常见品种如下。

肯塔基31　1940年美国育成，质地较粗糙，植株密度中等。耐热性和耐寒性有所提高，适应的土壤范围较广。

猎狗5号　是一新的抗病、抗热、植株较矮的高羊茅品种。它色泽深绿，质地细致，有很好的耐磨性。耐干旱，肥力要求低，土壤适应范围广，养护管理要求低。

交战Ⅱ　在耐热和抗旱方面也有较大的提高，它生长缓慢，耐低修剪，常被推荐用于高质量的草坪、公园、高尔夫球场的高草区、操场等地绿化。

野马Ⅱ　是在野马高羊茅的基础上经选择改良后得到的一个优良品种。其优点主要表现在对褐斑病具有较强的抗性，具发达的根系，可形成坚韧的草坪，对高温、高湿和干旱都有良好的忍耐性，耐低修剪，对土壤的适应范围较广。

朝阳　深绿色，叶片质地中等，适合混播，具很好的耐热性，耐旱性，耐低养护，适低修剪。特别适合于草皮生产、高尔夫球场的障碍区、庭院、公园等场所高质量草坪的建植。

矮星二代　生长缓慢，在炎热和高湿的夏季表现良好。适合在所有高羊茅栽培区建植高质量的草坪。

（二）早熟禾属

早熟禾属是最为主要而又广泛使用的冷季型草坪草之一，有200多种，我国有近百种。目前栽培用的草坪草主要有草地早熟禾、加拿大早熟禾、普通早熟禾、一年生早熟禾和林地早熟禾。仅着重介绍草地早熟禾。

草地早熟禾又称肯塔基早熟禾、早熟禾、六月禾、肯塔基蓝草等，是非常重要的草坪草种。草地早熟禾原产欧洲、非洲北部，后引到北美洲，现遍及全球温带地区。

(1) 形态特征　具细根状茎，根系和根状茎主要分布在15～20 cm土层内。茎秆光滑直立，丛生或疏丛状，高50～80 cm。叶片"V"字形或扁平，宽2～4 mm，长5～10 cm，柔软，顶部为船形，中脉两侧各脉透明，边缘较粗糙；叶舌膜质，长0.2～1 mm，截形；叶环中等宽度，分离、光滑、黄绿色，无叶耳。圆锥花序开展，长13～20 cm，分枝下部裸露；小穗长3～6 mm，密生顶端，含3～5朵小花；第一颖长2.5～5 mm，具一脉，第二颖宽，披针形，长3～4 mm，具三脉；内稃较外稃短，脊粗糙具小纤毛；颖果纺锤形，具三棱，长约2 mm。如图7-2所示。

图7-2　草地早熟禾

(2) 生态习性　适宜凉爽湿润的气候，耐寒性强，在我国北方−27 ℃的寒冷地区均能安全越冬。在较高温度和水分缺乏的逆境下，它的生长持续缓慢，夏季休眠。草地早熟禾的耐荫性不如紫羊茅和普通早熟禾。它喜排水良好、质地疏松的土壤，适宜的pH值为6～7。

(3) 栽培管理　主要用播种的方法建植草坪，也可以用分株栽植的方法建坪。播种量为8～12 g/m^2。也可与多年生黑麦草、匍匐紫羊茅等草种混播，增加草坪抗性。在良好的土壤条件下，能通过地下茎迅速扩展，形成健壮致密的草皮。修剪高度为2～4 cm。养护管理必须做到细致，及时修剪、施肥和喷水，可以延长草坪的寿命。草地早熟禾生长到4～5年或更长，便会形成坚实的草皮层，会阻碍返青萌发，这时应用切断、穿刺土壤的方法进行更新，或重新补播，以避免草坪的退化。

(4) 使用特点　目前，草地早熟禾的许多品种在我国所用的北方地区是最好的草坪草种之一。它广泛应用于公园、公共绿地、庭院、高尔夫球场及机场等地带的草坪。此外，草地早熟禾发达的根系及较强的再生能力使得它特别适应于运动场和一些过度利用的场地。

草地早熟禾常与紫羊茅混合使用，它的建坪速度比紫羊茅慢。紫羊茅作为一个建坪快的成分不会在建坪时与草地早熟禾过分竞争，但在遮荫、干旱环境下，尤其在养护水平较低时，紫羊茅会占主导地位；而在全日照和土壤湿润条件下草地早熟禾占主导地位，两者混播对环境的适应性更强。草地早熟禾也可以与其他冷季型草坪草混播，如高羊茅和多年生黑麦草。

(5) 常见品种　草地早熟禾是应用最为广泛的草坪植物，经大量的研究和育种工作，现育成的品种有200个左右，每个品种都有其优缺点。正因为早熟禾的许多品种具有广泛的选择性，所以人们可以选择不同的如下品种建植各个档次的草坪。

新哥来德　近年来培育的优秀品种之一。其叶色浓绿，质地细嫩，耐荫性较强，耐践踏性强，建植的草坪质量高。适于我国大部分地区种植。

美洲王　其色泽深绿，叶片质地优异，生长低矮，具有良好的密度，耐践踏性强，耐荫性极好，抗病力强。美洲王单播表现优异，也可以与其他草地早熟禾品种组合或与多年生黑麦草等混播。适宜用于庭院、公园、运动场、公共绿地及草皮卷生产。

解放者　该品种分蘖旺盛，耐磨损且恢复迅速，耐低修剪，绿期长，适合高尔夫球场发球台和球道的要求。具耐高温、高湿的特性，在过渡地带可以种植。

公园　是一个古老而开放使用的早熟禾品种，因价格较低，易管理，耐寒性强，广泛用于北方大部分地区的草坪建植。

优异　一个应用多年的老品种，比较适合中国的气候。生长低矮，种子较大，出苗整齐、迅速，建坪速度快，是比较适用的草地早熟禾。

（三）黑麦草属

黑麦草属是禾本科一年生或多年生草本，有 10 种，主要分布在世界温暖湿润的地区。其中用作草坪草的只有多年生黑麦草和一年生黑麦草。

1. 多年生黑麦草

多年生黑麦草原产亚洲和北非的温带地区，现广泛分布于世界的温带地区。

图 7-3　多年生黑麦草

(1) 形态特征　疏丛型，根系发达，须根主要分布于 15 cm表土层中，秆直立，高 80～100 cm，叶狭长宽 2～6 mm，长 5～12 cm，深绿色，幼叶折叠；叶鞘裂开或封闭，长度与节间相等或稍长，近地面叶鞘红色或紫红色；叶耳小；叶舌短而钝，长 0.5～1 mm。扁穗状花序直立，微弯曲，小穗无芒。颖果（种子）矩圆形，长 2.8～3.4 mm，宽 1.1～1.3 mm，棕褐色至深棕色。如图 7-3 所示。

(2) 生态习性　喜温凉湿润气候。宜于夏季凉爽、冬季不太寒冷的地区生长。多年生黑麦草生长最适温度20～27 ℃，当温度低于 10 ℃或高于 35 ℃时，生长不良。因此，多年生黑麦草的耐热性、耐寒性都差。不耐旱，能耐湿，喜光，耐荫性差。在 pH 值为 6～7、中等肥沃、湿润、排水良好的土壤上生长良好。

(3) 栽培管理　采用播种建坪，播种量为 15～30 g/m^2。种子发芽迅速，一般播后 5～7 d出苗。由于分蘖能力强，生长快，必须定期修剪，控制其长高。多年生黑麦草不耐低修剪，一般修剪高度为 4～6 cm，为使黑麦草草坪保持绿色，应定期施氮肥。

(4) 使用特点　在北方公园、庭院等小型绿地上，常把多年生黑麦草用作保护草种混播，在早熟禾出苗前，保护坪床免受水土侵蚀，为早熟禾出苗创造有利条件。但注意黑麦草不能超过 10%～20%，否则扩展能力强的黑麦草会侵占全部坪床，使得早熟禾等主要草种难于扎根生存。也可用在狗牙根等暖季型草坪上秋末初冬的覆播材料中，从而使草坪冬季保持绿色。此外多年生黑麦草能抗 SO_2 等有害气体，可以用作工矿企业绿化材料。

(5) 常见品种　多年生黑麦草的常见品种如下。

德比　明亮、中等绿色，中细质地，高密度。耐热、抗寒、耐践踏，适于冬季覆播。

超级德比　这是改良多年生黑麦草的第二代，其色泽暗绿，叶片品质好，建植后快速覆盖地面，极耐践踏，提高了耐热性，广泛用于高尔夫球场果领、发球台和球道的交播。

2. 一年生黑麦草

一年生黑麦草又称多花黑麦草、意大利黑麦草。原产地中海沿岸，分布于欧洲南部、非洲北部小亚细亚广大地区，中国长江流域以南和江苏沿海有大面积栽培。

(1) 形态特征 这是一年生或短期多年生草。分蘖较少,茎粗壮,圆形,高可达 130 cm 以上。叶片长 10～15 cm,宽 3～5 mm,色泽较淡,早期卷曲;叶耳大,叶舌膜质,长约 1 mm;叶鞘红褐色。每小穗含 10～20 朵小花,多花黑麦草名字由此而来。颖果(种子)倒卵形或矩圆形,长 2.5～3.4 mm,宽 1～1.2 mm,褐色至棕色,顶部钝圆,具绒毛。

(2) 生态习性 喜温暖湿润气候,以长江流域冬小麦地区生长良好,不耐严寒和高温,待开花结实后结束生长周期。

(3) 其他栽培管理和使用特点同多年生黑麦草。

(四) 翦股颖属

翦股颖属分布于寒温带,尤以北半球为多。翦股颖是所有冷季型草坪草中最能忍受低修剪的,其修剪高度可达 0.5 cm,甚至更低。当强修剪时,翦股颖可以形成致密、均一的高质量草坪。此属约有 200 种,其中用作草坪草的有匍匐翦股颖、细弱翦股颖、绒毛翦股颖和小糠草。

1. 匍匐翦股颖

匍匐翦股颖又称匍茎翦股颖、本特草。分布于我国甘肃、河北、河南、浙江、江西以及欧亚大陆的温带和北美。多生长于潮湿草地。

(1) 形态特征 茎秆的基部偃卧地面,具有长达 8 cm 的匍匐茎,3～6 节,节着土生根,直立部分高 30～45 cm。叶片扁平,线型,先端渐尖,长 5.5～8.5 cm,宽 3～4 cm,两面都具有小刺毛且粗糙;叶鞘无毛,稍带紫色;叶舌膜质,长圆形,长 2.5～3.5 cm。圆锥花序卵状长圆形,绿紫色,老后呈紫铜色,长 11～20 cm,宽 2～5 cm;小穗长 2～2.2 cm,两颖等长,外稃长 1.6～1.8 cm,顶端圆钝,无芒,内稃长为外稃的 1/2～2/3。颖果(种子)长约 1 mm,宽 0.4 mm,黄褐色。如图 7-4 所示。

图 7-4 匍匐翦股颖

(2) 生态习性 耐寒冷潮湿的能力较强。耐热性与草地早熟禾相似,盛夏高温时,茎和根系可能会损伤。耐荫性比草地早熟禾强,但不如紫羊茅。匍匐茎横向蔓延能力强,能迅速覆盖地面形成密度较大的草坪,但茎枝上的节扎根较浅,耐旱能力不如野牛草。耐践踏性中等。可适应多种土壤,但最适宜在肥沃、中等酸度(pH 值为5.5～6.5)、保水力好的壤土中生长。它的抗盐性和耐淹性比一般冷季型草坪草好,但对紧实土壤的适应性很差。

(3) 栽培管理 可以用播种和栽植匍匐茎两种方法建植草坪。因种子特别细小,播种地面要整平整细,一般播种量为 5～7 g/m^2。栽植匍匐茎的具体方法:将草皮分离开,栽植时期从 4 月下旬至 9 月下旬(指我国华北地区)。在养护管理中,应注意经常供给水分和所需的养分,否则影响绿化效果。匍匐翦股颖所需的养分要比其他草种多。剪草工作应做到及时,如果草层长得过高过密,基部叶片会因不通风透气而变黄,甚至死亡。公园、街道绿地的草坪修剪高度以 2～4 cm 为宜,高尔夫球场果领草坪要求更短,以 0.5～0.7 cm 为宜。

(4) 使用特点 低修剪时,能产生美丽、细致的草坪,当修剪高度为 0.5～0.75 cm 时,匍匐翦股颖是适用于保龄球场的冷季型草坪草,它也用于高尔夫球场球道、发球区和果领等高质量、精细养护的草坪,也可用作观赏草坪,一般不做庭院草坪。匍匐翦股颖具有侵占性很强的匍匐茎,故很少与草地早熟禾等直立生长的草种混播。

(5) 常见品种　匍匐翦股颖的常见品种如下。

水手　叶色中等深绿，高密度，生长健壮，极耐践踏。抗热能力强，抗病性中等，建植速度快，极耐低修剪，恢复能力强。

开拓　叶色深绿，根系发达，耐低修剪；抗干旱性强，直立生长性状优良，很少出现草垫层，耐践踏能力强。主要用于高尔夫球场果领草坪的建植。

帕特　质地柔韧、细腻、抗病能力强、致密、矮生和侵占性强，对杂草有较强的抵抗力，耐低修剪，耐践踏能力强。主要用于建植高尔夫球场果领、发球台草坪。

潘克劳斯　密度很高，生长旺盛，耐热。广泛应用于果领草坪的建植，是世界上用于高尔夫球场果领历史最悠久、使用面积最大的一种优质匍匐翦股颖品种。

SR1020　抗旱耐热、具较强的抗病性。现在它被广泛应用于高尔夫球场草坪的建植。

此外，还有海滨、维泼、眼镜蛇、摄政王等。

2. 细弱翦股颖

细弱翦股颖分布于我国山西以及欧洲、亚洲大陆的北温带。

(1) 形态特征　具有短根状茎，秆丛生直立，高 20～36 cm，有 3～4 节。叶片质地较硬，线形，先端较尖，长 10～20 cm，宽 1～2 mm，两面及边缘粗糙；叶鞘无毛，有时带紫色；叶舌膜质，先端呈 2 或 3 裂，长 0.6～1 mm。圆锥花序开展，长 5.5～10 cm，宽 1.7～3.5 cm，暗紫色；小穗长 1.5～1.7 mm，2 个颖片的长度相等；外稃长 1.5 mm，先端平，内稃长度大约为外稃的 2/3；种子长椭圆形，黄褐色。

(2) 生态习性　具有较强的耐寒性、耐热性，耐旱性较差，耐荫性中等，不耐践踏。能耐低修剪，修剪高度 1～2.5 cm，最适于 pH 值为 5.5～6.5 的砂质土壤。

(3) 栽培管理　可以营养繁殖，但速度较慢，主要以种子直播建坪，播种量为 5～7 g/m^2。养护管理中，应施适量氮肥。修剪要及时，一般绿地草坪，修剪高度为 2～3 cm，高尔夫球场果领草坪要求 0.7 cm 以下。

(4) 使用特点　细弱翦股颖常用作公园、街道和居住小区草坪，优良品种还可以用作高尔夫球场果领。

(5) 常见品种　细弱翦股颖的常见品种如下。

白都　欧洲排名靠前的细弱翦股颖。叶片纤细，具有极好的草坪密度，耐践踏性和抗病性强，适宜于高尔夫球场果领，也是草皮生产的理想选择。

继承　叶片纤细密集，生长缓慢，适宜于高尔夫球场的果领，与高羊茅混播效果较好。

佰拉　中等暗绿色，中细质地，植株密度大，生长矮小。用作绿地草坪和球道。

SR7100　多用型的新一代细弱翦股颖品种。主要优点是具有直立生长的特征，抗病性好，适应性广。可用于高尔夫球场的球道和高草区以及庭院绿化。

此外，品种还有依克斯泰勒、海拉德、霍菲亚等。

（五）狗牙根属

狗牙根属约 10 种，分布于欧洲、亚洲的亚热带及热带。我国产有 2 种及 1 个变种。用作草坪草的一般指狗牙根，近年来常有的还有杂交狗牙根。

1. 狗牙根

狗牙根又称爬根草、绊根草、铁线草、行仪芝。广泛分布于温带地区。我国黄河流域以南广大区域均有分布，常见于路旁河边，山地荒坡及林缘等处，为我国中南部野生乡土草种。

(1)形态特征　狗牙根是多年生草本植物。植株低矮,生命力较强,具根状茎,须根细而坚韧。匍匐茎平铺地面或埋入土中,长 10～120 cm,圆柱状或略扁平,光滑、坚硬,节处向下生根,上部数节茎直立,光滑,细硬,株高 10～30 cm。叶片平展,披针形,长 5～10 cm,宽 1～4 mm,苍绿色,基部近叶处有丝状毛。叶舌短,具纤毛。穗状花序,3～6 枚呈指状排列于茎顶,绿色或稍带紫色。种子长 1.5 mm,卵圆形,易与颖脱离,具有一定的自播能力。如图 7-5 所示。

图 7-5　狗牙根

(2) 生态习性　喜温热湿润气候,日平均气温 24 ℃以上地区生长最好,耐寒性较差,6～9 ℃几乎不生长,一经轻霜,叶即转黄。当温度为－2～－3 ℃时,地上部分枯死。适应于各种土壤,在轻度盐碱地上亦能生长,排水不良的土壤可能影响其生长。能耐干旱,也能耐长期的水淹;耐荫性较差。

(3) 栽培管理　种子少且不易采收,常用播茎法繁殖,一般在春、夏季进行,可将草茎挖起,均匀撒在坪床表面,覆土压实,浇透水,保持湿润,数日内即可萌发新芽,20 d 左右即滋生新匍匐茎,成坪速度是草坪草中最快的。

目前,国外已经培育出了一些狗牙根品种,并能大量供应商品种子,这样狗牙根也可以用播种的方法建坪。播种量一般为 5～10 g/m^2。种子出苗期长,需 2 周以上。所以,除了注意精细整地外,还要保持坪床湿润。养护管理较粗放,修剪、施肥、病虫害防治均可适当减少次数。但因其根系浅,夏季干旱时要注意浇水,防止草坪过干。

(4) 使用特点　广泛种植于南方及过渡地区,由于其耐践踏性好,常单播或与其他暖季型草坪草混合铺设各类运动场、机场跑道、公园等。它覆盖力强且耐粗放管理,又可用于河岸底坝处作护坡材料。

(5) 常见品种　狗牙根的常见品种如下。

克杰宝　在耐荫性、低养护、耐践踏及抗镰刀枯萎病等方面比较优秀。

普通　中绿,中粗质地,中等密度,耐践踏,耐荫性极差,耐粗放管理,营养繁殖或种子繁殖均可。

米瑞格　提高了狗牙根的耐寒性,其草坪质量比普通狗牙根品种高,春季返春早,适用于热带高尔夫球场发球台、球道、高草区和自由区的阳面,一般不用于果领。

金字塔　一个新的改良品种,它能生成非常稠密规则的草坪,适用于暖季型草生长的温带、亚热带和热带气候,用于高尔夫球场发球台,球道和高草区。

莱茵　生长低矮,与普通狗牙根相比较,耐寒性较强。适于庭院、公园、路旁及高尔夫球道,它还是生产质量高,密度均一的草皮材料。

时代　叶色浓绿,质地中等,耐旱性强,耐盐性强,对土壤的适应范围广。抗病虫害能力强,适应于庭院草坪和观赏草坪。

2. 天堂草

天堂草又称杂交狗牙根、杂交天堂草。它是美国育种家把非洲狗牙根与普通狗牙根杂交后,并在其子一代的杂交种分离选出。此草最早由广东中山温泉高尔夫球俱乐部从国外引入栽培。

该草主要性状保持狗牙根原有的一些优良性状,并具有叶丛密集,低矮,色绿而细弱,根状茎节间短等特点。又能耐频繁的修剪,践踏后易复苏,长江流域以南绿期 280 天。华南略长一些,它不仅耐寒性强,病虫害少,而且能耐一定的干旱,十分适合于中原地区生长。主要用营养繁殖,方法同狗牙根。由于繁殖系数大,因此易于推广,一般形成的草坪均需精细养护,才能保持平整美观。尤其是夏秋生长旺盛期内,必须定期修剪,高度为 1.3～2.5 cm,则有利于控制其匍匐茎的向外延伸。由于修剪次数的增多,水肥管理也要相应跟上。

天堂草是较好的运动场及娱乐场地的绿化材料,广泛适用于足球、垒球、高尔夫球、曲棍球、草地网球、马球等体育用草地。近年来,所用的天堂草的品种有天堂 328、天堂 419、天堂 57 和矮生天堂草等。我国栽培天堂草是最近几年才开始推广应用的,北起洛阳,南到广州、昆明,草坪质量均比当地狗牙根表现优良。

(六) 结缕草属

结缕草属为禾本科多年生低矮草本,约有 10 种,分布于非洲、亚洲和大洋洲的热带和亚热带地区。中国现有 5 种。常用作草坪草的有结缕草、沟叶结缕草、中华结缕草、细叶结缕草和大穗结缕草。

1. 结缕草

结缕草又称老虎皮草、锥子草、崂山草、日本结缕草。原产于亚洲东南部,主要分布在中国、朝鲜和日本等温暖地带。我国北起辽东半岛,南至海南岛,西至陕西关中的广大地区,均有野生分布,其中以胶东半岛,辽东半岛分布较多。

图 7-6 结缕草

(1) 形态特征　具直立茎,一般高 12～15 cm,秆淡黄色,须根较深,一般可深入土层 30 cm 以上,在该属中属深根性草种,具坚韧的根状茎和匍匐茎。叶片革质,长 3 cm,宽 2～3 mm,扁平,表面有疏毛。叶舌不明显,有白柔毛,花期 5～6 月,总状花序,花果呈绿色,有时略带紫色,高 6～8 cm。种子表面有蜡质层,不易发芽,播种前通常须进行处理,以提高发芽率。如图 7-6 所示。

(2)生态习性　喜温暖气候,耐高温,耐旱,喜光不耐荫,利用它的匍匐茎容易形成单一成片的群落。它适宜于深厚、肥沃、排水良好的土壤和砂质壤土,在微碱性的土壤中生长良好,也能耐瘠薄。它草层厚,具有一定的韧度和弹性,耐磨性好,耐践踏。它耐寒能力较强,草根－20 ℃左右能安全越冬。在长江流域以南地区绿期可为 260 d 左右,在华北及东北地区,绿期一般为 180 d。

(3) 栽培管理　可以种子直播或营养繁殖两种方法建坪。近年来由于种子处理技术的改进与提高,逐步以播种为主,播种量为 10～15g/㎡。播前种子通常采用湿沙层积催芽法或 0.5%氢氧化钠溶液浸种法。北京、太原适宜的播种时间为 5 月上旬至 6 月下旬,气温达到 25 ℃进行,长江流域多利用雨季进行。营养繁殖的方法,常采用挖草块、草根、嫩茎扩大繁殖,一般 1 ㎡草块,可繁殖新草坪 3～4 ㎡。

结缕草适应于我国大部分地区气候,栽培管理一般比较粗放,由于它低矮,匍匐的生长习性,故耐低修剪。当作庭院草坪时修剪高度为 1.3～2.5 cm。

(4) 使用特点　耐磨性好,耐践踏。管理粗放,广泛用于园林、庭院、体育运动场等。在我国大部分地区是一种很好的运动场草坪草种。由于根系发达,且耐旱,因此也是良好道路护坡材料。

(5) 常见品种　结缕草的常见品种如下。

绿宝石　中等暗绿色，质地较细，枝叶密度高，生长低矮。不耐寒，耐荫性一般，生长较慢。

梅耶　中等暗绿色，质地和植株密度一般，生长较旺盛，耐寒，抗旱，春季返青和耐荫性中等，生长和建坪速度中等。

SR9150　以中等精细的质地和强的侵占性为特征，抗病性和抗旱性突出。它与高羊茅混播在过渡带和北方地区表现好，绿期长，养护投入低。

2. 细叶结缕草

细叶结缕草又称天鹅绒、台湾草。是我国南方应用较广的细叶型草坪草种，华北地区越冬有困难。

(1) 形态特征　属细叶型草种。通常密集丛生状生长，叶丛高可达 10～15 cm，茎秆纤细，具有匍匐茎，节处能生根及萌发新枝，须根多，分布较浅。叶片线形，内卷，质地较柔软，长 2～6 cm，宽 0.5 mm；叶鞘无毛，紧密裹茎；叶舌膜质，长约 0.3 mm，顶端撕裂为纤毛状。总状花序，顶生，花果期 6～7 个月；花穗短小，近披针形，长仅为 1 cm，宽 1.5 mm，常覆没于叶丛之中，不易发现；小穗穗状排列，黄绿色，有时略带紫色。种子稀少，熟时易脱落，采收困难。如图 7-7 所示。

图 7-7　细叶结缕草

(2) 生态习性　喜光，不耐荫，强阳光处生长良好，不耐涝，潮湿处生长不良。与结缕草比较，耐寒能力稍差。与多种杂草竞争能力强，草层密集，容易形成草丘，草坪表面不整齐，坪床表面容易出现毡化，会造成表土不渗水，不透气，使草坪成片干枯死亡。

(3) 栽培管理　一般采用营养繁殖，分栽草皮切下的匍匐茎或带土小草块，栽后保持湿润，1 周后即可发芽，管理上要注意定期修剪，防止起小草丘，一般在每年 3 月中下旬修剪，促进萌发新芽，夏季生长旺盛期再进行 2～3 次修剪。当草坪土壤板结通气不良时，应采用打孔等办法通气，更新复壮。在华中、华东及西南地区，绿期 260 d 左右；西安、洛阳等地区，绿期可达 180 d 左右；石家庄以北地区栽培，大部分草根不能安全越冬。

(4) 使用特点　细叶结缕草必须精心养护才能达到较好的观赏效果，一般多用于铺设观赏性草坪，常栽于花坛内作封闭式草坪或用作塑造草坪造型供人观赏。也可用于医院、学校、宾馆、工厂等专用绿地，此外，细叶结缕草也可用于固土护坡、防止水土流失。

(七) 地毯草属

地毯草属约有 40 种，大都产于美洲热带地区。我国有 2 种，其中用于草坪草最广泛的是地毯草。它在我国南方有一定的分布面积，但不如狗牙根和结缕草分布广。坪用性状一般。

地毯草又称大叶油草。原产南美洲，分布于巴西、阿根廷等国。我国台湾、广东、广西、云南有分布。常生于荒野、路旁较潮湿之处。

(1) 形态特征　多年生草本植物，具匍匐茎，匍匐茎蔓延迅速，每节上都生根和抽出新植株，植株平铺地面呈毯状，故称地毯草。秆扁平，高 8～60 cm，节密生灰白色柔毛。叶片扁

图 7-8　地毯草

平、柔软、翠绿色，短而钝，长 4～6 cm，宽 8 mm 左右，两面无毛或上面被柔毛，近鞘口处被疏生毛；叶舌长约 0.5 mm。穗状花序，长 4～6 cm，较纤细，2～3 枚近指状排列于秆顶端。如图 7-8 所示。

(2) 生态习性　适于热带，亚热带地区较温暖地方生长的宽叶型草坪草。它喜光，也较耐荫，再生力强，也耐践踏。在肥沃的砂质土壤上生长最好，在干燥的高丘上生长欠佳。最适宜的土壤 pH 值为 4.5～5.5。由于匍匐茎迅速蔓延，因此侵占力极强。耐寒性差，据调查，该草在华东地区越冬有困难。

(3) 栽培管理　结实率和发芽率均高，可进行种子繁殖，也可进行营养繁殖，即在温暖湿润的春、夏季，将草根或小草块埋植土中，行距15 cm，约 70～75 d，精细养护，即可形成平铺的草坪。地毯草耐低养护，由于垂直生长的速度较慢，庭院草坪的修剪高度为 2.5～5.0 cm，因此，修剪频率要比结缕草和狗牙根低，在整个夏天能产生许多种子，为不影响观赏效果，需低剪。

(4) 使用特点　低矮、耐践踏，较耐荫。在华南地区，常用作运动场草坪和遮荫地草坪。由于耐酸性土壤及较贫瘠的土壤环境，也是优良的固土护坡材料。

(八) 蜈蚣草属

蜈蚣草属约有 10 种，但只有假俭草用作草坪草。其主要分布在热带和亚热带。

假俭草又称蜈蚣草，分布于我国长江流域以南。美国在 20 世纪初期从我国南部引入，现在世界各地已广泛引种。它不如狗牙根、结缕草和钝叶草分布那么广。

(1) 形态特征　植株低矮，高 10～15 cm，具有贴地生长的匍匐茎，看上去像爬行的蜈蚣，故称“蜈蚣草”。秆自基部直立，常基生。叶片扁平，长 2～5 cm，宽 1.5～2.0 mm，基部边缘有绒毛；叶鞘压缩并略突起，透明、光滑，较宽；无叶耳。总状花序顶生，常镰刀状弯曲，长 4～6 cm。

(2) 生态习性　适于温暖潮湿气候的地区。喜光，耐干旱，较耐磨。耐寒性很差，介于狗牙根和钝叶草之间，低温下保绿性比钝叶草差，低温时，常褪色。适应的土壤范围相对较广，尤其适宜长在中等酸性、低肥的细壤上，土壤适宜的 pH 值为 4.5～5.5。但其耐淹性、耐盐碱性很差。具有抗二氧化硫等有害气体及吸附尘埃的功能。

(3) 栽培管理　可采用播种的方法建坪，也可采用营养繁殖的方法。因营养繁殖能力很强，目前多次采用移植草块和埋植匍匐茎的方法建坪。经过多次修剪、滚压，可形成平整而有弹性的草坪，适宜的修剪高度为 3～5 cm。在碱性土壤或高钙的土壤上生长时，要防止由于缺钙而引起的缺绿症。假俭草与大多数暖季型草坪草相比，抗病虫害的能力较强。

(4) 使用特点　适宜于建植庭院草坪和类似的践踏少、管理水平较低的草坪。在低养护条件下，可以收到令人满意的质量。不常用做运动场、操场和类似的高频度使用的草坪。

(九) 野生草属

野生草属分布于北美洲大平原干旱地区，仅有 1 种为野牛草。我国及世界各地均引种

栽培。

野生草又称水牛草。最初是一种重要的牧草，现在人们已逐步把它看成是“环境友好”草种。

(1) 形态特征　多年生草本植物。具匍匐茎，秆高5～25 cm，较细弱。叶片线形，长10～20 cm，宽1～2 mm，两面疏生细小柔毛，叶色绿中透白，色泽美丽。雌雄同株或异株，雄花序2～8枚，长5～15 cm，排成总状；雄小穗含2花，无柄，成2行覆瓦状花序，通常种子成熟时，自梗上脱落。如图7-9所示。

图7-9　野牛草

(2) 生态习性　适应性强，喜光，亦能耐半荫。具有较强的耐寒性，在北方－34 ℃能安全越冬。夏季耐热、耐旱，在2～3个月严重干旱的情况下，仍不致死亡，野牛草的耐旱性，是它最突出的特征之一。耐贫瘠土壤、耐盐碱。与杂草的竞争力强，具有一定的耐践踏性。在陕西太原、北京等地的绿期为180～190 d。

(3) 栽培管理　种子和营养繁殖均可。由于结实率低，目前各地均采用分株繁殖或用匍匐茎埋压。由于野牛草再生快，生长迅速，植株也较高，因此需通过修剪控制高度，保持平整美观，修剪高度为3～4 cm。野生草耐旱，浇水不宜过多。

(4) 使用特点　具植株低矮、枝叶柔软、较耐践踏、生长快、养护管理简单、抗旱、耐寒等优点，是我国北方栽培面积较多的一种草坪草，广泛应用于工矿企业、机关、学校及居住区地绿化材料。由于抗二氧化硫、氟化氢等污染气体能力强，因此也是治炼、化工等工业区的环境保护绿化材料。尤其是它突出耐旱的优点，非常适合北方水资源短缺城市近郊、郊区绿化和固土护坡。

(十) 雀稗属

雀稗属约有300种，分布于全球的热带与亚热带，尤其是美洲热带地区，特别是巴西居多。我国有7种，以前多被用做牧草，近几年开始用于草坪建植。其中常用的有双穗雀稗、两耳草、巴哈雀稗、海滨雀稗等。

1. 双穗雀稗

双穗雀稗又称水爬根、水竹节草等。分布两半球热带，延伸至暖温带，在我国分布于华南、云南和长江中下游，常见于路边、水边以及湿地，形成茂盛的单种自然群落。

(1) 形态特征　根状茎。株高20～60 cm，茎秆粗壮，直立或斜生，下部茎节匍地易生根，节上常有毛。叶片线形、扁平，长3～15 cm、宽2～6 mm；叶鞘边缘常有纤毛，叶舌长1～1.5 mm。总状花序2枚，生于秆顶；小穗两行排列，椭圆形，长约3～3.5 mm，边缘不具丝状毛。种子成熟后，易自然脱落，具自播能力，结实率与萌发率均高。

(2) 生态习性　喜温热湿润，常生于沟边，池旁或其他湿的地方。具有一定的耐旱能力，华南的旱季，长江流域的伏天，都能正常生长。喜肥，对土壤没有严格要求。双穗雀稗的耐寒性比两耳草强，它的分布范围能延伸至暖温带。

(3) 栽培管理　种子繁殖和营养繁殖都可以方便地建植草坪。营养繁殖成坪速度较快，种子具有自播能力，种子直播建坪也很容易。养护管理较为粗放，病虫害少。

（4）使用特点　是宽叶草种，外形粗糙，适于单播。它喜湿，常用于地势低洼，排水不畅的绿化。

2. 两耳草

两耳草又称水竹节草、叉仔草等。分布于全球热带地区，在我国产于华南。常见于路旁、水边、湿地、极易形成茂盛的单播群落。

（1）形态特征　与双穗雀稗在形态上比较相似，其区别是，两耳草的叶片比双穗雀稗的宽，两耳草卵圆形的小穗边缘具线状毛，而后者不具丝状长柔毛。

（2）生态习性　与双穗雀稗相似。

（3）栽培管理　类似双穗雀稗，耐粗放管理。

（4）使用特点　为优良的湿地建坪草种，生命力强，生长快，极易形成单一的自然群落。我国华东、华南等地常把它们混入假俭草、结缕草中作混合草坪，但要注意以假俭草与结缕草为主要草种，否则两耳草或双穗雀稗会占优势，影响美观。在地势低洼，排水欠佳处，可以此建立单一的草坪。

雀稗属中还有一种美洲雀稗，是美国从巴西引进的，适应美国南部较为温暖的地区。其叶片粗糙，坚韧，凭借短的根状茎和匍匐茎扩展，耐践踏，但密度低。它根系深，对土壤要求不严，耐瘠薄，耐干旱，主要以播种繁殖为主。且抗病虫害能力较强，因此广泛用于路旁等可以粗放管理的地方。我国江西、台湾等地已有应用。

（十一）马蹄金属

马蹄金属为旋花科，约有 8 种，主要产于美洲，产于我国的只有 1 种马蹄金。马蹄金是一种较好的观赏性草坪草。

马蹄金又称美国马蹄金。它分布于美国南部、新西兰以及欧洲。广泛用于观赏草坪和交通安全草坪。1980 年我国广州引种栽培，经过推广，能适应长江流域以南地区栽植。

图 7-10　马蹄金

（1）形态特征　属于多年生双子叶草本植物。植株低矮，根须发达，具较多的匍匐茎，节间着地生根，全株仅高 5～15 cm。叶片扁平，基生于根部。具细长叶柄，肾形，外形大小不等，直径 1～3 cm。夏秋开花，虽有种子，但结实率不高。如图 7-10 所示。

（2）生态习性　喜光及温暖湿润气候，耐荫能力很强。对土壤要求不严，但在肥沃之处，生长茂盛。缺肥时叶黄绿，覆盖度下降。它能耐一定的低温。在华东地区栽培，冬季最冷时马蹄金叶色褪淡，冠层的部分叶片表面变褐色，但仍能安全越冬。马蹄金耐旱性一般，不耐践踏，应种植在人流小的地方。

（3）栽培管理　在生产实际中，马蹄金主要采用匍匐茎繁殖，通常按 1∶8 的比例分栽，它侵占能力很强，较耐粗放管理，适宜的修剪高度为 1.3～2.5 cm。但要注意除杂草，越早除草，越省工，覆盖越好。

（4）使用特点　在我国多用于小面积花坛及山石园，作观赏草坪，亦可用于布置庭院绿地及小型活动场地。

第五节 草皮生产

一、草种的选择

选择适宜当地气候、土壤条件的草坪草种，是生产草皮的重要前提。它将关系草皮的持久性、品质，以及对杂草、病虫害抗性好坏的重大问题。草坪草的选择着重于它的株丛形态、颜色、绿色期、再生性、覆盖性、对环境的适应性和对外力的抵抗性等。

（一）从草坪草的外观形态标准来看

质地、枝条密度、覆盖性和草坪草的颜色及绿色期，是选择草坪草的基本指标。其中，草坪草以何种颜色为好，与人们的兴趣和爱好也有关。

（二）从草坪草的生态质量标准来看

草坪草种（品种）选择的生态质量标准：对环境的适应性、对外力的抵抗性、感病性和建坪速度。其中，建植速度主要取决于草坪草的生长发育速度（包括苗期和成株期），而生长发育速度又是由草坪草的生物学特性决定的，通常与草坪草的寿命有关。一般寿命越长的植物，苗期生长发育越慢；寿命短的植物，苗期生长发育则快。

（三）优先选用地方品种

我国草种资源丰富，如普通狗牙根、结缕草、假俭草等都是优良的草坪草种，在我国长江流域广泛分布，只要精心栽培，都能生产出优质的草坪。

（四）草种的混合和草皮的混播

同一种的不同品种的混合一般是由种子公司进行的，混合播种不仅能够克服单一品种对环境条件的要求单一、适应能力差的缺点，还能够避免多元混播而造成草皮杂色的外观。几种草坪草混播，可以适应差异较大的环境条件，更快地形成草皮，并可使草皮的寿命延长，其缺点是不易获得颜色纯一的草皮。不同草种的配合依土壤、环境条件及使用目的的不同而异，在混播时，混合草种包含主要草种和保护草种。混播一般用于匍匐茎或根茎不发达的草种。

（五）据市场行情选择草种

草坪农场以销售为目的，草种选用要结合市场畅销的草坪草种。

具体落实某一草种时还应注意以下几点。

(1) 草坪的纯净度。种子应不含杂草种子和机械杂物，草茎无杂草，纯净度应在98%以上。

(2) 抗病力强。能抗当地流行的主要病害。

(3) 生长势强。发芽快，根茎生长快，能从早春生长到冬季。

(4) 对环境因素的适应性好。耐荫、喜光，能适应多种气候。

二、草皮生产的土壤

土壤是草皮生产最重要的耕作措施，土壤准备的好坏对草皮生产的成败起决定作用。草皮生产的土壤准备工作大体包括地面的清理、翻耕、平整、土壤改良及消毒和施肥工作等。

(一) 地面清理

草皮生产中的地面清理主要是清除和杀灭杂草。杂草清除在草皮生产管理中通常是一项艰巨而长期的任务。一旦草种落地,若发生同步杂草危害,就更加麻烦。所以在建坪之前,综合应用各种清除杂草的技术,尽量使土壤中杂草种子萌发,加以清除。由于杂草有季相变化,清除期以 1 年较理想。同时,尽量防止新的杂草种子侵入。清除杂草的技术主要有耕作除草、化学除草、生物除草和杂草综合防除。

(二) 翻耕

翻耕包括犁地、圆盘耕作和耙地等连续操作。翻耕应在适宜的土壤湿度下进行,即用手可把土捏成团,抛到地下就可散开来时进行。翻耕作业最好在秋季较干燥的时期进行,因为这样可使翻转的土壤在较长的冷冻作用下冻散,也有利于有机质的分解。一般翻耕的深度不得少于 15～20 cm。

(三) 平整

平整主要包括粗平整和细平整两项工作。粗平整就是地面的等高处理,通常是挖掉突出部分和填平低洼部分。细平整是指局部平整,把大块土敲细,将地面低洼之处填土耙平,使整个场地平坦,为种植草皮做好准备。细平整应推迟到播种前进行,以防止表土的板结,同时应注意土壤的湿度。

(四) 土壤改良及消毒

土壤改良的目的在于提高土壤肥力,保证草坪草的正常生长所需的土壤环境。常见的土壤改良项目:土壤质地改良、调节土壤酸碱度、增加土壤有机质含量及土壤消毒等。

(五) 施肥

草坪草从土壤中获得最主要的三种营养物是以硝酸盐存在的氮、以磷酸盐存在的磷和以钾盐存在的钾。这些元素是草坪草茁壮成长的基本物质保证,其中任何一种元素缺乏,草坪草的正常生长就会受阻。通过土壤的营养诊断,就可确定它们的余缺。施磷肥有助于草坪草根系的生长发育,钾肥有助于草坪草越冬,土壤中若富含氮素,将产生汁多、色绿、叶茂的草坪草。这三种元素可做成混合肥或复合肥,高磷、高钾、低氮的复合肥可作基肥使用。

基肥的施用方法多采用全层施肥。首先把基肥均匀撒在地表上,然后结合翻耕和整地,将肥埋入耕作层中。基肥的施用量主要根据土壤的肥瘦和草坪草是否喜肥等因素来确定。如果土壤贫瘠而草坪草又喜肥,那就要大量施基肥,一般施 1 kg/m^2 有机肥。如果用无机肥如过磷酸钙或复合肥,量就要少些。总之,施肥时应按实际情况增减基肥用量。

三、草皮的种植

草皮的种植通常有播种法和播茎法两种方法。具体选用何种方法则要根据成本、时间要求、种植材料在遗传上的纯度及草坪草的生长特征而定。大多数冷季型草坪草可用播种法(草地早熟禾和匍匐翦股颖的个别种除外)。暖季型草坪草多采用播茎法,但暖季型草坪草中的假俭草、雀稗、地毯草和普通狗牙根也有播种法的。

(一) 播种法(种子繁殖)

1. 播种时间

根据播种时的温度和播后 2～3 个月的可能温度来看,冷季型禾草最适宜的播种时间是

夏末，暖地形草坪草则在春末和初夏。

2. 播种量

草坪草种子的播种量取决于种子质量、混合组成及土壤状况。作为草皮生产基地，播种量要比普通草坪绿地的播量略大。在混播种中，较大粒种子的混播量可达 40～50 g/m²；在土壤条件良好，种子质量高时，播种量 20～30 g/m² 比较适当。播种量确定的最终标准，是以足够数量的活种子确保单位面积上幼苗的株数，即每平方米 1 万～2 万株幼苗。种子质量特征和播种量详见表 7-1。

表 7-1 草坪种子质量特征和播种量

草坪草	每克种子数/粒	最低纯度/(%)(以重量计)	最低发芽率/(%)(以数量计)
斑点雀稗	360	70	70
细弱翦股颖	18000	95	85
匍匐翦股颖	14000	95	85
红顶翦股颖	11000	90	85
绒毛翦股颖	24000	90	85
普通狗牙根(未去壳)	3900	95	80
加拿大加热禾	5500	85	80
草地早熟禾	4800	90	75
粗茎早熟禾	5600	90	80
野牛草	110	85	60
地毯草	2500	90	85
假俭草	900	45	65
紫羊茅	1200	95	80
细羊茅	1200	90	80
高羊茅	500	95	85
一年生黑麦草	500	95	90
多年生黑麦草	500	95	90
球道无花雀稗	700	85	80

此外，影响草坪草播量的因素还有播种幼苗的活力、生长习性、希望定植株量、种子的成本、预期杂草的竞争力、病虫害的可能性和定植草皮的培育强度等。

3. 播种

草皮播种主要是以撒播为主，在播种时首先应要求种子均匀地覆盖在坪床上，播种是否均匀决定草皮出苗的均一性。其次要使种子掺和到 1～1.5 cm 的土层中去，覆土过厚，常常会因种子储藏养分的枯竭而死亡，覆土过浅或不覆土也会有种子流失和发芽不整齐等问题。播种时应控制适宜的深度，因此需要一个疏松易于掺和种子的土壤表面。下种后，对苗床应进行镇压，以保证种子与土壤的良好接触。草皮生产大体可用如下两种方法来播种。

(1) 混播 将混播的草坪草种子分开播种，先播某一种种子，然后再播另一种，并且要从不同的方向重复播种。如果种子特别小,可掺杂沙粒或其他介质。

(2) 补播 先让某一草种基本出苗整齐,然后再在上面补播另外的草种。这种方法可以保证第一个草种在混播组合中占有显著的优势地位,特别是在两个草种的种子发芽速度差异较大的情况下,这种方法更为优越。例如,在草地早熟禾和多年生黑麦草的混播组合中,黑麦草种子的发芽速度是草地早熟禾的两倍,并且幼苗生长势很强,如果同时播种,草地早熟禾的发芽和幼苗的生长会受到抑制,收获时则很难在草皮中找到草地早熟禾。如果先播种草地早熟禾,等草地早熟禾基本出苗整齐后再补播黑麦草,就可以保证在收获时草皮中有一定比例的草地早熟禾了。

无论用何种方法播种,播后都要立即覆土,厚约 1 cm。如覆土困难,可用细齿耙往返拉松表土,使种子与表土均匀混合,然后还要适度镇压,以保证土壤的墒情,使种子免受干旱的胁迫。

4. 铺网

近年来,铺网技术在草皮生产中变得越来越重要。铺网可以使草坪草在达到足够的韧性以形成草皮之前,很早就可以移植和生根。草皮的韧性取决于根茎和分蘖,而根系对于草皮的韧性所起作用较少。在根茎和分蘖还未完全发育好时,塑料网可以帮助草皮提高韧性。铺网可以将草皮收获的时间提早 25%以上。

(二) 播茎法(营养繁殖)

播茎法即利用草坪的茎作“种子”撒布于坪床上,经成活、成坪管理形成草坪的一种建坪方法,也是一种营养繁殖法。

1. 适合播茎法的草坪草

凡是具有匍匐茎或枝的草坪草种都可采用播茎法建植草坪。草坪草地上部分是茎、枝和叶,茎或枝上的每一节都有不定根和不定芽,在适宜的条件下都能长根发芽。利用这一生物学特性,将草坪地上部分茎或枝作播种材料,在南方地区建坪的过程中运用较多。原则上所有的草坪都可通过播茎法建植草坪,但具有匍匐茎或枝的草种取材容易,成坪速度快。经常采用播茎法建坪的草坪有狗牙根、结缕草、蓢股颖、地毯草等。

2. 播茎法繁殖的技术要点

(1) 场地准备 坪床要求精细平整,无低洼积水处。

(2) 采集草茎 草式要新鲜,尽量缩短采集到播种之间的时间以免失水影响成活率;草茎长度以带 2～3 个茎节为宜,可采用机械切碎或人工撕碎的方式进行加工,以便于播种均匀。草茎用量为 0.5 kg/m^{2}左右。

(3) 覆土 覆细土厚 0.5 cm 左右,使草茎埋入土中或部分埋入土中。

(4) 镇压 覆土后镇压使草茎和坪床紧密接合。

(5) 灌溉 最好要建立喷灌系统,喷灌强度小到中雨,保持土壤湿润至发新根长新叶。以后管理同其他繁殖方式。

第六节 草皮的养护管理

新种的草皮,当幼苗开始发育生长之时,就应开始草皮的养护管理。其内容包括修剪、施肥、灌溉、表施土壤和病虫害防治等。

一、修剪

新种的草皮应及时进行修剪管理，草皮的修剪通常依草坪草的种类和培育强度不同而异。一般枝条高达 5 cm 时就可以开始修剪。新种未完全成熟的草皮在修剪时应遵循“1/3原则”，直至完全覆盖为止。

草皮的修剪通常应在土壤较硬时进行，修剪机具的刀刃应锋利，调整应适当，否则易将幼苗连根拔起或撕破擦伤纤细的植物组织。为了避免修剪对幼苗的过度伤害，应该在草坪草上无露水时，最好是在叶子不发生膨胀的下午进行修剪。

二、施肥

新种草皮在种植前如已适量施肥，就可不在苗期施肥了，因为在这样的情况下，即使不追施肥料，已有的肥料也能满足草皮几个月内对肥分的需要。如果肥力明显不足，则必须以一种行之有效的方式追肥。当幼苗呈淡绿色，接着老叶呈褐色，这是缺肥的征兆。此时可施10：6：4(氮肥：磷肥：钾肥)或至少含 50%氮的缓效化肥，施肥量为 5～7 g/m^2。为了防止颗粒附于叶面上而引起灼伤，肥料的撒施应在叶子完全干燥时进行。如条件允许，肥料应事先溶于水中，然后使用轻型喷灌机进行喷施。这种方法可连续施肥，直到地面 2.5～5 cm土壤湿透为止。

新种的草皮，其根系的营养体尚少，少量多次的施肥是必要的。此时施肥主要是氮及其他营养成分，施量也不宜多，否则过高的养分浓度将直接危害植株和抑制根及侧芽的生长。如果是用营养繁殖生产的草皮，在第一次修剪后就应立即施肥。草皮施肥的频率依土壤质地和草坪草的生长状况而定。通常粗质土壤可溶性氮易淋失，因而施肥次数应增多，并以长效载体氮肥为主。

总的来说，草皮施肥应以基肥为主，除沙质土壤外，应以包括各微量元素在内追肥为辅。

三、浇水

在草皮的种植过程中，不及时灌溉是草皮种植失败或草皮生长不良的主要原因之一。新种植的草皮，在有条件的情况下，当天然降雨满足不了草坪草生长需要时，就应该进行人工灌溉。灌水时应做到如下几类：①适合使用喷灌强度较小的喷灌系统，以雾状喷灌为好；②灌水时灌水速度不应超过土壤有效的吸水速度，灌水应持续到土壤 2.5～5 cm 深完全浸润为止；③避免土壤过涝，特别是在床面产生积水小坑时，要缓慢地排除积水。

随着草坪草的发育，灌水的次数逐渐减少，但每次的灌水量则增大。伴随着灌溉次数的减少，土壤水分不断蒸发和排出，不断地吸入空气，因此减少灌溉次数可以改善土壤的通气性。

四、防治病虫害

(一) 病虫种类

随着草坪业的发展，草坪面积越来越大，并且北种南引，南种北引，甚至进口大量草种，致使病虫繁多且逐年加重。主要害虫有夜蛾科害虫、草地螟、蝗科害虫、飞虱科害虫及蝼蛄等。

（二）防治方法

1. 预防病虫害的发生危害

选择抗性草种，采用混播方式增强地区适应性和对病虫抗性；做好排水设施，降低坪地湿度，减轻病虫危害；正确施肥、浇水、促进草坪健壮生长，提高对病虫的抵抗力；定期修剪，移去周围的乔灌木，以利通风透光，减轻病虫害；及时梳理草坪枯草，减少病源虫源，增加阳光、水分、空气、农药向土壤渗透，可大大减轻病虫危害。此外提高土壤有机质，调节土壤酸碱度，计划使用草坪且踏压不宜过度等都能增强对病虫害的抵抗性。

2. 化学防治

常用农药有百菌清、多菌灵、代森锌、托布津、退菌特、三唑酮、敌敌畏、氧化乐果等。在病虫发生初期喷药或诱杀。

五、杂草防除

杂草通常对草皮幼苗期为害最大。在播种前操作中可采取措施减少杂草危害，如种子纯度的选择，植物性覆盖材料的选用以及秋季严霜的处理(可除去草皮中大多数的一年生杂草)措施，甚至将种植土和表施土壤的熏蒸处理，均与防止杂草入侵新种草皮有关。然而，尽管如此，杂草或多或少地存在。如何清除杂草一直是各草皮生产公司感到比较棘手的问题。如果劳力资源比较充足，可以用手工拔除的方法。这一方法对草皮的伤害最小，但费时费力。最常用而且有效的方法是使用除莠剂。

当杂草萌生后，可使用非选择内吸性除莠剂(主要是磷酸铝氨酸)，此类药剂能够有效地抑制杂草的竞争力。在冷季型草坪草播种后，如立即使用萌发前除莠剂环草隆，可有效地防治大部分夏季一年生单子叶杂草和某些阔叶杂草。当草皮基本出苗后，使用萌后除莠剂，可有效地减少杂草与幼小草坪草的竞争力。

大多数除莠剂对幼小的草坪草均有较强的毒害作用。因此，除莠剂的使用通常都推迟到草皮植被发育到足够健壮的时候进行。在第一次修剪之前，通常不使用萌后除莠剂(如 2，4-D、2 甲 4 氯丙酸和麦草畏)，或者将药剂减至正常施量的一半使用。为消灭马唐及夏季一年生禾草，可采用有机砷制剂，施用时间应推迟到第二次修剪后，用量也要减少一半。从种植块之间的缝隙中长出的杂草，可用萌发前除莠剂，但时间应推迟到栽种后 3～4 周。

六、地表覆土

地表覆土是由匍匐茎型草坪草组成的草皮维持在低修剪条件下的一种特殊养护措施。表施的土壤应与被施的草皮土壤质地相一致，否则将可能影响根际中的通透性。又由于土壤不均匀沉陷，有时在草皮上会产生不利于其他措施操作的表面。连续而有效的地表覆土，还能填平洼地，形成平整的草皮地面，但是也要避免过厚的覆盖，以防止光照不足而产生的不良后果。

复习思考题

1. 什么是草坪？草坪与草地的区别是什么？
2. 草坪如何分类？
3. 草坪有哪些作用？

4. 草坪草有些什么特征？

5. 如何铺建草坪？

6. 草坪的养护管理有哪些措施？

实训十四　识别草坪禾草

一、目的要求

掌握识别草坪禾草的方法，识别学校覆盖地区常用草坪禾草及幼苗。

二、材料

学校覆盖地区常用的草坪禾草及基幼苗。

三、实训内容

1. 准备应用《中国植物志》有关禾本科的卷册，或《中国主要植物图说—禾本科》，或地方植物志的有关部分，检索具穗标本，识别至种，作文摘。

2. 组织同学采集（或由学校采购）当地草坪禾草的种子，使其发芽并培育成幼苗。至3～5叶期，对照所附"常用草坪禾草幼苗检索表（试用稿）"识别至种。

四、实训结果

写出所识别的草坪禾草种类的名称，每种标明识别特征。

第八章　花卉应用原理

第一节　花卉艺术美的原则

园林花卉景观设计是以满足人们审美要求，传达审美意识，对不同时代背景、民族信仰、不同社会经历的人都会有所不同。但是追求美是共通的。因此，在选择花卉上必须具备科学性与艺术性相结合，既满足植物生态要求，同时在构图上又体现群体美。

美一般可分为三种模式：自然美、生活美和艺术美。自然美主要是自然界的景观所产生的美的场景，它可以是电闪、雷鸣的天象，也可以是河流、山川的自然地貌，植物、动物都可以产生美的景象。生活美则是人类通过自身阅历对身边的社会现象和自身活动产生的审美意识，包括人类的喜怒哀乐、人类的命运起伏、人类的社会关系，这些都会对人的生活美产生一定程度的影响。艺术美是将自然和生活中的美提炼融合进而升华产生的美感，如绘画、雕塑、建筑艺术、园林、音乐、电影、戏剧、小说等。园林花卉造景实质则是由花卉“景”组成的美感，引起人们愉悦舒适情绪。

花卉的艺术美是从人的视角出发，利用其特有的色彩、形状、质地，运用艺术手法进行景观创造。

一、多样与统一

多样统一又称和谐，也称变化与统一或多样与统一的原则，是一切艺术形式美的基本规律，也是构图的总规律。多样统一是对立统一规律在艺术上的运用。对立统一规律揭示了一切事物都是对立的统一体，都包含着矛盾，矛盾双方又对立又统一，充满着斗争，从而推动事物的发展。多样统一是矛盾的统一体，用在构图中，指既要多样有变化，又要统一有规律，不能杂乱。只多样不统一就会杂乱无章，只统一不多样，就会单调、死板、无生气。简而言之，就是要繁而不乱，统而不死。拍摄的镜头画面都应力求做到多样统一。多样统一在画面构图中的运用，具体地讲就是把众多零散的表现对象，按照突出主体的原则把各个对象合理地安排在画面里，进而达到内容和形式的统一。影视画面构图的多样统一，是通过一组镜头、一个场面的构图实现的。既保持各自的个性特征呈现出千差万别、丰富多彩的变化，又要求它们彼此之间保持内在的有机联系，消除对立，构成一个统一的整体。多样统一的植物搭配才会显得景色自然和谐。

花卉造景时，形态、色彩、线条、质地及比例都要有一定的差异和变化，显示多样性，但又要使它们保持一定的相似性，引起统一感。因此，应掌握在统一中求变化，在变化中求统一的原则。

如何保持花卉的统一性呢？简单方法则是重复使用同一品种。在花境配置中可以选用同科同属花卉品种，或者选用同种不同品种进行搭配，如蔷薇科月季、蔷薇可以同时搭配，在形态上形态相近，因此整体感觉有统一美感；从整体感觉看呢，花卉在形态、叶形有区别，避免了重复带来的单一，做到有机的多样统一。

同时，可以从花卉配置技巧上进行处理。对于主要品种、辅助品种进行区别对待，以一种为主，大面积搭配，零星配置，变化中做到统一。

色彩也是多样统一常用的手法，运用渐变色而不是对比色对花卉选取，景色也可以做到统一，同时也不失变化。

二、对称与均衡

所谓均衡，在物理学上是两种力量处于相互平均的状态。在艺术的均衡现象中，均衡应当是一种心理的体验，最简单的一类均衡，就是前面所说的对称。对称的事物总是均衡的，对称的均衡又叫均匀整齐的均衡，或规整式均衡。

对称均衡是在对称轴线的两旁布置完全相同的景物，只要把平衡中心以某种微妙的手法来加以强调，立刻就会给人一种安定的均衡感。在我国古典园林中，对称均衡也是有运用的，比如门前一对石狮子、一对龙爪槐，或是对称排开的行道树，它们在质地、色彩、体量等多方面都是均衡的。在花园或者中心广场入口，也经常采用这样造景模式，两边布置体量、大小相等的花坛，里面种植着一两年生或者是宿根花卉，两边完全一样，这也是所谓对称。

影响均衡的因素很多，如质感、色彩、大小等。一般地，色彩厚重、体量大、数量多、质地粗的花卉给人重感；相反，色彩素雅、体量小、数量少、质地细的花卉给人轻的感觉。对称式布置通常为几何式，无论是形体、数量、色彩都近一致，给人整齐宏大感。法国古典主义园林多采用此手法，凡尔赛宫花坛布局无不体现出恢弘气势。不对称均衡美给予活泼感觉，一般在自然景观中采用较多。蜿蜒的小道、曲折的小溪，两岸都可以不对称布置草花，形成自然野趣，通常以单株与成丛进行分布。又如，在山水盆景中，主山之外，水中立一块点石，以四两拨千斤之势，使画面达到了平衡，二者体积悬殊，但却像是具有同等的分量，给人均衡的感觉。进一步说，树、石是造园时常用的两种材料。在人们的经验中，石头的质感自然要比树的质感重得多，根据这一点，造园设计时就必须考虑到因两者质地不同而产生的意义上的轻重感，这就必须运用形体的大小和数量的众寡来加以平衡。权衡之后，造园时石头不多放，树木成丛栽。其结果很明显，这虽是不对称均衡，但在感觉上的均衡便产生了。

三、对比与调和

对比是指在质或量方面区别和差异的各种形式要素的相对比较。一般是指形、线、色的对比；质量感的对比；刚柔静动的对比。在对比中相辅相成，互相依托，而又不失于完整。调和就是适合，即构成美的对象在部分之间不是分离和排斥，而是统一、和谐，被赋予了秩序的状态。一般来讲对比强调差异，而调和强调统一，给人以协调感。对比是借两种或多种性状有差异的景物之间的对照，使彼此不同的特色更加明显，提供给观赏者一种新鲜兴奋的景象。调和是通过布局形式、造园材料等方面的统一、协调，使整个景观效果和谐。中国有句俗话叫“万绿丛中一点红”强调的则是色彩上形成强烈红绿对比，但是片片绿色又给整个画面和谐感。

一般采用以下方式进行对比。

1. 空间对比

所谓空间对比是开敞空间与郁闭空间的对比。从人自身感受来看，由开敞空间进入闭合空间会感到压抑；由闭合空间转向开敞空间则会豁然开朗。大片面积的草本花卉显得辽阔，给人舒适、空旷；慢慢过渡到有一定围合度木本花卉，形成小空间封闭，给人幽静深邃；这样造景手法的运用能使植物创造奇妙感。

2. 方向对比

方向对比也称为纵横对比，利用植物天然生长特性，突出其自身优势，形成造景特点。这种对比可以是单体的，也可以是群体的。借助直立物体攀岩的爬山虎类植物形成直上云霄之势，这个可以与沿地生长的铺地柏形成强烈视觉对比，可以更加突出造景主体物。同时利用方向对比，增加造景的景深与层次。

3. 色彩对比

色彩给人冲击力往往最强，因此对比效果往往也是最突出。红与绿、黄与紫、橙与蓝，这些对比色的组合给人兴奋感，非常跳跃。在花坛、花境植物搭配上，可以运用这样对比色，夺人眼球。选用橙黄色金盏菊搭配紫色羽衣甘蓝，主题景观跃然眼前。除了色调对比，色彩还能产生明暗、冷暖对比。明暗给人以不同的心理感受，明亮显得开敞活跃，暗调则静谧柔和。与此相对应的，一般明亮色使人温暖、热情、朝气；暗色使人抑郁、冷静、安静，由其本身带给人的感觉，在搭配中需注意。

通常对色彩有以下几种运用。

(1) 对比色应用　热烈、明快，不要用等量搭配，浅色调对比效果较好，柔和不失鲜明，鲜明不失强烈。例如，紫色的三色堇与黄色的三色堇、藿香蓟＋黄早菊、荷兰菊＋黄早菊等。

(2) 暖色调应用　类似色或暖色调搭配，色彩不鲜明可加白色调剂，提高亮度。例如，红＋黄或红＋白＋黄。

(3) 同色调的应用　只在配景中应用，起装饰作用，不起主景作用。例如，用纯红色、纯黄色、橙色、蓝色组成单色景观，以衬托主体。

园林中花卉种类繁杂多样，色彩绚丽缤纷，形态各有千秋，常用绿叶植物统一色彩，在景观中既有色彩对比，同时景色也不会繁杂。同时配合周围场景及园林要素，选用合适材质物种，以趋于在求得景观个性表达上，能适于调和。

四、比例与尺度

比例是指数量之间的对比关系，或指一种事物在整体中所占的分量。比例是一个总体中各个部分的数量占总体数量的比重，用于反映总体的构成或者结构。两种相关联的量，一种量变化，另一种量也随着变化。尺度一般表示物体的尺寸与尺码，有时也用来表示处事或看待事物的标准。在定义尺度时应该包括三个方面的含义：客体（被考察对象）、主体（考察者，通常指人）及时空。

园林中，比例指的是部分与部分，部分与整体，整体与环境之间所占的比重，不同比例给人感受不一样。在中国古典园林中，特别是私家园林，为了烘托意境，对植株进行修剪，将其与周围景观比例进行合适控制。尺度指的是与人有关的物体实际大小与人印象中的大小之间的关系，它和具体尺寸有着密切联系，并且容易在人心理上产生定式。比正常标准大的尺度会使人感到畏惧，小比例尺度则有亲切感。花卉植物是动态的材料，受自然生长特性的制约，因此对其比例和尺度运用会稍显薄弱，但整体考虑却是非常必要的。儿童园区，选用花卉种类尽量以尺度小、色彩鲜艳为主，则更符合儿童生理和心理特征。

人在欣赏景色时，一般分为平视、仰视、俯视。不同视角给人不同观景感。平视深远、平静；仰视使人感到恢弘、大气；俯视使人感到开阔、惊险。可以利用植不同花卉的高度，以及高度的组合变化，创造不同视角，增加空间层次，使景色多姿多彩。

五、韵律与节奏

有规律地再现称为节奏，在节奏的基础上深化而形成的既富有情调又有规律、可以把握的属性称为韵律。韵律包括连续韵律、渐变韵律、交替韵律和起伏韵律等。

有节奏的植物配景很多，如行道树灌木层花灌木的轮回出现。在园林景观中，利用花木个体有规律的重复、有间隙的变化，在序列重复中产生节奏，在节奏中产生韵律。如沿水边种植木芙蓉、夹竹桃、杜鹃等，倒映成双，是一种重复出现，一虚一实形成韵律；一片树林，树冠形成起伏的林冠线，与青山白云相映，风起树摇，林冠线随风飘动也是一种韵律；花木上的叶片、花瓣、枝条的重复出现，都是一种协调的韵律。

第二节　花卉艺术美的欣赏

一、色彩美

园林中的植物是以绿色为基调，因此其他绚丽色彩往往引人注目。通常说观赏植物一般从观花、观果、观形等方面着手，而花、果的美丽吸引人第一眼的往往是色彩。所以，欣赏植物美的同时，不能忽略的则是其色彩的感官美。

（一）色彩的认识

色彩有色相、明度和饱和度三属性。色相为识别色彩的一种颜色区别于另一种颜色的相貌特征，即颜色的名称。红、黄、蓝为三原色，两两等量混合为绿、紫、橙，为二次色；二次色再次混合则为三次色，也称复色，混合次数越多，层次感越强，色彩越发厚重，调和效果越好。明度：色彩阴暗和深浅的程度，也称亮度、明暗度。同一色相的植物提吸收或被其他颜色的光中和时，会产生不同的明度，一般可分为明色调、暗色调和灰色调。白色在色彩中明度最高，黑色最低，明度等级高低依次为白、黄、橙、绿、红、蓝、紫、黑。饱和度是某种色彩本身的浓淡或深浅程度。纯度：颜色本身的明净程度，若某一色相的光未被其他色相的光中和或物体吸收，便是纯色。

（二）色彩效应

色彩因与其不同的搭配，会产生不同的效应，给人不同的心理感受。熟悉理解和掌握色彩带来的情感，并运用到植物景观中，可以产生事半功倍的效果。

色彩分为冷色系和暖色系两大类。给人温暖感觉的称为暖色系，给人冰冷感觉的称为冷色系，冷暖以色相为区分。暖色以红色为中心，包括由橙到黄之间一系列色相；冷色以蓝色为中心，包括由蓝绿到蓝紫之间一系列色相。在搭配时要注意季节变化，选择与之相适宜的色彩，增添功能性和美感。如春秋宜用暖色系，夏季宜用冷色系。常见的秋季花卉配置较常用的基本是黄色系花色为主，炎炎的夏季采用冷色系则有利于人心理“降温”。当然不同色彩也能产生不同距离感，暖色系的色相有向前接近的感觉，冷色系的色相有后退及远离的感觉。距离由远至近为紫、青、绿、红、橙、黄。搭配时也可以利用色彩这样属性增强花卉层次感，一般用冷色系植物做背景。不同色彩产生重量感也有差异，不同色相的重量感与色相间亮度差异有关，亮度强的色相重量感轻。同一色相中，明色重量感轻。所以在花卉植物选用中，一般大面积配置时都宜选用明色系植物。在考虑景观整体性中，在有限范围内若想增强景观面积感，一般选择橙色系，反之则可选用青色系用来缩小面积的感觉。在色彩构图中，多用白色和亮色，可以产生扩大面积的感觉。

（三）色彩感情

不同色系对人产生的不同感受，这也是人类在实践中综合得出的感性认识。有时也会因环境、人的心理和其他要素有所不同，但一般来讲红色给人温暖，使人激动、兴奋、向上同时也有危险之意，所以一般警示性的象征色通常选用红色；黄色象征智慧，表现光明，带有至高无上的权威和宗教的神秘感，这类的色彩与中国古代帝王紧密联系，无论是装饰还是衣饰都青睐此色，但同时也有颓废、病态之意。橙色是温暖欢乐之色，联想到橘子、稻谷与美味的食物，带有力量、饱满、决心、胜利的表情，甜蜜亲切，同时有焦躁之感。蓝色是消极、冷酷的颜色，往往与平静、寒冷、阴影相联系，但同时有宁静、平静、深远含义。对西方人意味着信仰，对中国人象征着不朽。绿色充满生机的色彩，青春，和平，朝气，万物生长，使人联想起草地、树林，是生命、自由、和平与安静之色，给人以充实与希望之感。紫色是神秘而沉闷之色，使人有一种虔诚和衰弱感，有高贵之感。白色系给人以纯洁、神圣、高雅、寒冷、轻盈及哀伤的感觉。黑色系给人以肃穆、安静、坚实、神秘及恐怖、忧伤的感觉。全面了解色彩所代表的感情对于植物配置和造景是非常有帮助的。

（四）色彩应用

园林景观中，除了生态特性、形状、质地，色彩在植物造景搭配中显得尤为重要。例如，人们通常所指的粉色，其色调的范围非常之大，有蓝粉色、黄粉色、亮鲑肉色等冷暖两极的多种粉色形式。在花卉中用冷暖两端的粉色如用蓝粉色和黄粉色相邻搭配的效果通常不佳，而当它们各自处在冷色调——白色、净蓝色和灰绿色的花卉之中，则有恰到好处之感。淡粉色在人的眼里是柔和的，在庭园中能产生宁静与和谐的气氛。粉色花卉的设计相对比较容易，在整齐的常绿树篱背景的烘托下，粉色显得非常美丽。橙色和粉色搭配令人赏心悦目。在粉色花系中适用于做花卉的材料有杜鹃花、粉色八仙花、毛地黄、秋水仙、月季、福禄考等。又如，在自然界，红色是警告的信号，预示着危险。但亮红色花非常引人注目，亮净红色与浓绿色搭配仿佛使人置身于热带雨林之中。同时，暖色调的橙红色与纯蓝色、金黄色、净橙色、白色和灰绿色搭配产生新鲜、充满活力的现代设计效果。在深紫色叶和深紫色花的陪衬下，配置各种深浅不同的红色效果都非常好。另一方面，鲜红色与樱桃粉色的组合令人精神振奋。常用的红色花卉材料有石竹、萱草、一串红、大丽花、郁金香等。

（五）基本色系花卉

1. 红色系

一串红、虞美人、凤仙、鸡冠花、美人蕉、牵牛、大丽花、牡丹、芍药、菊花、海棠、桃、杏、梅、樱花、蔷薇、玫瑰、紫薇、紫荆、榆叶梅、木棉、扶桑等。

2. 黄色系

金盏菊、万寿菊、向日葵、连翘、金钟、迎春、黄刺玫、腊梅、棣棠、金缕梅、金花茶等。

3. 蓝色系

鸢尾、三色堇、勿忘我、翠菊、藿香蓟、葡萄风信子、耧斗菜、桔梗、木槿、紫藤、紫丁香、紫玉兰、泡桐、八仙花、醉鱼草、凤眼莲、美女樱等。

4. 白色系

半支莲、石竹、矮牵牛、白百合、晚香玉、葱兰、广玉兰、白玉兰、白牡丹、珍珠梅、栀子、梨、白碧桃、白玫瑰、白杜鹃、绣线菊等。

5. 色叶树种

秋时呈红、紫色的树种有枫香、槭类、乌桕、黄栌、柿属、檫木、地锦属、小檗类、盐肤木属、黄连木、南天竹卫矛属等；秋叶变黄或黄褐色的有银杏、白蜡属、梧桐、桦属、栾树、鹅掌楸等。

常见的色叶树种有：紫叶李、紫叶小檗、金叶女贞等。

（六）果实颜色的观赏

1. 红色

火棘、荚蒾、琼花、樱桃、山楂、冬青、构骨、枸杞、橘、柿、石榴、南天竹、珊瑚树、平枝枸子等。

2. 黄色

银杏、木瓜、甜橙、佛手、金橘等。

3. 蓝紫色

女贞、紫珠、葡萄、十大功劳等。

4. 白色

红瑞木、雪果等。

二、姿态美

花卉的姿态是由花的姿态所决定的。花的姿态有数种：有的叶片是分裂的，花为球形，这种花给人一种团结、力量之感（如菊花）；有的花呈碗形，半重瓣、瓣缘齿裂，这种花给人以繁茂之感（如牡丹）；有的花小，在枝顶排成大型圆锥花序，它给人以热情，奔放之感（如落新妇）。花的姿态组成了花卉的体型。花卉的质地是花卉植物给人的视觉感和触觉感，视觉感和触觉感的不同会给人以不同的感受和联想。浅色花、小花型和细叶型给人以亲切和甜美；深色花、大花和大叶型的则给人以热烈和粗犷。不同质感的花卉可以传达出花卉的不同姿态，搭配时要尽量做到协调，因为造景就是目的与意图的吻合。

要体现出花卉的姿态美，有时需要借助一定的环境和场所，通过种植床的传达更能体现不同形态花卉的美感。花卉的种植床是带状的。单面观赏花卉的后边缘线多采用直线，前边缘线可分为直线或自由曲线。两面观赏花卉的边缘线基本平行，可以是直线，也可以是流畅的自由曲线。花卉大小的选择取决于空间的大小，通常花卉的长轴长度不限，但为体现布置的节奏感、韵律感，可以把过长的种植床分为几段，每段长度不超过 20 m 为宜，段与段之间可留 1～3 m 的间歇地段，设置坐椅或其他园林小品。对于花卉的宽度也有一定的要求。过窄不易体现群落的景观，过宽超过视觉鉴赏范围造成浪费，也不便于管理。通常，混合花卉、双面观赏花卉较宿根花卉及单面观赏花卉宽些。单面观宿根花卉 2～3 m，双面观花卉 4～6 m，在家庭小花园中花卉可设置 1～1.5 m，一般不超过院宽的 1/4。通过这些手段运用，更能展现花卉姿态美感。

三、芳香美

对于绘画强调的是视觉的欣赏和享受，对于音乐强调的是听觉的感受和领悟，对于园林花卉，不仅可以感受到视觉绚丽的冲击，听觉的碰撞，同时还有其他艺术审美很少强调的独特的嗅觉感知。人们可以通过花卉所散发出来的花香，得以体会，引发遐想，产生愉悦之情。

熟悉和了解园林花卉的芳香类别，对于充分发挥嗅觉美感是极其重要的，运用花卉的芳香造景是园林景观配置的一个重要手段。自然界中的花卉多数具有芳香，香味有浓有淡，不同的气味在不同的场景，配合不同的心境给人不同的心里美感。兰花清幽，茉莉清香，桂花甜香，白兰浓香，各具特色，香气宜人。

花卉的芳香也随着温度和湿度而变化。一般情况，温度高，阳光强，香味浓，但有些特殊的花卉在夜间和阴雨湿润的气候下才慢慢散发出迷人的香气，如夜来香。

常见的香花花卉：桂花、茉莉、梅、腊梅、米兰、玫瑰、栀子、月季、百合、蔷薇、丁香、瑞香、牡丹、菊花、水仙、玉簪。

通过不同的香气，针对不同韵味，将花卉合理搭配，做到全方位艺术性。

四、意境美

任何一样美丽的事物如果仅仅是表面的光鲜都是苍白而无力的，园林景观也是如此，只有通过有寓意的设计，增强其景观底蕴，才是园林设计最高境界，意境的营造则在于此。“中国人观花，不仅观其形、看其色、更闻其香、赏其韵，并常常赋予花卉某种性格和品质，追求其内涵的气、韵及意境美”。这反映了中国人对于花卉独特的审美心理。不同于西方园林花卉修整的规则整齐，中国古典园林中的花卉是“随意”，看似没联系，实则表现主题，做到了形散神不散。古代的花卉艺术，也可以说是古代的花文化，在此哲学思想背景中产生、发展，花卉的自然美属性必然会得到烘托、提高和升华，而派生出使之富于传统魅力的社会美和艺术美，从而进一步完善成为和谐的艺术体系。

中国古典美学的“中和”命题是园林美的准则，造园家运用一系列统一中求变化，变化中求统一的艺术法则。与古典园林艺术的绘画特性相呼应，园林植物的配置也务求在姿态和线条方面既显示自然天成之美，也要表现绘画的意趣。因此，选择树木花卉就很受文人画所标榜的“古、奇、雅”的格调的影响，讲究审美客体的体态潇洒、色香清隽、堪细品玩味、富于象征意境等。古人认为，完美的庭园应能体现春风、夏花、秋月、冬雪的景色，而这些景色无不与植物有关。拙政园中，水花池植莲，桃花泮种桃，竹涧两岸多修竹，听松风处有苍林，得真亭旁有桧柏。留园土山以枫树为主，岗上植山松，使松涛成声等。更为典型的佳作是石涛的人间孤本——个园的四季意境，这种四季景致的意境形成除了来自于精湛的叠石艺术外，巧妙合理的花木配置从富于生机的角度促进了“春山淡冶而欲笑，夏山苍翠而欲滴，秋山明净而如妆，冬山惨淡而如睡”中国画的意境形成。

复习思考题

1. 花卉造景常用的手法有哪些？
2. 如何利用花卉营造园林景观意境？

实训十五　参观考察花卉专类园

一、目的要求

了解花卉专类园在园中的地位，感受花卉专类园的意境，从而激发花卉应用设计灵感。

二、材料与工具与场地

根据当地实际，选择较典型的花卉专类园；照相机、笔记本、笔等。

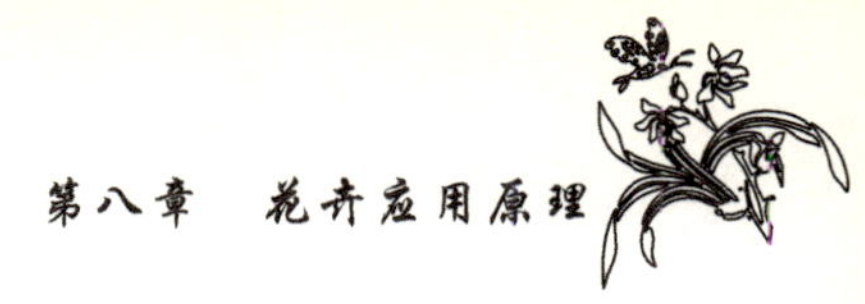

三、实训内容

1. 请当地花卉专类园园艺师讲解专类园花卉设计意图及栽培管理情况。
2. 学生提问，对重点的花卉配置、景观进行拍照。
3. 交流、感受花卉专类园的意境。

四、实训结果

根据参观学习情况，说出该花卉专类园的花卉应用设计的亮点，并指出不足之处。

第九章　室内花卉装饰

室内花卉装饰是指室内陈设物向大自然借景，将园林情调引入室内，在室内再现大自然景色，它是一种具有生命活力的装饰方式。随着人类文明的不断进步和人民生活水平的日益提高，花卉逐步走入寻常百姓家，越来越多的人渴望创造一个“室内几丛绿，满屋顿生春”的优美环境。用花卉装饰居室，不仅能绿化、美化环境，而且还可以净化空气、减少污染、调节温度、修身养性、陶冶情操，给人以甜美舒适、回归自然的享受。

第一节　插　　花

插花是以切花花材（植物的枝、叶、花、果等）为主要素材，经过一定的技术（修剪、整枝、弯曲等）和艺术（构思、造型、设色等）加工，重新配置成精致美丽、富有诗情画意、能再现自然美和生活美的造型艺术。插花不是简单地将各种花材进行组合造型，而且要将生活中丰富多彩的文化内涵及艺术创新融入其中，以形传神，形神兼备，完美地表达人类情感，让人在馥郁馨香的氛围中去观赏、遐思，去感受人世的美好，尽享生活的恬静。可以说，插花是用心来创作花型、用花型来表达心态的艺术。

一、插花的流派

插花艺术源远流长。世界各地的插花艺术，随地理环境、风俗习惯、宗教信仰、文化伦理和时代气息等诸多因素的影响而表现出较大的差异，形成了风格迥异的各种流派。

（一）东方式插花

以中国和日本为代表的东方式插花，讲究线条造型，注重生动自然，追求情趣意境，构图活泼多变，用色淡雅，插花用材多以木本为主，不求量多色重，但求韵致与雅趣。

东方的插花艺术源于中国，自六朝以来，有仕女簪花、折柳赠别、佛案供花、禅房插花、宫廷插花、民间插花等。许多朝代都留下了插花的踪影和论述专著，如唐代罗虬的《花九锡》、明代袁宏道的《瓶史》、张谦德的《瓶花谱》等，为世界插花史写下了不朽的篇章。公元6—7世纪，由日本派遣的使者把中国的插花艺术带回日本，并由祭坛艺术很快在民间得到普及和发展。承袭中国插花的特点，日本的花道是以儒家伦理为其哲学依据，以禅宗佛教为指导，其基本理论认为万象是一个整体，一条线是象征性的，两条线是和谐的，三条线可以表达完美，在此基础上确立了日本花道中统一和谐的艺术原理和三大主枝构图原则，形成了池坊、小原、草月三大流派。

东方式插花注重花材花器的形体美和色彩美，突出花材所表达的内涵美，即意境美，强调线条造型和自然态是中国传统插花艺术的主要风格与特点。日本传统插花的主要花型有立华与生花、投入、盛花与自由花，立华与生花都是日本插花的传统花型，是由日本最古老的流派池坊流所创，其中亦蕴涵着传统的哲学理念和中国书画的表现技法。

（二）西方式插花

欧美各国由于地理位置、民族文化、风俗习惯等方面的相似，因而在宗教信仰、插花艺术等思想文化形态方面也表现出许多共同特点，形成了较为统一的西方插花艺术体系和风格。西方式插花的特点：一是用花量大，多以草本、球根花卉为主，花朵丰满硕大，色彩鲜艳浓烈，给人以繁茂之感；二是构图多用对称均衡或规则几何形，讲究对称和平衡，追求块面和整体效果，极富装饰性和图案之美，有球形、圆锥形、三角形、新月形及S形、L形、倒T形等各种类型；三是色彩浓重艳丽，气氛热烈，有豪华富贵自由之气度。

（三）现代插花

现代插花渗入了现代人的意识，追求变异，不受拘束，自由发挥。现代插花讲究造型美，既具装饰性，也有一些抽象的概念，是自由型的风格。现代插花尊重个人创作理念，只要有想象力，任何花材和物品都可以用来创作非凡的作品。花器器具已经越来越多了，既用碗、碟、盆、筒、罐，也用竹、藤、铁、铜、银、水晶、陶瓷、塑料等。花材方面的选择不再局限于鲜花，还可用干花、人造花、枝叶、枯木等任何材料。现代插花最需要的是想象力。某一花材的选择，某一造型的设计，往往都有一定的象征意义。因此，现代插花的命名需要更多的构思，尽可能起到画龙点睛的作用。由于现代插花多变化，故颇能适合现代的设计组合，用于日常生活的种种场面。各国的自由插花、抽象插花、前卫插花都属于现代插花。

现代插花具有如下的特点：一是主题内容的广泛性，现代自由式插花把植物材料作为艺术创作的元素，表现内容得到极大的扩展，生活中的所有东西都可以作为插花的创作主题，如生命情感、空间展现、宇宙万物等；二是传统和现代、东方和西方的结合，讲究意境美的东方插花艺术和崇尚理性、装饰美的西方插花艺术相互取长补短，在保留各自优点的基础上，出现了各个花型的现代应用型，使得传统花型焕发出新的活力；三是造型的多样性，造型种类丰富、自由、抽象；四是形式和手法的发展使插花艺术涌现出不同风格的作品，有田园风格、花园风格、线条风格、实验派风格等形式。设计的手法也得到了极大的丰富，如粘贴、铺陈、捆绑、编织、组群、构架、装置等任何制作工艺都行，使之更能表达现代人的感情、愿望，具有时代的美。

二、插花的作用

插花具有生命性、艺术性、装饰性和实用性、知识性、趣味性等独特的特点与功能，不仅可以用来装点人们工作、生活的环境，带给人们喜悦与欢乐，而且是探亲访友、馈赠宾朋的高雅礼品，其作用与影响之大，是显而易见的。

（一）美化环境，改善人际关系

花是和平、友谊和美好的象征，插花作品可使环境变得高雅、温馨。在这样的环境中，人与人的关系自然进入融洽的状态。现代人际交往、环境装饰乃至国宾会晤的场合都少不了插花，插花起着公关使者的作用。

（二）陶冶性情，提高人们的文化修养

插花艺术融合了植物、美学、哲理以及诗、书、画等文化内涵，不仅能美化环境，还可以净化心灵，诱导人们追求高尚的精神文化生活。

（三）促进生产，增加消费，推动经济发展

插花的兴起，不仅推动了生产花材的鲜切花种植业的蓬勃发展，而且也促进了陶瓷、漆雕、木器工艺，以及插花泥、包装材料等相关产业的发展。插花艺术近年还带动了干花、人造花的生产，国内外都形成了许多专业的生产企业。目前，鲜花生产已成为一种新兴的朝阳产业，我国鲜切花出口正成倍增加。

三、插花的分类

插花作为一门古老的艺术，受地理环境、风俗民情、哲理信念和时代气息等诸多因素的影响，具有明显的地域性、民族性和时代性特点，形成了许多不同的表现形式和风格类别。

（一）按使用目的分类

1. 礼仪插花

用于国事、外事、商务、会议和民俗等社交礼仪活动中的插花称为礼仪插花。如各种庆典仪式、庆祝节日、生日寿庆、亲友探望、婚丧嫁娶等。礼仪插花的形式很多，常用的主要有各种大小的花篮、花束、花车、花环、桌花等，还有手捧花、头花、胸花、腕花等。在制作礼仪插花时，特别要注意用花习俗，选择合适的花材和颜色，使之符合礼仪要求。

2. 艺术插花

用于美化装饰环境和陈设在各种展览会上供艺术欣赏、活跃文化活动而用的插花称为艺术插花。艺术插花十分强调作品的意境，用花主张以精取胜，整个作品充满诗情画意。因此，在符合构图法则、顺其自然的基础上，造型自由活泼，多姿多态，充分表达作者的思想情感，最易引起观赏者的喜爱，也是最具魅力的一种插花。

（二）按表现手法分类

1. 写实插花

写实插花崇尚自然，以现实具体的植物形态、自然景色、动静物的特征作原型进行艺术再表现，有自然式（如图 9-1 所示）、写景式（如图 9-2 所示）、象形式（如图 9-3 所示）三种。

图 9-1　自然式插花

图 9-2　写景式插花

图 9-3　象形式插花

2. 写意插花

写意插花是东方式插花所特有的插法，利用花材的各种属性，如谐音、品格、形态、色彩、香味等，表达某种意念、情趣或哲理，寓意于花，并以贴切的命名使观赏者产生共鸣，耐人寻思、品味。

3. 抽象插花

抽象插花不以具体事物为依据，也不受植物生长的自然规律的约束，只把花材作为造型要素中的点、线、面和色彩因素来进行造型，有理性抽象插花和感性抽象插花两种。

（三）按构图形式分类

1. 自然式插花

自然式插花，一般根据植物在自然界的生长姿态，用切花表现在瓶盆之中，再现自然界的美好景象。当然，这种表现并非照搬大自然，而是着眼于自然界中最典型、最富有生命力的东西。最典型的花形为用不同位置的三枝花构成不等边三角形，体现单株植物美的植生式插花和体现一群植物构成的景观的造景式插花。

2. 规则式插花

规则式插花又称为几何式插花，起源于欧美。这类插花注重色彩，强调花形的几何形状，运用较多的花材。规则式插花能表现出端庄华丽的风格，给人气氛热烈的感觉，一般用于社交场合。

3. 现代自由式插花

现代自由式插花融合了东、西方插花的特点，在选材、构思、造型等方面不拘一格，不再依赖几何外形进行插花创作，也不只是单纯地表现自然界的美，而是为了达到美的要求对插花设计布局自由发挥，通过创作插花作品来表达个人的观念和意念。

（四）按插花使用的器皿分类

1. 瓶花

用瓶插制的插花，重点表现整体作品的线条美。

2. 盘花

用于写景式插花，重点表现花材的线条与水面的组合之美。

3. 篮花

用花篮插制的插花。花篮形状很多，花篮插花的功用也很多。

4. 碗花

多用于表现直立式造型的插花，重点表现清秀、亭亭玉立的线条美。

5. 缸花

多用于大型的插花，重点表现花材群体效果及面块的美。

6. 筒花

多用于中型插花，筒为笔直的粗线条造型，重点表现花材与容器曲直、刚柔变化的线条美。

7. 钵花

多用于桌饰，既可用来表现花材的群体效果，也可表现花材的个体美。

8. 敷花

不用器皿，把花敷放在桌面上，称为敷花。敷花是一些宴会餐桌上常用摆设。

9. 浮花

浮花使用阔口的浅盘，直接把花、叶浮在水面上，任其飘荡。

（五）按花材质地分类

1. 鲜花插花

鲜花插花是用从植物活体上剪切下来的花、果、茎、叶等具有观赏价值的植物器官而插制成的插花。这些植物器官都是有生命的鲜活的植物材料。因此,鲜花插花能突出鲜活清新、亮丽的效果。

2. 干花插花

干花是将植物材料经过脱水、保色和定型处理而制成的具有观赏性的植物材料。用这些干燥后的植物材料组合成的插花作品为干花插花。它具有自然、朴素、持久的特点。

3. 人造花插花

人造花是人工模仿的各种植物材料,用这样的花材制成的插花为人造花插花。其色彩鲜艳,造型随意,摆放持久。

四、各种基本花型的插制技法

(一) 东方式传统插花的基本花型及表现技法

1. 直立式

直立式表现植物直立生长的形态。凡最长的主枝与垂直线前、后夹角或在垂直线外与垂直线夹角小于15°的都属直立式。直立式可用浅盆或高瓶作插花容器。

(1) 浅盆直立型　将剑山放于浅盆的一侧,取第一主枝A将其垂直或左倾15°稍向后斜10°左右插入剑山。第二主枝B插于第一主枝左侧30°左右并向前稍倾使花枝有前后深度,呈立体感。第三主枝C插于垂直线右侧75°基本水平或稍向上翘。这样整体构图既稳定又具立体感,如图9-4所示。

(2) 高瓶直立型　高瓶直立型的插法与浅盆的相同,但常不用固定用具。因此,固定技巧要求较高。常用方法:用横短枝条将大的瓶口隔小,或通过绑接枝条的方法使花枝位置固定,然后按浅盆各枝条的角度插置整体造型,如图9-5所示。

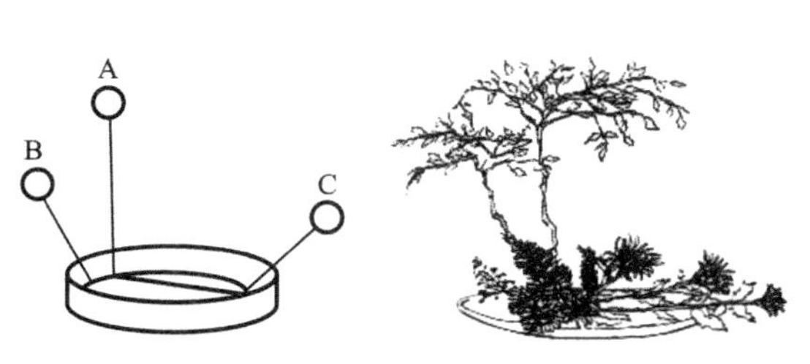

图9-4　浅盆直立型

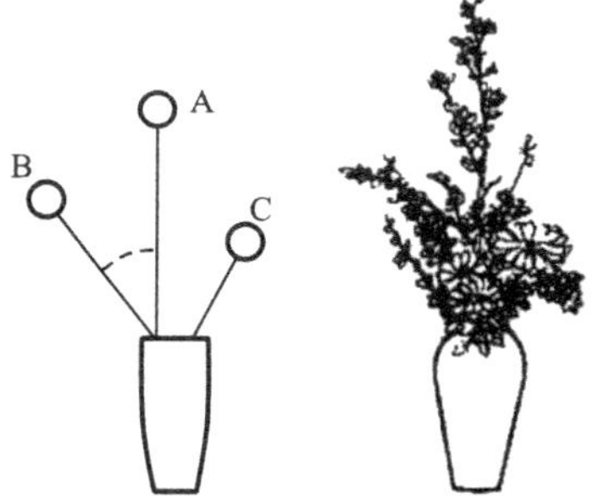

图9-5　高瓶直立型

2. 直上式

直上式为直立式的变形,即强调表现植物的直立向上生长的生机感,比直立式花型窄,各花枝基部与垂直线一致,顶部与之有较小的夹角,宜选择顶部有一定曲线的花材作主枝。

3. 倾斜式

倾斜式是表现植物斜向生长的姿势,具有动态美。剑山宜放在花器的一侧后方,第一主枝A插于剑山的后方,然后将枝条向下向前偏压至45°左右,前倾15°左右倾斜都可;第二主枝B插于剑山的稍中间,或与垂直线成15°,稍后倾,一般位于第一主枝同面;第三主枝C插于两主枝的对面方向，可 60°～70°偏前倾斜；最后分别插辅枝及其他花材。造型所用容器盆、瓶、篮都可，总体形状为横向长的三角形，如图 9-6 所示。

倾斜式造型各大主枝与水平方向的夹角变小时，花形就演变成平卧式，这种造型活泼中不失安静柔美，平视和俯视效果都较好，如图 9-7 所示。

图 9-6　倾斜式

图 9-7　平卧式

4. 下垂式

下垂式适宜插于高瓶中，展现枝条下垂飘逸的美感。选择蔓性花材作第一主枝更突出这一特点。第一主枝插于瓶口水平位以下，末端宜稍向上翘起，与其他两主枝形成呼应，又可显得有生机。第二主枝直向上插，向左前倾 15°，第三主枝向右前倾 75°，与第一主枝夹角 120°左右，最后加入焦点花和其他花材，如图 9-8 所示。

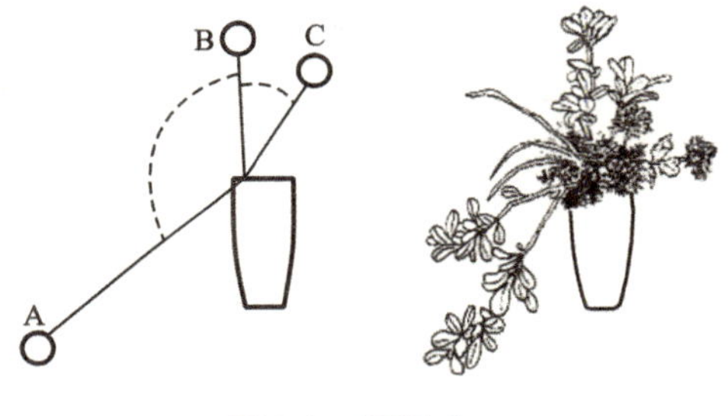

图 9-8　下垂式

（二）西方式传统插花的基本花型及表现技法

1. 三角形插花

三角形插花属于单面观赏对称构图的造型，是西方插花中的基本形式之一。花型外形轮廓为对称的等边三角形或等腰三角形，如图 9-9 所示。

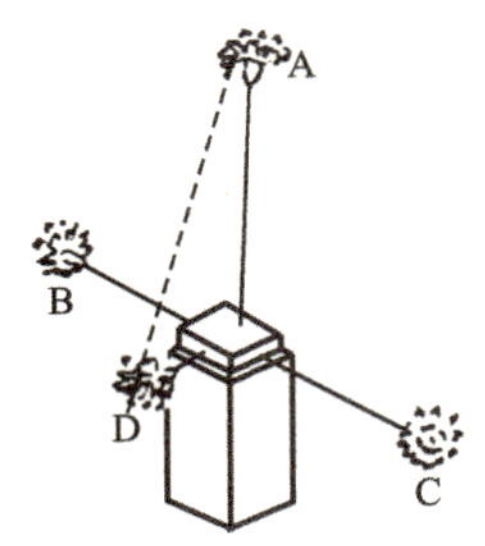

图 9-9　三角形插花

插制步骤如下。

（1）花 A 长为花器高度加宽度的 1.5～2 倍，选择线状花材插于花泥正中偏后 2/3 处。

（2）花 B、C 长均为花 A 长的 1/3～1/2，分别插于花泥左右两侧偏后 2/3 处，与花 A 成 90°，可稍下垂。

（3）花 D 长为花 A 长的 1/4，在花器正面中心水平状插入，与花 A 成 90°，决定花型的深度，使花型呈立体状。

（4）如果有焦点花，则插于中线靠下部 1/4～1/5 处，选奇形花或较大的花朵在花 A 和

花 D 的连线上以 45°插入，与花 A 和花 D 成一直线。

(5) 用主要花材按等距连接高到宽 2 条，宽到厚 2 条，高到厚 1 条共 5 条连线。高到厚的中线分出左右对称的 2 个空间，分别用花等长等距地插入主花填充。

(6) 插入补花和衬叶，其长度一般不超过主花，但有时强调梦幻的朦胧感，起到衬托和掩盖花泥的作用。

2. 扇形插花

扇形插花也属于单面观赏对称构图的造型，是开业用花篮等常用的造型。其插法与三角形的相似，先用线状花材插中间和两边，使扇形的大小确定，再在中间插一短花，确定扇形的立体厚度，然后按形状由后往前插完成造型，如图 9-10 所示。

3. 倒 T 形插花

倒 T 形插花为单面观赏对称构图，造型犹如英文字母 T 倒过来。插制时竖线须保持垂直状态，左右两侧的横线呈水平状或略下垂，两边的宽加起来与高等长。倒 T 形插法与三角形的相似，但腰部较瘦。倒 T 形插花比三角形插花显得更加活泼，适于饭店酒楼或客房中，如图 9-11 所示。

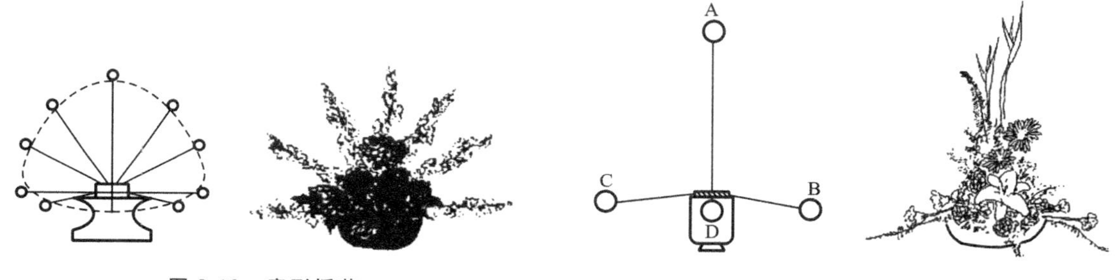

图 9-10　扇形插花　　图 9-11　倒 T 形插花

4. L 形插花

L 形插花的构图形式活泼，不对称，供一面观赏，适于装饰在窗台或转角等处。基本花型的插制方法与倒 T 形的基本相似，但它左右两侧不等长，一侧是长轴，另一侧为短轴，强调纵横两线向外延伸，如图 9-12 所示。

图 9-12　L 形插花

L 形插花的要领：垂直轴花 A 插在花器左侧后方，左边 B 和前轴 D 较短，约为 A 的1/4，花 C 长为花 A 长的 1/3～1/2，这样插成后像两个互相垂直放置的长三角锥体。焦点花位于花 A 和花 D 的连线上靠下部 1/4～1/5 处，与花 D 成 45°，其周围花材插得也较密集。其余则视需要插入，最后插入补花和衬叶。

5. 水平形插花

水平形插花着重表现横向为主导的造型美，花型低矮、宽阔，形成中央稍高、四周渐低的圆弧形，花团锦簇，豪华富丽，多用于接待室和大型晚会的桌饰，是宴会餐桌或会议桌上最适宜的花型。花器宜用圆形或长方形浅盆，以突出宽阔感，如图 9-13 所示。

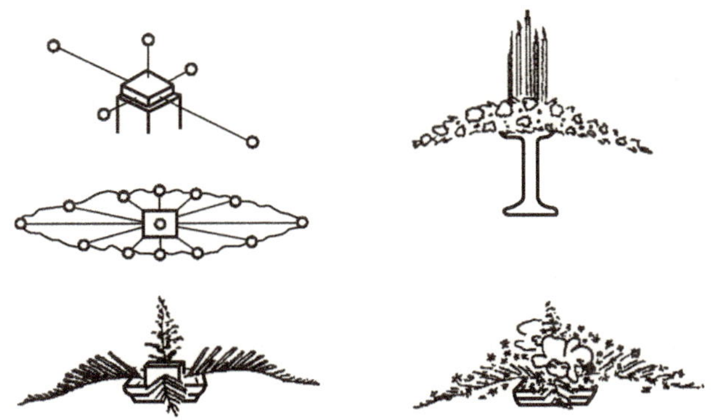

图 9-13 水平形插花

插制步骤如下。

(1) 插主轴：水平形有 5 个主轴做构架。垂直轴不宜太高，以免影响视线，妨碍就餐者或与会者之间的情感交流。

(2) 插焦点花：在中轴线位置或周围插入焦点花如百合等，依次插入主要花材，其花枝的长度以不超出各轴线顶点连线为原则，使花型轮廓呈中间稍高的圆弧形。插时各种花叶宜对称插入。

(3) 插入补花和衬叶，其长度一般不超过主花，起到衬托和掩盖花泥的作用。

6. 半球形(圆形)插花

半球形插花的形状比较规整，八面玲珑，看上去柔和浪漫，轻松舒适，特别适于多人环坐的会议桌及餐桌，或用于祝贺孩子生日、母亲节、儿童节等。半球形插花用浅盆或高脚杯作花器，如图 9-14 所示。

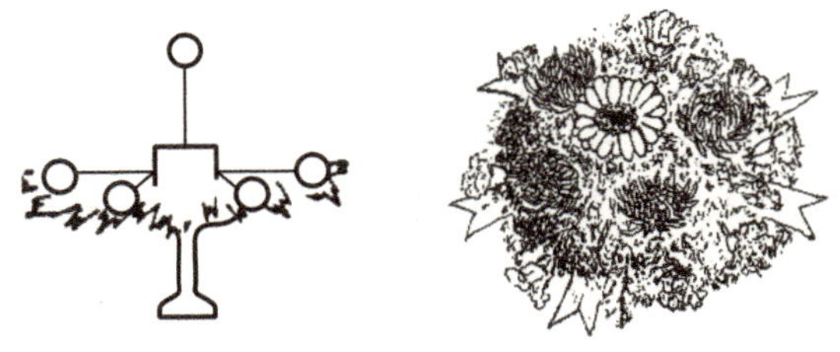

图 9-14 半球形插花

插制步骤如下。

(1) 插垂直轴：将花垂直插于花泥中央，高度视需要而定。

(2) 插入水平轴：与垂直轴成 90°，对称插于花泥四周，各花相距 45°～60°，长短相等，插好后应相当于以垂直轴为半径画的圆。再在两轴之间用花将弧线连接，即得半球形轮廓，其余花枝长度应不超过此轮廓线范围，在半球轮廓范围内均匀插入花朵。

(3) 插入补花和衬叶，完成整个造型。

7. 弯月形插花

弯月形是表现曲线美和流动感的花型，其形式活泼，构图新颖，宜用淡雅色彩，室内摆设

图 9-15　弯月形插花

和用做馈赠礼品都十分可爱,如图 9-15 所示。

插制步骤如下。

(1) 插轮廓:先选合适的花材,插出弧线形的轮廓。主焦点花约为长轴花的 1/5 长,插在花器中央,向前倾斜 45°~60°。在焦点的左后方插出上弯线,右后方插下弯线,上下两线的长度比例约为 2∶1,不要一样长。这三点连线就是一条上下前后都有弧线的中央线,沿着这条线的走势,可插上主花。

(2) 插内、外侧线:在中央轴线的两侧,插内侧线和外侧线,为使花型呈现景深,流露自然风韵,在主焦点的侧面可插补助焦点,作为内侧线的焦点。

(3) 成型:空位处补插小花和叶片,即可成型。

插花的顺序也可先用叶子(如散尾葵、苏铁的叶片)插出轮廓,再顺着弧线来插花。弧线的轮廓不容破坏。

8. S 形插花

S 形插花线条优美,有下垂之感,宜用高身窄口的瓶类。它美丽优雅,很受人们的喜爱。S 形插法与弯月形的有点相似,把弯月形插花右侧弯线转个角度,使之向下弯曲,即为 S 形插花。上下轴线长度不要等长,一般上段长占 2/3,下段长为 1/3,相反亦可,视摆放位置而定。如果把 S 形插花平放在餐桌上作餐桌插花,也十分华丽多姿,增加温馨气氛。S 形插花还可以用于新娘捧花或作墙饰。如图 9-16所示。

图 9-16　S 形插花

五、插花的色彩设计

插花的色彩设计,不仅影响到插花的形式美,而且对其内在美、意境美也至关重要。色彩只有个人爱好不同,没有美丑之分,关键是要恰到好处,做到主体色突出、色与色组合关系明确,犹如音乐曲谱中的 1、2、3、4、5、6、7 七个音符,可以组成各种动听的曲调。同样,赤、橙、黄、绿、青、蓝、紫七大颜色,也可以构成各种悦目的色彩,表达出喜、怒、哀、乐、悲、愁、闷等各种情绪。当然,不是所有的色彩组合都是美的,没有节奏和旋律的声音是噪声,没有规律的色彩组合绝无美感可言。

插花色彩的配置,可以从如下三个方面考虑。

(一) 花卉与花卉之间的色彩关系

花卉与花卉之间,可以用多种颜色来搭配,也可以用同类颜色来表现,但都要求配合在一起的颜色能够协调。如用迎春花与红玫瑰两种花材配合,一个满枝金黄,另一个鲜红如血,色彩协调,辉映成趣,更重要的还在于以红花为主,黄花为辅,远远望去红花似火,黄花星光点点,通过花枝向外辐射,就能收到色彩鲜明的效果。

(二) 花材与花器之间的色彩关系

花材与花器,是生命与非生命的相互依存。花器是插花的基础,犹如建筑的地基。自古以来，人们都很重视花材与花器的配置，俗称“相称”，指的就是花材与器皿的配合要妥帖。插花中，为了使花器与花材起到自然协调的色彩效果，选择花器时应以色彩素雅为宜，最好选择中性色，这样易于与任何色彩的花材相配。

（三）花材与环境、季节之间的色彩关系

插花的色彩要根据环境的色彩来配置。如在白底蓝纹的花瓶里，插入粉红色的二乔玉兰花，摆设在传统形式的红木家具上，古色古香，民族气息浓郁；在环境色较深的情况下，插花色彩以选择淡雅为宜；如环境色简洁明亮的，插花色彩可以用得浓郁鲜艳一些。不同的环境有不同的氛围，对插花的色彩也有不同要求。

插花色彩还要根据季节变化来运用。春天里百花盛开，众芳争艳，到处是万紫千红的景色。此时插花应选择色彩鲜艳的材料，给人以轻松活泼、生机盎然的感受。夏天，插花的色彩要求清逸素淡、明净轻快，适当地选用一些冷色调的花，给人以清凉之感。到了秋天，满目红扑扑的果实，遍野金灿灿的谷子。此时插花可选用红、黄等明艳的花做主景，与黄金季节相吻合，给人留下兴旺的遐想。冬天来临，伴随着寒风与冰霜，这时插花应该以暖色调为主，插上色彩浓郁的花卉，给人以迎风破雪的勃勃生机。

六、花语

花语是指人们用花来表达某种感情与愿望，托花言志、借花传情。花语构成花卉文化的核心，赏花要懂花语。在以花会友的社交活动中，尤其在插花创作中，了解和掌握花语能正确、恰当地选用花材、运用花材，提高插花艺术的创作和欣赏水平。

（一）玫瑰花语

纯洁的爱、美丽的爱情、美好常在。

（红）玫瑰：热恋、热情、热爱着你。

（粉）玫瑰：初恋、爱心与特别的关怀。

（白）玫瑰：天真、纯洁、尊敬。

（黄）玫瑰：高贵、美丽或道歉。

（二）康乃馨花语

伟大、神圣、慈祥、温馨的母爱。

（红）康乃馨：用来祝愿母亲健康长寿；相信你的爱。

（黄）康乃馨：代表对母亲的感激之情。

（粉）康乃馨：祈祝母亲永远美丽年轻；热爱、亮丽。

（白）康乃馨：除具以上各色花的意思外，还可寄托对已故母亲的哀悼思念之情。

（三）郁金香花语

爱的告白、真挚情感。

（红）郁金香：爱的宣言、喜悦、热爱。

（粉）郁金香：美人、热爱、幸福。

（黄）郁金香：高贵、珍重、财富。

（紫）郁金香：无尽的爱、最爱。

（白）郁金香：纯情、纯洁。

(四) 百合花语

百年好合、事业顺利、祝福。

(香水)百合:纯洁、婚礼的祝福、高贵。

(白)百合:纯洁、庄严、心心相印。

(黄)百合:胜利、荣誉、富贵。

(火)百合:热烈的爱。

(五) 鸢尾花语

(爱丽斯)鸢尾:好消息、使者、想念你。

德国鸢尾:神圣。

小鸢尾:协力抵挡、同心。

(六) 天堂鸟花语

潇洒、多情公子。

(七) 水仙花语

中国水仙:多情、想你。

西洋水仙:期盼爱情、爱你、纯洁。

(八) 牡丹花语

圆满、浓情、富贵。

秋牡丹:生命、期待、淡淡的爱。

(九) 菊花花语

清净、高洁、我爱你、真情。

翠菊:追想、可靠的爱情、请相信我。

春菊:为爱情占卜。

六月菊:别离。

冬菊:别离。

法国小菊:忍耐。

瓜叶菊:快乐。

波斯菊:野性美。

万寿菊:友情。

矢车菊:纤细、优雅。

麦秆菊:永恒的记忆、刻画在心。

(十) 风信子花语

喜悦、爱意、幸福、浓情。

(白)风信子:恬适。

(蓝)风信子:恒心、贞操。

(紫)风信子:悲伤。

(十一) 石竹花语

纯洁的爱、才能、大胆、女性美。

丁香石竹：大胆、积极。

香石竹：热心。

（十二）金鱼草花语

象征繁荣、有金有余。

（红）金鱼草：红运当头。

（黄）金鱼草：金银满堂。

（紫）金鱼草：大红大紫。

（粉）金鱼草：花好月圆。

（十三）其他花语

梅花：高洁、忠实、独立。

山茶花：可爱、谦让、理想的爱、了不起的魅力。

石斛兰：刚强、祥和。

文心兰：超凡脱俗、潇洒快乐。

蝴蝶兰：祝你幸福、我爱你。

大花蕙兰：热闹繁华、豪放洒脱。

万代兰：简洁、淳朴、明快。

卡特兰：美艳大方、吉祥如意。

马蹄莲：高雅、纯洁、幸福。

荷花：神圣、纯洁。

睡莲：信任、忠诚。

唐菖蒲：长寿、幽会、高贵、节节高升。

孤挺花：热情、幸福、欢乐。

紫罗兰：爱的牵绊、纯真的爱、信任。

满天星：喜悦、思念、清纯。

勿忘我：不要忘记我、真实的爱、深情的爱。

花毛茛：清雅、秀丽、清纯的爱。

向日葵：爱慕、光辉、忠诚。

非洲菊（扶郎花）：神秘、兴奋。

雏菊（延命菊）：愉快、幸福、纯洁、天真、和平、希望、美人、健康。

三色堇：沉思、请想念我。

野蔷薇：浪漫。

牵牛花：爱情、冷静、虚幻。

矮牵牛：安全感、与你同心。

雪绒花：重要的回忆。

七、插花器具

插花除需要花材外，还需要一些花器和用具。

（一）花器

凡可盛放花材的器皿都可称为花器。

1．花器的作用

花器对插花作品十分重要，它不仅作为容器盛放花材和水，以维持花材的生命，保持其鲜度，被视为大地或花屋，而且更是插花作品构图中不可或缺的重要组成部分。欣赏插花作品时都是把花材、花型、花器，甚至把几架连在一起作为整体进行欣赏。正规插花比赛中，花器亦占有一定的分值。

2．花器的发展与种类

原始的花器是由盛水的容器、食具等器皿发展起来的。人们从野外采集鲜花归来，除插在头上、挂在脖子上作装饰外，还常插储于水罐、鼎、樽、觚、壶之类的器具中，后来瓷器发展起来，插花才有专用的花瓶和盘。随着社会的发展，花器的种类越来越多，按材质来分，有陶瓷、玻璃、金属、石器、木、竹、藤编、塑料等；按形状分更是五花八门。一些抽象的造型作品则选用或自创些异形花器，现代插花为了表现某种质感，往往将木屑、树皮、叶片粘贴在花器外改变花器的形状或质感，以满足自由创意的要求。

3．花器的选配

花器选配主要根据插花的环境、使用的花材、表达的情趣以及构图的需要等因素而定。插花的花器不一定很名贵，但一定要搭配得当，即便是土盆、瓦钵也能创作出成功的作品。插花时必须把花器视为作品的一部分来考虑整体效果。

（二）垫座

中国传统插花十分讲究花几、花架。插花作品配上几架垫座，不仅增加美感，而且更显高贵雅致。此外垫座还能起到均衡作用，使作品获得统一协调的效果。

垫座除名贵的花梨木、红木制的几架外，还有树根制品、木板、竹垫、草垫、塑胶垫等，但也不是非用不可。

（三）固定花材的用具

固定花材的用具主要有花插、花泥、铁丝网等。

1．花插

花插又名剑山，由许多铜针固定在锡座上铸成。有一定重量以保持稳定。花茎可直接在这些铜针上或插入针间缝隙加以定位。使用寿命较长，是浅盘插花必备的用具。有长方形、圆形、半月形等多种形状。

2．花泥

花泥又名花泉，由酚醛塑料发泡制成，可随意切割，吸水性强，干时很轻，浸水后变重，有一定的支撑强度，花茎插入即可定位，十分方便，因此大受插花者青睐。

3．铁丝网

由细铁丝编织成六角形孔网，把网卷成筒状插入瓶内，花茎插入网孔，利用铁丝得以定位。用花泥插粗茎花材时，也需在花泥外罩一层铁丝网以增加强度。

（四）工具与附属品

1．工具

（1）修剪工具　插花使用的修剪工具主要有剪刀、刀和锯。剪刀是必备工具，尤其是修剪木本植物。刀是用来切削草本花枝，以及雕刻和去皮的。在花艺设计时，往往为求速度，多用刀而不用剪。锯主要用于较粗的木本植物截锯修剪。

（2）辅助工具　辅助工具有金属丝、铁丝钳、喷水器、绿色胶带等。

2. 附属品

在插花作品周围放一些小摆饰物，如瓷人、小动物、丝带花等，以增添气氛。但必须注意，附属品的大小、形态和摆设位置务必要与插花作品相衬，不能喧宾夺主，更不应滥用，否则不伦不类，令人啼笑皆非。

第二节　室内花卉装饰及应用

一、室内环境特点

室内相对来说是一个较封闭的空间，这也造就了一个人工小气候环境。就花卉的生长条件而言，室内的小环境远不如露地或温室、拱棚的环境好。当然也有一些花卉，其原产地的气候条件接近于室内的环境条件，再经过人们长期驯化使它们适应了室内的环境条件，或在生长的某一阶段能适应室内的环境条件。室内环境有以下几个方面的特点。

（一）温差小

室内温度相对稳定，较室外温差变化小，而且室温可通过冷暖空调调节，因此，室内温度对观叶植物的影响相对较小。一般人体所感受的最适温度为15～25 ℃，也是大多数植物生长的适宜温度。但是室内温差小，这对喜欢大温差的花卉，尤其在花芽分化阶段需温差大或需要低、高温的花卉不很适宜。

（二）光照弱

室内一般是封闭的空间，室内大多数地方只有散射光或人工照明光，缺乏太阳直射光，室内的光照强度明显弱于室外，光照条件较差，只是露地的几分之一至十几分之一，这对于需要强光照的花卉的生长是很不利的，非常喜光的花卉是不宜长期在室内栽培的。

（三）湿度低

空气湿度也是影响室内观叶植物生长的一个重要因素，特别是对亚热带和热带观叶植物影响较大。室内空气较为干燥，湿度较室外低，在冬季取暖期间和干旱多风的季节，室内的湿度明显不足。室内空气湿度小对多数花卉的生长来说是不利的，需要增加湿度，经常喷水或用塑料薄膜罩上提高小环境的空气湿度才行。室内空气湿度最好不要低于50%。

（四）通风差

在封闭的环境里，由于通风透气性较差，空气中乙烯的含量会逐渐增加，而乙烯会导致花卉衰老。当乙烯含量达到一定浓度时，很多对乙烯比较敏感的花卉特别容易出现叶片发黄。所以室内盆栽花卉要保持通风良好。

当然，室内空间或每一房间的不同角落的光、温、湿及通风性也都会有所不同。要根据具体位置选择适宜的花卉品种。在家庭条件许可的情况下，应尽可能地创造与温室相同或者接近的条件，满足室内盆栽花卉的生长要求。

二、室内盆栽花卉装饰的原则

室内花卉装饰以盆栽花卉为主。室内盆栽花卉装饰的主要目的是满足人们改善和美化居室环境的需要。因此，选择室内盆栽花卉装饰应以人为本，根据人们的爱好、习惯和需要来选择植物，达到布局协调、比例适度、色彩和谐的目的。

（一）原则

1. 比例适度

室内盆栽花卉装饰的比例由两方面组成：一是花卉与盆、架间的比例；二是花卉装饰、家具、陈设与室内空间大小的比例。比例应适度，给人以舒适感。大的空间中装饰小的花卉植物，无法显示出气氛，也不协调；小的空间装饰大的植物，显得臃肿闭塞，缺乏整体感。因此，首先根据室内建筑空间组成大小、形状及门窗的方位、尺度，选择相应的花卉、植物进行布置，使其彼此之间比例恰当，尺度适宜，色彩和谐，主次分明，富有节奏感和整体感。

2. 色彩协调

选用花卉植物时应注意其色彩要与家具、墙面的颜色相协调。同时，栽花用的盆钵颜色也要与花卉及室内环境的色彩相协调。

3. 摆放得当

空间较大的房间可在室内一角或窗户附近安放立体小花架，分层摆几盆花；空间小的房间可采用吊盆、吊篮、壁挂等形式向空中发展。在经常有人走动的地方切勿放置植物，以免影响通行；花木的摆设宜靠近墙边或柜旁，在桌旁布置植物，其高度为桌面对角线的 1/3 最合适。一品红植株被折断后有白色乳汁流出，人接触后皮肤会红肿；南天竹含天竹碱，误食后会引起抽搐、昏迷；仙人掌、金琥刺内含毒汁，被刺皮肤疼痛、瘙痒，甚至过敏。对于这些植物，更要注重摆设的位置，尽量放置在不易接触到的地方。

4. 整体和谐

室内装饰花卉使用的几架、台桌及配件饰物的形状、颜色等，要与花卉的色彩相协调，以达到整体上的平衡与和谐。

室内盆栽花卉装饰犹如一幅立体画。要体现室内花卉装饰的艺术感，应当讲求构图美、色彩美和摆设美，使之整体协调、主次分明，让人感觉清新愉悦，这样才能达到理想的装饰效果。

（二）注意事项

室内盆栽花卉装饰如装饰不当，也会适得其反。室内盆栽花卉装饰，应注意以下几点。

1. 忌将有刺花卉乱摆乱放

少数带刺的花卉品种，如仙人掌类，夜间送氧有益人体健康；叶子花、月季等姿美色艳，欣赏价值很高，但要把它们安放在家人触及较少的地方，以免刺伤老人和儿童。

2. 忌电视机前摆花

因为电视机辐射出的射线会使花卉植物的生殖器官发生病变，引起植株萎缩、不开花。因此在电视机射线波及的地方不宜摆花。

3. 忌水果附近摆花

因为水果释放的乙烯气体会加速花瓣脱落，对乙烯气体敏感的水仙花、玫瑰、月季等不宜摆放在水果附近。

4. 忌将蛋壳、残茶倒扣在盆内

因为蛋壳残留的蛋清渗入盆土表层，其发酵产生的热量会灼伤根系。残茶含茶碱，破坏土壤里的有机养分，不利盆花生长。同时，这些盆面覆盖物既影响土壤透气，又会招引蚂蚁、苍蝇、蚊子等诱发病害，且发霉酸臭难闻，污染室内空气。

5. 忌将"互克"花卉摆在一起

如把玫瑰花和木樨草放在一起，玫瑰会排斥木樨草使其凋谢，还有石竹花、百合花、紫罗兰、兰花、虞美人等草花和别的花难以共处。所以，不要把"互克"的花卉摆在一起，以免造成植物死亡。

6. 忌摆放带有某种异味或花草香味过于浓烈、让人难受甚至产生不良反应的花卉

如夜来香、郁金香、五色梅等。还有松柏类会分泌脂类物质，会放出较浓的松香油味，久闻会导致食欲下降和恶心。

7. 忌摆放让人产生过敏反应的花卉

如月季、玉丁香、五色梅、洋绣球、天竺葵、紫荆花等，人碰触抚摸它们，往往会引起皮肤过敏，甚至出现红疹，奇痒难忍。

8. 忌摆放带有毒性的观赏花

如含羞草接触过多易引起眉毛稀疏、毛发变黄，严重时引起毛发脱落；较常见的万年青含有的毒素会使咽喉水肿甚至引起麻痹失声；水仙花的鳞茎中会有拉丁可毒素，如果小孩误食后会引起呕吐等症状；叶子花的汁液使皮肤红肿，若汁液误入眼中，会使眼睛受到伤害等。还有一品红、夹竹桃、黄杜鹃、铁海棠、红背桂花、变叶木等一些观赏性的花卉，均含有促癌物质，均不能在卧室摆放。

9. 忌摆放数量过多

夜间大多数花卉会释放二氧化碳，吸收氧气，与人共争有限氧气，而夜间居室大多封闭，空气与外界不够流通。如果室内摆放花卉过多，会减少夜间室内氧气的浓度，影响夜晚睡眠的质量，如胸闷、频发噩梦等。

三、不同居室花卉装饰的特点

家庭居室是人们生活的第一空间，随着生活水平的提高，人们对美的追求也越来越高，已不满足于新式家具、灯光、音响一类的装饰配置，进而要求的是具有生命力的花卉来美化、装饰自己的居室空间。花卉凝聚着大自然的精华，姿态优美，用它来装饰室内，其效果是其他饰物无法替代的。用花卉装饰居室，不仅能使室内空气清新、雅致、美观，而且还能给人以一种生机勃勃与盎然的情趣。居室一般有客厅、书房、卧室、餐厅、阳台等空间，各空间功能不同、环境不一，花卉装饰时要选用的植物以及装饰方法和方式也不同。

（一）客厅装饰

客厅是日常家庭活动的中心，也是接待宾客的主要场所，是整个居室绿化装饰的重点。客厅花卉配置要突出重点，切忌杂乱，应力求美观、大方、庄重。同时注意和家具的风格及墙壁的色彩相协调。要求气派豪华的，可选用叶片较大、株形较高大的马拉巴栗、巴西铁、绿巨人等为主的植物或藤本植物，也可用散尾葵、垂枝榕、黄金葛、绿宝石等作为主景；要求典雅古朴的，可选择树桩盆景做主景。但无论以何种植物为主景，都需在茶几、花架、临近沙发的窗框几案等处配上一小盆色彩艳丽、小巧玲珑的观叶植物，如观赏凤梨、孔雀竹芋、观音莲等；必要时还可在几案上配上鲜花或时令花卉。这样组合既突出客厅布局主题，又可使室内四季常青，充满生机。

客厅迎门处可摆放一盆造型精巧、形似“迎客松”的五针松或罗汉松盆景，表达主人的好客之意；茶几上可摆放君子兰、仙客来、兰花等花卉，摆设时不宜置于桌子正中央，以免影响主人与客人的视线；墙角处宜摆放四季常绿的龟背竹、白掌、绿巨人、万年青、也门铁和株型较大的散尾葵、绿萝柱、心叶藤、发财树、巴西铁、棕竹等，使室内富有生气。若客厅较大，可利用局部空间塑造“立体花园”。布置时，除突出主体花木，表现主人性格外，还可采用吊挂花盆、花篮的手法，借以平衡画面、装饰空间。

（二）书房装饰

书房是读书、写作，有时兼作接待客人的地方，力求宁静、雅致、整洁并带有一点古朴和勤奋之感，书房的花卉布置不宜过于醒目。书房要根据主人的志趣和爱好选择花卉，使人强烈地感受到一种格调高雅、清新的氛围，在选材上尽量不用艳丽多彩的花卉，多用幽雅素淡、冷色轻奇一类的花卉。一般可在写字台上摆设一盆轻盈秀雅的文竹、网纹草、吊兰等植物，以调节视力，缓和疲劳有利于主人集中思想，触发高雅的想象力。可选择株形下垂的悬垂植物，如黄金葛、常春藤、吊竹梅等，挂于墙角或自书柜顶端飘然而下；也可选择一适宜位置摆上一盆攀附型植物，如琴叶喜林芋、黄金葛、杏叶喜林芋等，给人以积极向上、振作奋斗之激情。

如果书房内有电脑则更要多放绿色花卉植物有效清除房内多种污染物，每 10 m^2 的面积至少摆放治污花木 1～2 种。可以摆放的花卉植物有常春藤、铁树、吊兰、非洲菊、龙血树、万年青等用于吸收甲醛和尼古丁，也能分解复印机、打印机排放出的苯。

（三）卧室装饰

卧室的主要功能是睡眠休息。卧室的花卉装饰应围绕休息这一功能进行。同时，由于卧室家具较多，空间显得拥挤。所以，花材的选用以小型、淡绿色为佳。配套的盆景也不宜色彩鲜艳、造型奇特。可在案头、几架上摆放文竹、龟背竹、蕨类等。如果空间许可，也可在地面摆上造型规整的花卉植物，如心叶喜林芋、巴西铁等。此外，也可根据居住者的年龄、性格等选配植物。

卧室花卉装饰以冷色调为好，光线不可太强，要求环境清雅、宁静、舒适，得以入睡，植物配置要和谐、少而精，多以 1～2 盆色彩素雅、株型矮小的植物为主，如文竹、吊兰、镜面草、冷水花等装饰。忌色彩艳丽，香味过浓，气氛热烈。

卧室应突出舒适安逸、温馨典雅的特点，以利于安神益脑、消除疲惫，宜放置 1～3 盆具有夜间吸收二氧化碳和吐出新鲜氧气功能的植物，可选择一些多肉多浆类植物如仙人掌、仙人球、令箭荷花、昙花等，它们在夜间不仅不呼出二氧化碳，反而会吸收二氧化碳，起到净化空气的作用，有益健康。水苔类植物或色彩淡雅的小型盆景也可放置，以创造安静、舒适、柔和的室内环境。

卧室装饰花卉的数量不易多，有些家庭的卧室面积不大，则可选择小型盆花点缀，如常春藤、吊兰、天门冬等呈下垂姿态的蔓性、匍匐性花卉，以加强立体感，突破家具的单调构图，给人一种新颖、活泼的感受。倘若卧室较宽敞，可选择一些较大的盆花点缀：如在墙角空间安拔一盆轻枝绿叶的文竹，茶几上配一盆旱伞草或一盆蒲葵，床头柜上置一小型瓶插。这样，卧室就会显得既有活力又有意境了。年轻人卧室花卉颜色可略鲜艳。

儿童卧室应根据儿童的特点，摆设可以培养儿童热爱大自然和富有科学情趣一类的花卉。如叶片镶嵌着色彩艳丽的斑纹，具有奇异的形态，如变叶木、亮丝草、花叶芋、彩叶凤梨、龟背竹、仙洞万年青等。也可在儿童房内适当地摆放些小盆栽，比如吊兰、水仙、袖珍椰子、白掌等，能使儿童房充满生机。但要注意的是，尽量少摆放植株汁液有毒或带刺的植物，像南天竹、一品红、仙人掌、金琥等，以免给孩子带来不必要的伤害。

（四）餐厅装饰

餐厅是家人和宾客用膳或聚会的场所，装饰时应以甜美、洁净为主题，以改善用餐环境为目的。可以适当摆放色彩明快的室内观叶植物。同时充分考虑节约面积，以立体装饰为主，原则上是所选花卉株型要小。如在多层的花架上陈列几个小巧玲珑、碧绿青翠的室内观叶植物，如观赏凤梨、豆瓣绿、龟背竹、孔雀竹芋、文竹、冷水花等；也可在墙角摆设一体态清楚的室内观叶植物如黄金葛、马拉巴粟、荷兰铁等。可使人精神振奋，增加食欲。

（五）阳台装饰

阳台是光线最充足的地方，适合配置色彩鲜艳、喜阳好光的植物。可种一些观花为主的花卉如月季、石榴、菊花，也可选种观叶为主的松、柏、杉树。布置时要充分利用空间，可用垂吊或组合花架等形式加以布置，还要留有相当的空间给人活动。阳台顶部可悬挂吊竹梅、巢蕨、天门冬，阳台窗台上可摆放金橘、蟹爪兰、茶花、含笑、桂花等花果植物，使整个阳台的绿化层次分明，互相衬托，形成一个漂亮的“小花园”，人们置于其中既可饱览窗外景色，又可品味绿色的生气、鲜花的烂漫、果实的甜美，为生活增添不少情趣，但要做好安全防范措施，保证阳台上的盆花不会掉到楼下，以免伤及行人和车辆。

总之，居室花卉的装饰要形、色兼备，综合考虑，达到形式美与艺术美的完美结合。

复习思考题

1. 插花色彩配置应从哪些方面来考虑？
2. 常用的插花工具及作用是什么？
3. 室内盆栽花卉装饰的原则及注意事项是什么？
4. 卧室花卉装饰有哪些特点？

实训十六　现代插花的制作

一、目的要求

通过实训，要求同学掌握现代插花的特点和插作技巧。

二、材料与工具

花材；花器、铁丝、剪刀、胶带等。

三、实训内容

1. 立意构图，画出插花制作的草图。
2. 选取花材，并作修整。
3. 根据构图，弯曲和固定花材。
4. 整体装饰点缀。

四、实训结果

总结现代插花特点并交流创作体会。

实训十七　东方式插花基本花型的制作

一、目的要求

通过实训,掌握东方式插花的基本过程。

二、材料与工具

花材;花器、铁丝、胶带、剪刀、剑山等。

三、实训内容

1. 根据立意构图,并画出插花制作草图(按直立形、倾斜形、下垂形三种花形的设计)。
2. 选取花材,并修整。
3. 根据构图弯曲、固定花材。
4. 整体装饰点缀。

四、实训结果

总结东方式插花特点并交流创作体会。

实训十八　西方式插花基本花型的制作

一、目的要求

通过实训,掌握西方式插花的基本过程。

二、材料与工具

花材;花器、铁丝、胶带、剪刀、花泥等。

三、实训内容

1. 根据立意构图,并画出插花制作草图(按球形、半球形、三角形、弯月形、L 形等花型)。
2. 选取花材,并修整。
3. 根据构图弯曲、固定花材。
4. 整体装饰点缀。

四、实训结果

总结西方式插花特点并交流创作体会。

第十章 花卉园林景观及应用

第一节 花 坛

一、花坛的定义与功能

花坛是指在具有几何形轮廓的植床内摆放或栽植观赏期一致的不同类型植物，通过鲜艳华丽的色彩及图案作为主景或点缀来突出景观效果，广泛应用于不同环境中的花卉园林景观形式。

花坛作为花卉景观应用的重要形式，具有观赏点缀和美化环境、渲染节日气氛、组织交通和划分空间的功能。

（一）观赏点缀和美化环境

花坛是用有生命的植物构成的装饰图案，是城市中美化环境的一种较好方式。在公园、风景名胜区、游览地布置花坛，不仅美化环境，还可构成景点。花坛设置在建筑墙基、喷泉、水池、雕塑、广告牌等的边缘或四周，可使主体醒目突出，富有生气。若设计成有主题思想的花坛，还能起到宣传的作用。

（二）渲染节日气氛

花坛是节日中最受注目的景观。许多城市在“五一”、“十一”、“春节”等节日都进行大规模花坛的布置，既美化人们的生活又增添热烈欢快的气氛。

（三）组织交通和划分空间

交通环岛、开阔的广场、草坪均可设置花坛，可组织游览路线和划分空间。如在公园入口处的中央空地设置花坛，既装点环境，又可以疏导游客。

二、花坛的类型

现代花坛式样丰富，依据不同的划分方法，可将花坛分为不同的类型。

（一）根据花坛表现形式分类

1. 盛花花坛

盛花花坛又称花丛花坛，主要由观花草本植物组成，表现盛花时群体的色彩美或绚丽的景观。可由同种花卉不同品种或不同花色的群体组成，也可由不同花色的多种花卉的群体组成。

2. 模纹花坛

模纹花坛由低矮的观叶植物或花、叶兼美的植物组成，以群体形式构成精美图案或装饰纹样。

现代花坛常见以上两种类型相结合的形式。例如，在规则式几何植床中，中间是盛花的

布置形式，边缘用模纹式，如图 10-1 所示；或在立体花坛中，立面为模纹式，基部为水平的盛花式等。

图 10-1　中间盛花布置结合边缘模纹布置

（二）根据花坛空间位置分类

1. 平面花坛

平面花坛与地平面基本一致或有微小坡度，主要观赏花坛的平面效果。

2. 斜面花坛

斜面花坛设置在斜坡或阶地上，也可布置在建筑物的台阶上，花坛表面为斜面，大多单面观赏，如图 10-2 所示。

3. 立体花坛

立体花坛向空间延伸，常包括造型花坛、标牌花坛等形式。造型花坛是用模纹花坛的手法，运用五色草或小菊等草本观叶植物制成各种造型物，前面或四周用平面式装饰。标牌花坛是用植物材料组成的竖向牌式花坛，多为一面观赏，可以是落地的，也可以借助建筑材料搭成骨架，植物材料种植在栽植箱或花盆中，绑扎或摆放在骨架上，使图案成为距地面一定高度的垂直或斜面的广告宣传牌样式，如图 10-3 所示。

图 10-2　斜面花坛

图 10-3　立体花坛

（三）根据花坛的布局和组合分类

1. 独立花坛

独立花坛即单体花坛，一般作为广场、公园入口、建筑物前庭、交叉路口等特定环境的中心。

2. 连续花坛

连续花坛遵循统一的规律，在同一环境中设置多个小花坛，常设于广场周围、道路的中央或两旁，产生连续的花坛景观效果。

3. 花坛群

花坛群由相同或不同形式的多个单体花坛组成，在构图及景观上具有统一性，多设置在面积较大的广场、草坪或大型的交通环岛上。花坛群还可以结合喷泉和雕塑布置，形成统一的景观。

三、花坛的设计

（一）设计要点

1. 花坛与环境相统一

花坛要求色彩、风格、体量、形状、主题思想等因素与环境相统一。例如，在民族风格的建筑物前设计花坛，应选择具有中国传统风格的图案纹样和形式，如图 10-4 所示；在现代风格的建筑物前可设计有时代感的一些抽象图案，形式力求新颖。花坛的色彩要与周围景物的色彩相协调，例如，周围都是草地，花坛则栽种以红、黄色为主的花卉，显得格外鲜艳；背景是建筑物，应注意花坛颜色要与建筑物颜色有明显区别，既起到醒目和装饰作用，又融于环境之中。广场上布置花坛，一般不应超过广场面积的 1/3，不小于广场面积的 1/5，花坛外轮廓应与建筑物边线、相邻路边和广场形状取得一致，如图 10-5 所示；在开阔的草坪上，设置外形多变的花坛，花卉要求高矮一致、线条分明，构成精美图案；出入口设置花坛要求既美观又不妨碍游人路线，在高度上不可遮住出入口的视线。

图 10-4　中国传统建筑物前的花坛

图 10-5　天安门广场的花坛

2. 花坛的色彩应用

花坛的色彩应主次分明，主色调以 1～3 种主要花卉色彩为主体，其他花卉作为衬托或勾勒轮廓，主色在体量及面积上要大些，各色不可均一。同一色系的花卉搭配，整体上色彩应协调，给人柔和愉快的感觉。如大面积蓝色的荷兰菊，配以浅蓝色藿香蓟镶边，给人舒适安静的感觉。对比色搭配，一般以一种色彩作为饰边或纹样，将另一种色彩填充其间，能达到明快对比的效果。

花色选用也要烘托季节的变化。一般春季要突出百花齐放、万物争春的繁荣，多用橙、黄、粉、蓝等缤纷色彩；夏季要体现清爽、平和的氛围，多选用白色、蓝紫色、浅黄、浅粉等温柔的色彩；秋季要突出成熟、丰硕的主题，多用橙红、橙黄、金黄、鲜红、深紫色等浓烈色彩。

3. 花坛的层次变化

花坛常采用内高外低的形式，使花坛形成自然斜面，单体花坛主体高度不宜超过人的视平线，便于观赏者看到花坛内清晰纹样。花坛中央可配置较高植物，如美人蕉、苏铁、凤尾葵等；主体部分可配置中等高度植物，如荷兰菊、一串红等；外缘可配置天冬草、鸭趾草等，使花坛景观富有层次。花坛图案要求主次分明、明快美观，不要在花坛中布置复杂的图案或分布过多面积大小相仿的色彩。利用花卉的不同花期，使整个花坛的观花时间相对延长。

4. 花坛的边缘处理

花坛的边缘处理合理能使整体效果更加完美，常用抬高花坛种植床、铺设边缘石和植物饰边的方法。为排水方便及避免人为损坏，花坛种植床通常高出地面 7～10 cm。为保证边缘美观和减少水土流失，种植床周围常以 10～15 cm 的边缘石保护，边缘石宽度要与花坛体量相匹配，一般不超过 20 cm，质地和色彩要与周围环境铺装相协调。除边缘石外，临时性花坛或在园林绿地中的花坛常以低矮的边缘植物饰边，使花坛与周围环境过渡更为自然。边缘植物通常致密低矮、色彩单一，常用绿色、彩色观叶植物或致密小花型植物单色配置。

（二）各类花坛的设计

1. 盛花花坛设计

(1) 植物选择　以观花草本为主，可以是一、二年生花卉，适当选用少量常绿及观花小灌木作辅助材料。一、二年生花卉为组成花坛的主要材料，其种类繁多，色彩丰富，成本较低。球根花卉也是盛花花坛的优良材料，其栽植后花期一致，花色明亮鲜艳，有丰富的色彩变化，但造价较高。不同种花卉群体配合时，除考虑花色外，也要考虑花的质感相协调，还要根据花卉的形态进行选择和配植，将高低不同的植物进行搭配种植，使花坛具有层次感。现将盛花花坛适用植物列于表 10-1、表 10-2 和表 10-3 之中。

表 10-1　适用于花坛主体部分的常用植物材料

名　称	株高/cm	观赏期及花色	习　性
万寿菊	30～60	7 月至 10 月，花明黄、橙黄色	喜阳、耐半荫
百日草	20～40	7 月至 10 月，花红、黄、粉等色	喜阳
鸡冠花	30～50	8 月至 10 月，花色丰富，红、黄、粉等色	喜阳
金鱼草	30～60	5 月至 10 月，花红、粉、橙、紫、复色	喜阳、耐半荫
鼠尾草	30～50	6 月至 9 月，花蓝、白色	喜阳
金盏菊	30～50	4 月至 6 月，花明黄、橙黄色	喜阳
翠菊	20～60	7 月至 9 月，花白、粉、紫、蓝、红等各色	喜阳
荷兰菊	40～70	8 月至 10 月，花淡蓝、深紫色	喜阳
一串红	30～70	8 月至 10 月，花红色	喜阳
大丽花	40～60	6 月至 10 月，花红、粉、白、紫、黄、复色等	喜阳
彩叶草	30～50	5 月至 10 月，叶色有红、黄、紫、复色等	喜阳、耐半荫
凤仙花	20～40	6 月至 10 月，花白、粉、紫、橙等色	喜半荫、耐阳
一品红	30～40	4 月至 6 月，顶端叶红色	喜阳

续表

名　称	株高/cm	观赏期及花色	习　性
瓜叶菊	20～30	4月至5月，花紫、粉、蓝色	避风、向阳
孔雀草	15～20	5月至10月，花黄、橙色	喜阳
高雪轮	50～60	5月至6月，花红、白、紫色	喜阳
天竺葵	20～30	5月至10月，花红、粉、白、紫、复色	喜阳、怕涝
福禄考	30～50	5月至8月，花红、粉、白、紫、复色	喜阳、不耐湿热
美女樱	15～20	5月至10月，花红、粉、白、紫、复色	喜阳、怕涝
千日红	20～30	8月至10月，花红、紫、白色	喜阳、耐干燥
虞美人	30～40	4月至5月，花红、粉、复色	喜阳
红叶甜菜	25～30	3月至10月，叶紫红色	喜阳
银叶菊	20～30	3月至7月，叶银白色	喜阳
藿香蓟	15～25	4月至10月，花蓝、白色	喜阳
矮牵牛	15～20	5月至10月，花红、粉、蓝、紫、白、复色	喜阳
旱金莲	20～30	6月至8月，花黄、橙色	喜阳
景天	15～30	7月至9月，花粉、红、白、黄色	喜阳、耐干旱

表 10-2　适用于花坛中心部分的常用植物材料

名　称	株高/cm	观赏期及花色	观 赏 部 位
叶子花	100～160	5月至8月，花红、玫红、紫色	花色鲜艳，株形丰满
苏铁	150～250	4月至10月，叶深绿色	观叶、干姿粗糙
棕榈	200～300	4月至10月，叶绿色	扇形叶，观叶姿为主
蒲葵	200～300	3月至9月，花小、黄色	株形端庄，叶片大而光亮
橡皮树	150～250	4月至10月，叶深绿色	株姿优美，叶片光亮革质
美人蕉	120～160	6月至10月，花红、粉、黄色	花、叶色彩丰富，株姿优美
长叶刺葵	250～350	4月至10月，叶绿色	观株干、叶形
凤尾兰	100～200	4月至10月，花白色	观优美花序，放射状株形
杜鹃	150～250	5月至6月，花红、粉、黄、复色	观花色，柱形丰满
龙舌兰	120～200	5月至9月，叶绿色或带黄纹	株形优雅，叶革质
花叶榕	120～280	5月至9月，叶片带绿斑色	株形优美，叶片细腻
大叶黄杨	100～200	全年，叶片绿色	株形丰满
夹竹桃	150～300	6月至10月，花红、粉、白、黄色	观花、树姿
南洋杉	150～280	4月至10月，叶绿色	观树姿、叶形精致
千屈菜	80～120	7月至8月，花玫红、紫、白色	观花序及花色
蜀葵	80～200	7月至9月，花红、粉、白、黄色	观花序，株形丰满

表 10-3　适用于花坛镶边的常用植物材料

名　称	株高/cm	观赏期及花色	习　性
雏菊	15～20	3 月至 5 月，花红、粉、白色	喜阳
三色堇	10～15	3 月至 5 月，花红、蓝、白、黄、紫复色	喜阳
半支莲	10～15	6 月至 9 月，花红、黄色	喜阳、耐旱
天门冬	20～30	6 月至 10 月，叶嫩绿色	喜阳、耐半荫
鸭趾草	10～15	6 月至 10 月，叶绿色、紫红色	喜阳、耐半荫
垂盆草	5～10	7 月至 10 月，叶嫩绿色	喜阳、耐半荫
六倍利	10～15	4 月至 6 月，花蓝紫色	喜阳
金叶甘薯	10～15	5 月至 10 月，叶金黄色	喜阳
香雪球	5～10	4 月至 6 月，花蓝、粉、白色	喜阳
四季海棠	10～15	5 月至 10 月，花红、粉、白色	喜阳

(2) 色彩设计　盛花花坛表现花卉群体的色彩美，应选择不同花色的花卉巧妙搭配，围绕其所表达的主题，与环境协调统一；同一花坛内色彩和种类配置不宜过多过杂，一般面积较小的花坛，只用一种花卉或 1～2 种颜色；大面积花坛可用 3～5 种颜色拼成图案；绿色广场花坛，也可只用一种颜色如大红、金黄色等与绿地草坪形成鲜明的对比，给人以恢宏的气势感。在颜色的配置上，一般认为红、橙、粉、黄为暖色，给人以欢快活泼、热情温暖之感；蓝紫、绿为冷色，给人以庄重严肃、深远凉爽之感。如幼儿园、小学、公园、展览馆所配置的花坛色调应鲜艳多彩，给人以舒适欢快、欣欣向荣的感觉；四季花坛配置时要有一个主色调，使人感到季相的变化。如春季用红、黄、绿等组合色调给人以万木复苏、万紫千红又一春的感受；夏季以青、蓝、白、绿等冷色调为主，营建一个清凉世界；秋季用大红、金黄色调，寓意喜获丰收的喜悦；冬季则以白黄、白红为主，隐含瑞雪兆丰年、春天即将来临的意境。

盛花花坛常用以下几种配色方法。

① 对比色应用　这种配色活泼明快，红-绿，橙-蓝，黄-紫等。深色调对比较强烈，给人兴奋感；浅色调对比柔和而又鲜明。绿色和红色搭配，如扫帚草和红色鸡冠花等。堇紫色和浅黄色搭配，如堇紫色矮牵牛与黄色三色堇、蓝色藿香蓟和黄色金盏菊、紫色鸡冠花和黄早菊等；橙色和蓝紫色搭配，如金盏菊和雏菊，金盏菊和三色堇等。

② 暖色调应用　类似色或暖色调花卉搭配，配色鲜艳、热烈庄重，在大型花坛中应用较多。色彩不鲜明时可加白色作调剂。如以红、黄两个暖色调为主，加上少量的白雏菊和白色三色堇，使色彩和谐，如图 10-6 所示。

③ 同色调应用　适用于小面积花坛、过渡带及花坛组，起装饰作用，不做主景。如单纯由四季秋海棠形成的红色花坛非常醒目。

④ 多色系应用　这是最常用的一种花坛布置形式，最能表现花卉烂漫的色彩美。如用几种颜色的花巧妙组合在一起，形成流光溢彩的景观效果。不同色彩的夜景效果是不一样的，其中黄色是最明亮的花色，在灯光下最醒目。

(3) 图案设计　指将花坛的内、外部设计为一定几何图形或几何图形的组合。花坛大小要适度，一般观赏轴线以 8～10 m 为度，内部图案要简洁明了，不宜在有限的面积上设计过分烦琐的图案，如图 10-7 所示。

图 10-6 红色的一品红和黄色的菊花搭配，配色鲜艳

图 10-7 天安门广场的花坛结合植物曲线进行配植，与环境协调统一，显得大气

2. 模纹花坛设计

(1) 植物选择　低矮、细密的植物才能形成精美的图案。模纹花坛的植物材料以生长缓慢的多年生植物为主，如红绿草、白草、尖叶红叶苋等。一、二年生草花生长速度不同，图案不易稳定。可选用草花的扦插、播种苗及植株低矮的花卉作图案的点缀。前者如紫菀类、孔雀草、一串红、四季秋海棠等；后者有香雪球、雏菊、半支莲、三色堇等，但把它们布置成主体则观赏期相对较短，一般不使用。生长缓慢，植株矮小，分枝紧密，叶子细小，萌蘖性强的观叶植物应用较多，通过修剪可使图案纹样清晰，并维持较长的观赏期。如果是观花植物，要花小而繁多、观赏价值高的种类，合理搭配植株的高度与形状。

(2) 色彩设计　模纹花坛的色彩设计应以图案纹样为依据，用植物色彩突出纹样，使之清晰而精美，用色块来组成不同形状。如选用五色草中红色的小叶红或紫褐色小叶黑与绿色的小叶绿组成各种花纹，还可以用白绿色的白草种在两种不同色草的界限上，以突出纹样的轮廓。

(3) 图案设计　模纹花坛应突出美观精致的感觉，但外轮廓应简单明快，面积不宜过大。内部纹样图案可选择的内容广泛，如工艺品的花纹、卷云、文字或文字的组合、花篮、花瓶、各种动物、乐器的图案等。一般为保证图案纹样清晰，由五色草类组成的花坛纹样不窄于 5 cm，花卉组成的纹样不窄于 10 cm，常绿灌木组成的纹样不窄于 20 cm。

典型的模纹花坛内部图案有如下几种。

① 文字花坛　包括各种宣传口号、庆祝节日、大规模展览会的名称等，如北京街头，用小叶红、小叶绿等组成精美的"国庆"花坛。

② 肖像花坛　历朝、历代的名人肖像、国徽、国旗等，都可用作花坛的题材，但设计时必须严格符合比例尺寸，不能任意改动，多布置在庄严的场所，如图 10-8 所示。

③ 象征图案花坛　具有一定的象征意义，图案可以是具体的，如动物、花草、乐器等，也可以是抽象的，可以任意设计，如图 10-9～图 10-12 所示。

④ 计时花坛　包括时钟花坛、日历花坛、日晷花坛。时钟花坛用植物材料作时钟表盘，中心安置电动时钟，指针高出花坛之上，可正确指示时间，最好设置在斜面上，易于观看。日历花坛是在模纹花坛上用植物材料制成"年"，"月"，或"星期"等字样，中间留出空位，用其他材料制成具体数字填于空位，每日更换，宜设于斜坡上。日晷花坛设置在有充分阳光照射的草地或广场上，用花坛组成日晷的底盘，在底盘的南方立一倾斜的指针，在晴天时指针的投

图 10-8 植物材料很好地表现了肖像花坛人物的形态和服装的质感

图 10-9 植物材料组成的动物图案栩栩如生

图 10-10 天安门广场的红五星节日花坛用具有革命象征意义

图 10-11 红绿两种植物材料组成的图案形成鲜明的对比

图 10-12 斜面更好体现了单色的模纹花坛的图案

影可从早 7 时至下午 17 时指出正确时间，如图 10-13、图 10-14 所示。

3. 立体花坛设计

立体花坛可设置在广场一角、道路交叉口、门厅入口等处，不同的环境中立体花坛的设计应有所侧重。立体花坛做主景时要醒目突出，必须与主要建筑物或广场的风格与形式取得一致，大小比例协调。如果立体花坛有基座的话，需要遮蔽，以求立面造型简练。在色彩

图 10-13　世博会会标结合时钟花坛，色彩鲜明

图 10-14　斜面的时钟花坛，色彩鲜明，景观效果于水中的倒影形成丰富的景观效果

的使用上以冷色或近似植物的色彩为宜，如白、灰等色，突出花坛上的植物。为了安装施工方便，也可使用下面装有轮子的可移动的基座。

立体花坛既可以是模纹花坛，也可以是盛花花坛，或者是二者的结合。在选择植物材料时，可参考模纹花坛和盛花花坛的植物材料选择。常见立体花坛有以下两种类型。

(1) 标牌花坛　花坛以东、西两向观赏效果好，也可设在道路转角处，以观赏角度适宜为准。有两种方法，其一是用五色苋等观叶植物作为表现字体及纹样的材料，栽种在 15 cm×40 cm×70 cm 的扁平塑料箱内。完成整体图样的设计后，每箱依照设计图案中所设计的部分扦插植物材料，各箱拼组在一起构成总体图案。之后，把塑料箱依图案固定在竖起的钢木架上，形成立面景观。其二是盛花花坛的材料为主，表现字体或色彩，多为盆栽或直接种在架子内。架子为阶式则一面观为主，架子呈圆台或棱台样阶式可作四面观。用钢架或砖及木板制成架子，然后花盆依图案设计摆放其上，或栽植在种植槽式阶梯架内，形成立面景观。如图 10-15 所示。

(2) 造型花坛　造型花坛的形象依环境及花坛主题设计，可为动物、图徽、建筑小品、人物、花篮等，色彩、比例等应与环境相协调，如图 10-16～图 10-20 所示。

图 10-15　奥运会图标造型精致、美观

图 10-16　植物材料组成的动物图案生动活泼，栩栩如生

图 10-17　利用植物材料深刻形象地展现了石库门孩童玩耍场景

图 10-18　植物材料充分展示了建筑的精美纹路

图 10-19　花坛结合喷泉，生动展现了中国传统茶文化

图 10-20　立体花坛结合硬质材料形成生动的景观效果

四、花坛的养护

建设花坛要翻整土地，将其中砖块杂物过筛剔除，土质贫瘠的要调换新土并加施基肥，然后按设计要求平整放样。栽植花卉时，圆形花坛由中央向四周栽植，单面花坛由后向前栽植，要求株行距对齐；模纹花坛应先栽图案、字形，如果植株有高低，应以矮株为准，对较高植株可种深些，力求平整，株行距以叶片伸展相互连接不露出地面为宜，栽后立即浇水以促成活。

平时管理要及时浇水，中耕除草，剪残花，去黄叶，发现缺株及时补栽；模纹花坛应经常修剪、整形不使图案杂乱，遇到病虫害发生，应及时喷药。

（1）浇水　首先要根据季节、天气以及花坛所处的环境安排浇水频率。立体花坛一般采用喷水方式，也有安装滴灌线在立体花坛的各个部位，既保证土壤均匀湿润，又避免冲淋发生的不均匀和冲刷土壤的弊端。

(2) 施肥　一般花坛土壤内常施有肥料，植物短期不用再施肥，对于永久性或观赏期较长的花坛则需叶面喷肥或固态追肥。

(3) 修剪、整理、除杂草　这是十分必要的，尤其对扰乱图案的枝叶要及时修剪，残花枯叶要及时去除。

(4) 花卉及时更新　这是维持花坛效果的重要措施。对于花期已过、植株枯萎的植物，要及时进行补栽更新，以免影响景观质量。

第二节　花　　台

一、花台的定义与类型

花台是指将花卉种植在高出地面的台座上面形成的花卉景观。花台四周用砖石、混凝土等堆砌作台座，其内填入土壤，栽植花卉，类似花坛但面积较小。台座高度多在 40～60 cm，主要观赏花卉的平面效果。我国古典园林中经常应用这种方式，现在多见于广场、道路交叉口或园路的端头以及其他突出醒目便于观赏的地方；庭院的中央或两侧角隅，如在庭院中作厅堂的对景或入门的框景；也有与建筑相连且设于墙基，窗下或出入口两边。

花台多设在地下水位高或夏季雨水多、易积水的地区，如根部怕涝的牡丹等就需要花台。古典园林的花台多与厅堂呼应可在室内欣赏。植物在花台内生长，受空间的限制不如地栽花坛那样健壮，所以西方园林中很少应用。花台在现代园林中除非积水之地，一般不宜大量设置。

花台按形式分为规则式和自然式两种，规则式花台有圆形、椭圆形、方形、梅花形、菱形等，这类花台多设在规则式庭院中、广场或高大建筑前面的规则式绿地上，多用于规则式园林中；自然式花台又称盆景式花台，把整个花台视为一个大盆景，按中国传统的盆景造型，常以松、竹、梅、杜鹃、牡丹为主要植物材料，配饰以山石、小草等。构图不着重于色彩的华丽，而以艺术造型和意境取胜。常用于中国传统的自然式园林中，形式较为灵活，常结合环境与地形布置。

二、花台的植物选择

花台较多种植草本花卉用作整体形式布置，但由于花台面积通常比较狭小，故一个花台之内往往只布置一种花卉。又因花台位置高出地面，因此选用的花卉应是株形较矮、繁密匍匐或茎叶下垂于台壁的种类，如玉簪、芍药、鸢尾、兰花、沿阶草等。

图 10-21　建筑物前的规则式花台布置，植物种类丰富

规则式花台多选用花色艳丽、株高整齐、花期一致的草本花卉，如鸡冠花、万寿菊、一串红、郁金香等，还可用麦冬类、南天竹、金叶女贞等作配植。其选材与花坛相似，除一、二年生花卉及宿根、球根类花卉外，木本花卉中的牡丹、月季、杜鹃、凤尾竹等也常被选用。由于花台高出地面，可选用株形低矮、繁茂匍匐、枝叶下垂于台壁的花卉，如矮牵牛、美女樱、天门冬、书带草等。如图 10-21

所示。

自然式花台在植物种类选择上更为灵活，花灌木和宿根花卉最为常用，如芍药、玉簪、麦冬、牡丹、南天竹、迎春、竹类等，在配置上可以单种栽植如牡丹台等，也可以不同植物进行高低错落、疏密有致的搭配，不同植物种类混植时要考虑各种植物的生物学特性及生态要求。

第三节　花　　境

一、花境的定义与功能

花境是模拟自然界中林地边缘地带多种野生花卉交错生长的状态，运用艺术手法提炼、设计成的一种花卉应用形式。花境表现的主题是植物本身所特有的自然美，以及植物自然景观。花境具有分隔空间和组织游览路线的功能。

二、花境的类型

（一）根据植物材料分类

1. 专类花卉花境

专类花卉花境是由同一属不同种类或同一种不同品种植物为主要种植材料的花境。要求花卉的花色、花期、花型、株形等有较丰富的变化，如芍药花境、百合类花境、鸢尾类花境、菊花花境等。

2. 混合花境

混合花境是种植材料以耐寒的宿根花卉为主，配置少量的花灌木、球根花卉或一、二年生花卉的花境。这种花境季相分明，色彩丰富，园林中应用的多为此种形式。常用的花灌木有杜鹃类、鸡爪槭、凤尾兰、紫叶小檗等；球根花卉有风信子、水仙、郁金香、大丽花、晚香玉、美人蕉、唐菖蒲等；一、二年生草花有金鱼草、蛇目菊、矢车菊、毛地黄、月见草、波斯菊等。如图 10-22 所示。

3. 宿根花卉花境

宿根花卉花境全部由可露地过冬的宿根花卉组成，管理相对较简便。常用的植物材料有蜀葵、风铃草、大花滨菊、瞿麦、宿根亚麻、桔梗、宿根福禄考、亮叶金光菊等。

4. 观赏草花境

观赏草花境是以不同种类的观赏草组成的花境。观赏草姿态飘逸、株型各异、花序缤纷、叶色富有变化、适应性极强。观赏草花境在夏秋季节具最佳的观赏效果，往往带给人风姿绰约、质朴刚劲、自然野趣的感觉，具有独特的韵味。常用植物有芦竹、蒲苇、芒草、狼尾草、玉带草、蓝羊茅、针茅等。如图 10-23 所示。

（二）根据设计形式分类

1. 单面观赏花境

花境宽度一般为 2～4 m，多临近道路设置，常以建筑物、围墙、绿篱、挡土墙、树丛等为背景，前面为低矮的边缘植物，整体上前低后高，仅供一面观赏。如图 10-24、图 10-25 所示。

2. 双面观赏花境

花境宽度一般为 4～6 m，可供两侧或多面观赏，多设置在草地、广场或道路的中央，植

图 10-22 植物种类丰富的混合花境

图 10-23 姿态飘逸的观赏草花境

图 10-24 利用火炬花等植物临近道路布置的单面观赏花境

图 10-25 布置于道路两侧的单面观赏花境

物种植中间高，两侧或四周低。如图 10-26、图 10-27 所示。

图 10-26 布置于道路交叉口的双面观赏花境，结合假山配植

图 10-27 布置于道路中央的双面观赏花境景观效果更加丰富

3. 对应式花境

常以道路的中心线为轴线，以左右拟对称的形式栽植，常应用于园路两侧、草坪中央、广场或建筑物周围。植物栽植既有统一，又有变化，体现韵律美感。

三、花境的设计

（一）花境与环境相协调

花境设计要与周围环境相协调，与功能相符合。花境可设置在公园、风景区、街心绿地、家庭花园及林荫路旁。它是一种带状布置方式，适合周边设置，可创造出较大的空间或充分利用园林绿地中的带状地段。它是一种半自然式的种植方式，因而极适合用在园林中建筑、道路、绿篱等人工构筑物与自然环境之间，起到由人工到自然的过渡作用。花境作为建筑物基础栽植，多采用单面观赏的形式，柔化建筑物的硬线条，丰富环境的线条和色彩。园林建筑物一般都有高出地面 20～40 cm 的台基，台基周围布置花境，起到绿化和装饰作用。在围墙或挡土墙前布置花境，使其更具景观效果。道路两侧各布置单面观赏花境，使其呈整体构图。道路中央布置的两面观赏花境，起隔离带作用。在规则的绿篱前方或两侧布置单面观赏花境，绿篱作为花境的背景，花境又可以装饰绿篱基部，具有很好的观赏效果。花境也可配置在大面积绿地中，丰富景观层次。

（二）花境的形状与构图

花境形状可以是规则或不规则的，边缘可以是直线也可以是曲线，但两边的边线必须是平行的，种植床应高于地面 7～10 cm；土壤厚度为 30～50 cm，并施有底肥；排水坡度一般为 2%～4%；单面观混合花境宽度一般以 4 m 为宜，单面观宿根花境 2～3 m，两面观赏的花境宽度多为 4～6 m。较宽的单面观花境的种植床与背景之间可留出 70～80 cm 的小路，便于通风、管理。

每个花境都有主景、配景和背景之分，花境营造首先是确定平面和纵面，构图完整，高低错落，一年四季季相变化丰富又看不到明显的空秃。配植在一起的各种花卉不仅彼此间色彩、姿态、体量、数量等相协调，相邻花卉的生长强弱、繁衍速度也应大体相近，植株之间能共生而不能互相排斥。

花境中的各种花卉呈斑状混交斑块的面积可大可小，但不宜过于零碎和杂乱。配植密度以植株成年后不露土面为度。自然式斑块混植花丛，每组花丛以 5～10 种花卉组成为宜，营造花境以花灌木、多年生的宿根以及少量一、二年生草花为宜。

（三）花境的色彩设计

花境在色彩上要有主色、配色、基色之分，既要有对比，又要协调统一。首先要确定花境的色彩基调，暖色调的花卉可增加色彩的热烈气氛，例如，金色、黄色、橙色、红色的花搭配给人热情奔放的感觉；浅色和冷色搭配产生宁静深远的效果，例如，把冷色占优势的植物群落放在花境后部，在视觉上有加大花境深度增加宽度的感觉，在狭小的环境中用冷色调组成花境，有空间扩大的感觉。粉红、浅黄等柔和娇嫩的色彩搭配产生浪漫柔美的效果。一般常在入口处、喷泉、雕塑、建筑物等需要突出的地方用暖色花卉，起到烘托、提醒、引人注目的效果。在安静休息区、幽静的区域比较适宜用冷色花卉。对比强烈的色彩搭配给人醒目明快的感觉，近似的颜色或一个色系中的浓淡相配给人柔美的感觉。如图 10-28、图 10-29 所示。

（四）花境植物材料选择

1. 注重植物生态习性

花境设计选用植物材料，要根据不同的光、水分、温度、土壤等立地条件选择相应的植

图 10-28　以美人蕉、大丽花红色系植物为主的暖色调花境

图 10-29　以蓝色系为主的冷色调花境与红褐色路面形成鲜明对比

物。适地适栽，保证植物的健康生长，才能使花境一直保持良好的展示效果。如有些上层乔木致密，造成局部遮荫，这就要根据一天中的光照变化，选择部分耐荫或半荫的植物。

2. 合理分配植物材料

认识、挖掘和利用每种植物材料的特点，使花境植物的个体特色和群体美相互协调，充分展示。

(1) 植物材料外观的对比　植物的外观会产生空间感。外形较精致的植物如蓍草、南非万寿菊等，会产生后退的错觉，使较狭的花境产生较宽的效果；外观粗糙的植物如泽兰、松果菊等，会产生拉近的错觉，种植在花境的远端，可以产生缩短花境的效果。不同外观的植物可反复使用，产生韵律感。设计花境时高低植物搭配，直立形植物可选择美人蕉、观赏谷子、崔雀等作背景；圆形植物可选择彩叶草、紫苏、金鸡菊、玉簪等作中层，成为花境的焦点；匍匐形植物可选择金叶甘薯、鸭趾草、花叶蔓长春等在前排，形成分明的层次。

(2) 质感的对比　在栽植过程中，也要考虑植物叶片不同的形状和质地。如泽兰的叶片大而粗糙，菊花的叶片细裂而具缺刻，长春花的叶片非常光滑，矮牵牛的叶片暗淡并带有绒毛，这就形成了不同的质感。较粗放的植物材料有泽兰、岩白菜、蓝刺头等。较精致的植物材料有铃兰、耧斗菜、老鹳草、唐松草、荷包牡丹、蓍草等。中等质感的植物材料有美国薄荷、金光菊、大戟属、芍药属、月见草属等。

图 10-30　各种植物形态高矮、竖直形成既对比又统一的精干效果

(3) 株型与花型的对比　在花境布置时注意株型与花型的对比，常可选用三种基本花型：穗状花序、头状花序、伞状花序。穗状花序的植物有金鱼草属、崔雀属、鼠尾草、火炬花等，采用穗状花序，可增强直立感，并展现植物的线条，具有动感；头状花序植物紫菀、大丽花、万寿菊、金光菊等，采用头状花序，可以吸引视线；伞形花序植物有醉蝶花、蓍草、泽兰等，采用伞形的花序，能产生柔和丰满的效果。如图 10-30 所示。

3. 考虑花境所处的位置和效果

植物选择还要根据花境的位置和预期效果而定。如果花境面积较小，又处在重要的街道、路口及建筑物周围这些适于近距离观赏的地块，要尽可能多选用一些花卉种类，每种数量无需太多，可优先考虑花朵或株型较精致的植物，采用立面与平面相结合的方式，突出株高、株型、花序形态、颜色质地的丰富和变化，从而达到高低错落有致的景观。如果花境在视野较远处，则优先选择适应性强、在自然条件下生长健壮、色彩明快且栽培管理简单的多年生花卉为主。

在花境营造中，一般根据展示者的目的选用重点植物材料，然后再根据花境整体要求进行配植。先确定易成为视觉焦点的背景和构架植物，再确定体量较大的主体及中景植物，最后确定点睛的饰边和前景植物。

4. 考虑花境的季相变化

一个良好的混合花境在全年应有较长的观赏期和不同的季相景观，不同植物品种的花期既要部分集中，又要阶段错开，通过花、叶、果、枝的色彩和形态变化展现不同的季相变化。对各种植物生态习性充分认识，加以合理利用，还要注意季节交替时适当准备少量一年生草花，在地面裸露时及时填种。

以应用最为广泛的混合花境为例，推荐在实际中使用效果非常好的植物材料如表10-4～表10-6所列。

表10-4　常用作花境背景及构架的植物材料

草本类花卉	一、二年生花卉	观赏蓖麻、银边翠、圆叶肿柄菊、东方蓼、雁来红、紫苏等
	多年生花卉	堆心菊、金光菊、紫花泽兰、赛菊芋等
	球根、块根花卉	美人蕉、石蒜、百合类、花葱、花贝母等
木本类花卉	观花灌木	重瓣棣棠、连翘、紫薇、杜鹃、金银木、白鹃梅、欧洲绣球、猥实、醉鱼草
	观叶、干、果灌木	红叶锦带、金叶风箱果、丝兰、金叶接骨木、红瑞木、金叶连翘、胡颓子、紫叶小檗、贴梗海棠、雪果
	常绿树	龙柏、扁柏属、粗榧、北美香柏、欧洲山松、云杉属矮生品种

表10-5　常用作花境中层的花卉材料

		春季及初夏花卉材料	夏、秋花卉材料
一、二年生花卉		金盏菊、紫罗兰、龙面花、金鱼草、南非万寿菊、虞美人、桂竹香	翠菊、天竺葵、花烟草、万寿菊、硫华菊、鸡冠花、百日草、波斯菊、彩叶草等
多年生花卉	喜阳花卉	鸢尾、矢车菊、东方罂粟、白屈菜、金鸡菊、大滨菊、石竹类、毛地黄	金光菊属、月见草、老鹳草、宿根福禄考、鼠尾草、黑心菊、堆心菊、紫菀属、穗花婆婆纳、美国薄荷、八宝景天、假龙头花、火炬花、松果菊、一枝黄花等
	耐半荫及全荫花卉	耧斗菜、荷包牡丹、芍药、风铃草	玉簪属、落新妇、紫露草、野棉花等

续表

	春季及初夏花卉材料	夏、秋花卉材料
球根、块根花卉	洋水仙类、花毛茛、郁金香、百子莲	大丽花、唐菖蒲

表 10-6 常用于前景及点缀效果的花卉材料

		春季及初夏花卉材料	夏、秋花卉材料
一、二年生花卉		三色堇、雏菊、藿香蓟、白晶菊、异果菊、报春花属等	皇帝菊、矮牵牛、凤仙花、孔雀草、夏堇、金叶甘薯等
多年生花卉	喜阳花卉	白头翁、景天、海石竹、筋骨草等	老鹳草、萱草、剪秋罗、天人菊、蔓常春花等
	耐半荫及全荫花卉	夏枯草、铃兰、虎耳草	鸭趾草、酢浆草、富贵草
球根、块根花卉		葡萄风信子、风信子、番红花、仙客来	韭兰、秋水仙

第四节 花丛、花带

一、花丛、花带的定义

花丛是指由 3～5 株甚至十几株花卉采取自然式种植方式配置的一种花卉种植类型。以显示华丽色彩为主，极富自然之趣，管理比较粗放，组成花丛的花卉，可以是同一类，也可以是不同种类混交。

花带是花坛的一种。凡沿道路两旁、大建筑物四周、广场内、墙垣、草地边缘等设置的长形或条形花坛，统称花带。

二、花丛、花带的设计

花丛是将自然风景中野花散生于草坡的景观，应用于城市园林绿化，从而增加园林绿化的趣味性和观赏性。花丛布置简单，应用灵活，繁简适宜。花卉品种选择高矮不限，但以茎干挺直、不易倒伏、花朵繁密、株形丰满为佳。花丛常布置于开阔的草坪周围，使树丛、树群与草坪之间，能有一个联系的纽带和过渡的桥梁，也可以布置在道路的转折处或点缀于院落之中。同时，花丛还可以布置于林缘、河边、山坡、石旁，特别适宜于自然式园林中应用，使自然景观生动活泼、饶有情趣。

花丛多选用多年生、耐粗放管理的宿根或球根花卉，如蜀葵、芍药、鸢尾、萱草、菊花、百合、玉簪等。由于花丛体量较小，选材时应少而精，形态和色彩要配置好，以一种或两种花卉为主体。各种花卉多以块状混交为主，从平面轮廓到立面构图都是自然式的，边缘没有镶边植物，与周围草地、树木等没有明显的界限，常呈现一种错综复杂的状态。同时，还应根据土壤条件和周边环境进行选材和配量。花丛要求自然式布置，栽种时各株间距不要相等，也不要成行成列地种植，避免形成直线。同时各种花卉要高低错落、疏密间致，富有层次变化。

如图 10-31、图 10-32 所示。

图 10-31 五颜六色的花卉组成的花丛，如同流光溢彩的锦缎

图 10-32 红色、粉色的矮牵牛组成的花丛花团紧凑，色彩绚丽

花带应用的植物种类比较单一，与花坛相比缺少动态的季相设计和竖直向上的立面设计，自然属性和生态功能并不强，植物选择可参考花坛植物选择。如图 10-33、图 10-34 所示。

图 10-33 道路边的花带在绿色草坪的衬托下，更加绚丽，如同舞动的绸带，为道路增添了几许活泼与生动

图 10-34 冷色调花带犹如油画一般，令人赏心悦目

第五节 绿 篱

一、绿篱的定义与类型

绿篱是植物密植成行而形成的篱垣，又称植篱。在园林中，绿篱可以划分空间，形成边界，如在庭院四周、建筑物周围用绿篱四面围合，形成独立的空间，增强庭院、建筑的安全性、私密性；在建筑物的周围或道路两侧栽植绿篱，有烘托和装饰的作用，使建筑物显得庄重而富有生机感；公路、街道外侧用较高的绿篱分隔，可阻挡车辆产生的噪声，创造相对安静的空间环境；国外常用绿篱做成迷宫以增加园林的趣味性，或做成屏障引导视线聚焦于景物，作为雕像、喷泉、花境等的背景；种植矮篱还可以组字和构成图案，起到某种标志和宣传作用；近代还有利用绿篱结合园景主题，以灵活的种植方式和整形修剪技巧构成绵延起伏的园林景观。

绿篱依观赏特性可分为常绿篱、观花篱、观果篱、观叶篱。常绿篱有的叶片给人以平和、轻柔、舒畅的感觉；有的叶片暗绿，质地坚硬，形成严肃、静穆的气氛；花篱具有花色、花期、花的大小、形状、有无香气等的差异，形成不同的景观；果篱除了大小、形状、色彩各异以外，还可招引不同种类的鸟雀。如图 10-35、图 10-36 所示。

图 10-35　红色的花篱增添了几分野趣

图 10-36　五彩缤纷的花篱与地面的鲜艳花卉形成花的海洋

依绿篱本身高矮形态可分为高绿篱、中绿篱、矮绿篱，通常 0.5 m 以下为矮绿篱，多用于小庭园或组字及构成图案；0.5～1.5 m 为中绿篱，园林应用最为广泛；1.5 m 以上为高绿篱，主要用作划分不同的空间，屏障景物。用高绿篱形成封闭式的透视线比用墙垣更富生气。高绿篱也可作为雕像、喷泉和艺术设施等景物的背景，可以很好地衬托这些景观小品，高绿篱也具有防范、遮蔽、防风和防噪声等保护环境的功能。

依生态习性可分为常绿篱、半常绿篱、落叶篱。常绿篱应用最为广泛，其次是落叶篱及一部分半常绿篱，依生态习性不同，各地均有应用。

依修剪整形可分为修剪篱和不修剪篱。多数绿篱需要定期进行整形修剪，以保持体形外貌，但生长缓慢的植物及高式竹篱和观花篱多不修剪或只作局部枝条的调整。在修剪篱中通常有以下几种形状：修剪成同一高度的为单层式；由不同高度的两层组合而成的二层式；二层以上的是多层式。多层式在空间上富于变化，植高篱时，基部容易出现空隙，可与矮篱搭配组合。从防范和遮蔽效果来看，以二层及多层式为好。

绿篱修剪的断面呈正方形和长方形的为方形篱；断面呈梯形的为梯形篱；顶部剪成圆形的为圆顶篱。此外还有修剪成单体式的球形、柱形，再把它们组合在一起，形成一种观赏屏障。

二、绿篱植物的选择与管理

绿篱植物的选择要从本地区环境出发，选择生长旺盛、抗性强、容易繁殖、适合密植、枝叶茂密、下枝不易枯萎、基部萌芽力或再生力强、耐修剪，修剪以后能较快布满枝叶，保持旺盛的生长势的植物。表 10-7 列出了各种绿篱常用的植物。

表 10-7　各种绿篱的常见植物

序　号	名　称	植　　物
1	绿篱	女贞、小叶女贞、大叶黄杨、雀舌黄杨、小叶黄杨、锦熟黄杨、千头柏、桧柏、侧柏、圆柏、海桐、凤尾竹、罗汉松、法国冬青、侧柏属、桧柏属、蚊母属、石楠属等
2	彩叶篱	一般用终年有彩色叶或紫红叶、斑叶的种类，如洒金东瀛珊瑚、洒金千头柏、金边桑、洒金榕、红背桂、紫叶小檗、矮紫小檗、红花继木、金心黄杨、金叶女贞、黄金榕、红叶铁苋、变叶木、假连翘、吊钟花属、地肤等

续表

序 号	名 称	植 物
3	花篱	一般用花色鲜艳或繁花似锦的种类，如扶桑、叶子花、木槿、棣棠、五色梅、锦带花、栀子、迎春、绣线菊、金丝桃、月季、杜鹃、雪茄花、龙船花、桂花、茉莉、六月雪、黄馨、凌霄山茶、月季、榆叶梅、麻叶绣球、日本绣线菊、茶梅、六道木等
4	果篱	一般用果色鲜艳、果实累累的种类，如小檗、紫珠、南天竹、枸杞、枸骨、火棘等
5	刺篱	一般用枝干或叶片具钩刺或尖刺的种类，如枳、酸枣、金合欢、枸骨、火棘、小檗、花椒、黄刺玫、蔷薇、胡颓子等
6	编篱	植物彼此编结起来而成网状或格状的形式，以增加绿篱的防护作用。常用的植物有木槿、紫穗槐等
7	蔓篱	由攀缘植物组成，在建有竹篱、木栅围墙或铅丝网篱处，可同时栽植藤本植物，攀缘于篱栅之上，另有特色。植物有叶子花、凌霄、常春藤、茑萝、牵牛花等

栽植绿篱前要整地、施底肥。放线后挖出种植沟，依种类不同，栽植深度约 30～50 cm。绿篱栽植期也依植物而异，如常绿植物适宜在春季及梅雨季节种植，落叶植物适宜在萌动前和落叶后种植。根据绿篱的预期高度和种类，分别按 20 cm、40 cm、80 cm 左右的株距定植。定植后充分灌水，并及时修剪。养护修剪原则：对整形式绿篱应尽可能使下部枝叶多见阳光，以免因过分荫蔽而枯萎，因而要使树冠下部宽阔，愈向顶部愈狭，通常采用正梯形或馒头形为佳。对自然式绿篱必须按不同植物的各自习性以及当地气候采取适当的调节树势和更新复壮措施。

修剪可以保持绿篱植物的形态及绿篱的整体造型，每年最少修剪两次，才能维持较稳定的造型，通常根据绿篱植物的生态习性不同，在春季、梅雨季或晚秋进行。但花篱和观果篱则要根据开花习性确定修剪时间。有相当数量原产温带的花灌木，如丁香属、连翘属等，在生长旺盛期花芽就开始分化了，花期在春天，花芽着生在头一年枝条上。对于这类植物，花后就应进行修剪，促进发新枝，为着生更多的花芽做好准备。另外一类，如忍冬属和蔷薇属等植物，花芽着生在新梢顶端，只要温度及光照适宜就可开花。此类植物在秋季修剪也不会影响花芽的着生。多数观果篱也是在晚秋，观赏期过后进行修剪。

修剪绿篱时，按所需高度及宽度拉上绳子作为标准再行修剪。随着绿篱植物的生长，下部易空，可将部分枝条向下诱引和固定。生长过旺时，在距根际 30 cm 左右掘土断根来调整生长势；生长势弱的植物，除采取轻剪进行调整外，还应施用氨、磷、钾肥加强植物生长及开花。

第六节 垂直绿化

一、垂直绿化的定义及作用

垂直绿化又称为立体绿化，就是为了充分利用空间，在墙壁、阳台、窗台、屋顶、棚架等处栽种攀缘植物，以增加绿化覆盖率，改善居住环境。垂直绿化在克服城市家庭绿化面积不足、改善不良环境等方面有独特的作用。

（一）防尘、降温、防噪、节能

垂直绿化能装饰和改善室内小气候，有“绿墙”的室内温度能比无“绿墙”的室内温度降低 3～4 ℃，而湿度相应的增加 20%～30%，还能隔离噪声、吸收灰尘，降低污染。

（二）美观、立体效果好

垂直绿化的主要材料是藤本植物，种类较多，主要有卷须类、吸附类、缠绕类和钩刺类。卷须类植物的枝梢变成卷须，能固着在栏杆和棚架上，既美观又有经济价值，如葡萄；吸附类植物有吸盘，形成气根，可附着在墙上，形成美丽的“绿墙”，如爬山虎、凌霄；缠绕类植物的藤缠绕物体向上生长，一般种植在栏杆和棚架上，形成美丽、壮观的花棚，既起到装饰作用又防尘、降温，如金银花、忍冬；钩刺类植物上长有刺，一般攀附在矮墙或栏杆上。

（三）增加绿地率

垂直绿化可以充分利用每一寸土地，提高绿化面积和绿化覆盖率。科学合理的垂直绿化可以等面积甚至几倍地偿还建筑物所占面积，提高人均绿地面积约 0.5 m^2。

二、垂直绿化的类型及设计

垂直绿化的设计要因地而异，如常在大门口处搭设棚架，再种植攀缘植物；或以绿篱、花篱或篱架上攀附各种植物来代替围墙。阳台和窗台可以摆花或栽植攀缘植物来绿化遮荫。墙面可用攀缘蔓生植物来覆盖。地面可铺设草皮。

（一）墙面垂直绿化

房屋外墙面的绿化应选择生命力强的吸附类植物，使其在各种垂直墙面上快速生长。爬山虎、紫藤、常春藤、凌霄、络石及爬行卫茅等植物价廉物美，这些植物不需要任何支架和牵引材料，栽培管理简单，其绿化高度可达五、六层楼房以上，且有一定观赏性，可作首选。在选择时应区别对待，凌霄喜阳，耐寒力较差，可种在向阳的南墙下；络石喜阴，且耐寒力较强，适于栽植在房屋的北墙下；爬山虎生长快，分枝较多，种于西墙下最合适。也可选用其他花草、植物垂吊墙面，如紫藤、葡萄、爬藤蔷薇、木香、金银花、木通、西府海棠、茑萝、牵牛花等，或果蔬类如南瓜、丝瓜、佛手瓜等。在较粗糙的表面，可选择枝叶较粗大的种类，如爬山虎、薜荔、凌霄等，便于攀爬。表面光滑细密的墙面则选用枝叶细小、吸附能力强的种类。建筑物正面绿化需要注意与门窗的距离，一般在两门或两窗的中心栽植，墙上可嵌入横条形铁丝，以便攀缘植物顺利向上生长。采用垂吊天竺葵、矮牵牛、四季海棠等各种观花植物栽植各式空中花篮吊饰挂于灯杆、墙体进行垂直绿化，更是高层次空间绿化的首选。

围墙一般分为实砌围墙和栅栏围墙。实砌围墙墙体一般为砖或石材；栅栏围墙一般为铁艺围墙或型钢围墙。在绿化时，以棚架形式栽植攀缘植物，遮住生硬呆板的铁大门，夏季可观花，秋季可观果观叶，生机活泼。实砌围墙一般选择爬山虎、凌霄等生根植物；栅栏围墙可选择金银花、茑萝和忍冬植物。围墙若用植物做成绿篱、花篱，其效果比砖砌要好得多，同样可以起到隔离地域的作用。常见的绿篱植物有女贞、小蘗、刺梅、黄杨、珍珠梅、冬青和木槿等。而栅栏围墙除有分隔地域作用外，还应达到隔墙观赏的目的，这样不仅可以绿化墙体，还能起到“透绿”的作用。因此，栅栏围墙不宜选用爬山虎等叶片发达且分枝较多的植物，而应选择金银花等缠绕性植物。如图 10-37、图 10-38 所示。

（二）庭院垂直绿化

应用葡萄、紫藤、木香、金银花等具有缠绕性能和蔓性月季等长蔓性藤本植物，在略加牵

图 10-37　红色的植物搭配石头围墙更加生动美观

图 10-38　藤本月季搭配铁艺围墙，形成生动的景观效果

引扶持下，攀爬在园林花架、简易棚架及与墙面保持一定距离的垂直支架上，或者用牵牛、丝瓜、扁豆、观赏南瓜、葫芦等草本的蔓生植物，在铁丝、绳索、枝条的牵引下，攀缘简易棚架等，点缀装饰小游园和庭院，创造幽静而美丽的小环境。如图 10-39～图 10-42 所示。

图 10-39　利用棚架形成垂直绿化，如同一片空中花海

图 10-40　各种盆花形成立体绿化，别有一番风味

（三）住宅垂直绿化

在阳台、窗台上种植藤本植物，不仅使高层建筑的立面有着绿色的点缀，而且像绿色垂帘和花瓶一样装饰了门窗，使优美和谐的大自然渗入室内，增添了生活环境的生气和美感。阳台绿化的方式也是多种多样的，如可以将绿色藤本植物引向上方阳台、窗台构成绿幕；可以向下垂挂形成绿色垂帘，也可附着于墙面形成绿壁。阳台一般光照充足，宜选用喜欢光照、耐旱、根系浅、耐瘠薄的一、二年生草本植物，如牵牛、茑萝、豌豆等；也可用多年生植物，如金银花、葡萄等；这样不仅管理粗放，而且花期长，绿化美化效果较好。居住者爱好的各种花木、盆景更是品种繁多。但无论是阳台还是窗台的绿化，都要选择叶片茂盛、花美鲜艳的植物，使得花卉与窗户的颜色、质感形成对比，相互衬托，相得益彰。而天井因光照条件差，宜选用耐阴的落叶攀缘植物。栽植地点一般沿边或在角隅处，不影响人们生活。

图 10-41　蔷薇攀爬在棚架上，形成美丽的花墙

图 10-42　上海世纪公园用常春油麻藤进行垂直绿化，形成绿色的大门景观效果

(四) 护坡绿化

护坡绿化是指对具有一定落差坡面起到保护作用的一种绿化形式，包括大自然的悬崖峭壁、土坡岩面以及城市道路两旁的坡地、堤岸、桥梁护坡和公园中的假山等。护坡绿化要注意色彩与高度要适当，花期要错开，要有丰富的季相变化。根系庞大、牢固的攀缘植物用于土坡可稳定土壤，美化土坡外貌。这种绿化方式可用的植物种类较多，如五叶地锦、爬山虎等。具体又因坡地的种类不同而要求不同。

(五) 室内绿化

室内垂直绿化一般采取悬垂式盆栽，给人以轻盈、自然而浪漫的感觉。用塑料、金属、竹、木等制成吊盆或吊篮，种植一些枝叶悬垂的观叶花卉，直接放置厨顶、高脚几架或挂于墙面使其朝外垂下。天南星科的大叶黄金葛、红宝石蔓绿绒、白蝴蝶合果芋等室内观叶植物，具有栽培容易、生长迅速、叶形优美、四季常青、耐水湿、可匍匐等优良性状，可以应用到室内垂直绿化，以丰富城市垂直绿化形式。

复习思考题

1. 花卉在园林中有哪些应用形式？
2. 花坛的含义和作用是什么？根据其群体效果的不同可分为哪两类？
3. 花丛花坛和模纹花坛在图案设计、花材选择及养护上各有何不同？
4. 花境的含义及其设计要点是什么？
5. 结合校园环境进行花坛设计，要求设计一面积为 100 m^2 的花丛花坛，保证三季有花，配色协调。
6. 结合校园环境进行花境设计，要求配色协调，植物搭配和谐。
7. 绿篱依观赏特性有哪些类型？
8. 花卉垂直绿化有什么特点，常见应用类型有哪些？
9. 联系实践，谈谈你对花卉在园林应用上几种主要方式的发展前景的看法？
10. 联系实际，谈谈露地一、二年生花卉与宿根花卉和球根花卉在园林应用上各有哪些优缺点？

实训十九　花坛、花境的设计

一、目的要求

通过实训，了解花坛、花境在园林中的应用；掌握花坛、花境设计的基本原则和方法；培养学生运用相关设计理论设计花坛、花境的动手实践能力。

二、材料

常用植物材料：一串红、矮牵牛、鸡冠花、三色堇、美女樱、万寿菊、秋海棠等。

三、实训内容

主讲教师详细讲解设计要求，学生自行勘测现场，绘制总平面位置图。学生设计草图，然后根据季节选择花卉植物，按照设计图定植花卉。

四、实训结果

1. 比较花坛与花境的不同。
2. 完成花坛、花境调查报告。
3. 每人写一份花坛、花境设计说明。

参考文献

[1] 吴涤新.花卉应用与设计[M].北京:中国农业出版社,1999.

[2] 耿欣,程炜,马娱.园林花卉应用设计[M].2版.武汉:华中科技大学出版社,2009.

[3] 董丽.园林花卉应用设计[M].北京:中国林业出版社,1999.

[4] 尹吉光.图解园林植物造景[M].北京:机械工业出版社,2008.

[5] 北京林业大学园林系花卉教研组.花卉学[M].北京:中国林业出版社,1988.

[6] 黎佩霞,范燕萍.插花艺术基础[M].2版.北京:中国农业出版社,2003.

[7] 刘薇萍.插花艺术[M].2版.上海:上海交通大学出版社,2009.

[8] 徐玉安.花卉基础与插花艺术[M].武汉:湖北科学技术出版社,2008.

[9] 范洲衡,郑志勇.插花艺术[M].北京:中国农业大学出版社,2009.

[10] 郑志勇,万德芳.插花艺术[M].北京:化学工业出版社,2009.

[11] 陈兰婷,贾戎.家庭不同居室花卉装饰要点[J].甘肃科技纵横,2007,35(6):118.

[12] 高海明.浅谈居室绿化植物摆设[J].广西园艺,2008,19(5):33-36.

[13] 李艳妮,李悦等.浅谈室内花卉装饰要点[J].现代园艺,2009,(3):59-60.

[14] 臧德奎.园林植物造景[M].北京:中国林业出版社,2008.

[15] 陈玮,黄璐,田秀玲.园林植物构成要素实例解析[M].沈阳:辽宁科学技术出版社,2002.

[16] 万叶,叶永元.园林美学[M].北京:中国林业出版社,2001.

[17] 徐德嘉.古典园林植物景观配置[M].北京:中国环境科学出版社,1997.

[18] 潘文明.草坪建植与养护[M].北京:高等教育出版社,2006.

[19] 陈志明.草坪建植与养护[M].2版.北京:中国林业出版社,2005.

[20] 罗镪.花卉生产技术[M].北京:高等教育出版社,2005.

[21] 包满珠.花卉学[M].北京:中国农业出版社,2003.

[22] 刘金海.观赏植物栽培[M].北京:高等教育出版社,2005.

[23] 曹春英.花卉栽培[M].北京:中国农业出版社,2001.

[24] 孙晓刚.草坪建植与养护[M].北京:中国农业出版社,2002.

[25] 黄容.园林植物开花生理与控制[M].北京:中国农业出版社,1990.

[26] 虞佩珍.花期调控原理与技术[M].沈阳:辽宁科技出版社,2003.

[27] 彭东辉.园林景观花卉学[M].北京:机械工业出版社,2008.

[28] 沈玉英.花卉应用技术[M].北京:中国农业出版社,2006.